HELMUT BRINKMANN / PETROLEUM, DAS »GRÜNE GOLD«

HELMUT BRINKMANN

PETROLEUM
das »Grüne Gold«

Seine Entstehung und Geschichte,
Gewinnung und Verarbeitung

CRAM, DE GRUYTER & CO. / HAMBURG

Printed in Germany

Gesamtherstellung: Gerhard Stalling AG., Oldenburg (Oldb) · November 1949
Umschlagentwurf: C. Tietjens, Hamburg

Vorwort

In den letzten Jahren sind viel Bücher über das Öl geschrieben worden. Nur wenige davon gehörten zur eigentlichen Fachliteratur und waren für den Geologen, Ingenieur oder Chemiker bestimmt. Die weitaus meisten sind, soweit sie die technischen Fragen betreffen, ziemlich kurz und allgemein abgefaßt und stellen dafür, je nach der Einstellung ihrer Verfasser, mehr die politischen und wirtschaftlichen Probleme heraus, die vielfach übermäßig stark betont wurden und teilweise in dem Leser falsche Vorstellungen erweckten. Eine allgemeinverständliche, ausführliche Darstellung über die Entstehung und Gewinnung des Öls war jedoch in keinem zu finden.

Während meiner langjährigen Tätigkeit in der Ölindustrie kam ich viel mit anderen Industriezweigen in Verbindung und mußte bei solchen Zusammenkünften sehr oft Auskunft darüber geben, wie eigentlich das Petroleum entsteht und auf welche Art und Weise es gewonnen wird. Immer wieder an mich gerichtete gleichartige Fragen veranlaßten mich schließlich, dieses Buch zu schreiben, das einmal dem Außenstehenden ein anschauliches Bild über die Vorgänge bei der Entstehung, Gewinnung und Verarbeitung des Öls geben soll und zum anderen die Geschichte des Öls sowie die Entwicklung der großen internationalen Konzerne und Produktionsgebiete wahrheitsgetreu beschreibt.

Die Fülle des zu bewältigenden Materials ließ in einigen Abschnitten nur eine kurzgefaßte Schilderung zu. Ich hoffe jedoch, daß dieses Buch ausführlich und allgemeinverständlich genug abgefaßt ist und einen unverzerrten Gesamteindruck über die internationale Ölindustrie vermittelt.

Im November 1948

Helmut Brinkmann

Inhaltsverzeichnis

Vorwort 5

Teil I

Die Entstehung des Petroleums und das Aufsuchen der Lagerstätten

Was ist Petroleum? 11

Vermutungen über die Entstehung 13

Die Entstehung 15

Von der Entstehungsstätte zur Lagerstätte 18

Geologische und geophysikalische Aufschlußmethoden 23

Der Bohr- und Förderbetrieb

Die Bohrsysteme 25

Das Rotaryverfahren - Das Turbinen-Drehbohren - Das Bohrverfahren mit hydraulischem Antrieb - Das Kronenbohren - Das Seilschlagbohren - Das Raky-Schnellschlagverfahren - Das Pennsylvanische Bohrverfahren - Die Kombinationsanlagen - Fahrbare Bohreinrichtungen - Spezialprähme für Meeresbohrungen - Die Spülungs- und Bohrlochmessungen - Die Bohrlochzementierung

Die primären Fördermethoden 39

Die freie Eruption - Das Gasdruckverfahren (gas-lift) - Das Druckluftverfahren (air-lift) - Der Pumpbetrieb - Die rotierende Senkpumpe - Das Kolben - Das Schöpfen oder Schlämmen

Die Ölschiefergewinnung 49

Das Leben in den Ölfeldern 50

Der Aufschluß eines neuen Feldes 52

Die ersten Aufschlußbohrungen - Das systematische Abbohren eines Feldes - Rationelle Ausnutzung der Bohranlagen - Bohrungen bis zu 5000 Meter Tiefe möglich! - Getrennte oder gleichzeitige Ausbeute mehrerer übereinanderliegender Ölhorizonte?

Erhaltung der Lagerstättenenergie 56

Das Gas als Energieträger der Lagerstätte

Die sekundären Gewinnungsmethoden 60
Das Vakuum- oder Unterdruckverfahren - Die Gaseinpreßverfahren („repressuring" und „pressure restauration") - Das Wasserfluten (water flooding) - Die Verwendung von erhitztem Dampf - Das Thermische Verfahren - Das Einpressen von Gas und Wasser mit Beginn der Förderung
Der bergmännische Untertagebau 65
Die Weltpetroleumvorräte 67
Produktionssteigerung durch Planung auf weite Sicht 70

Lagerung und Transport
Vom Pferdewagen bis zur Pipeline 72
Tankanlagen und Ölhäfen 80
Der Tankerverkehr 84

Die Aufbereitung
Erste Veredelungsversuche 87
Die Destillation 88
Die Hydrierung 91
Das Crackverfahren 91
Der Philipps-Prozeß 94
Verwendungsgebiete 96
Die synthetische Treibstofferzeugung 98

Teil II

Das Petroleum in Geschichte und Legende
Die Verwendungsarten im Altertum 109
Das „Kampfmittel" Petroleum im Altertum und im Mittelalter 116
Überlieferungen aus Mitteleuropa 118
Die ersten amerikanischen Funde 120
Die industrielle Entwicklung 122

Rockefeller, die Standard Oil Co. und die Versorgung der USA.
Der Werdegang Rockefellers und die Entwicklung des Standard-Konzerns 136
Der Kampf um die Vorherrschaft 139
Steigender Einfluß in Südamerika 142
... und im Vorderen Orient 147
Die Versorgung der USA. 150

Deterding, die Royal Dutch-Shell und die Versorgung Englands und seines Empire
Vom Bankangestellten zum Chef der Royal Dutch-Shell 154
Gegenmaßnahmen 157
Der Streit um die Djambifelder 159
Vorstoß in Mexiko 160
Und weiterhin Konflikte 162
Die Sicherstellung der Versorgung Englands und seines Empire 164

Das russische Öl
Kurzsichtige Staatsmaßnahmen im 19. Jahrhundert 171
Der Einfluß der Gebrüder Nobel 174
Baku 175
Die Entwicklung bis 1918 und die ausländischen Beteiligungen 176
Der innere Umsturz und seine Folgen 180
Planmäßiger Ausbau 183
Steigender Eigenverbrauch 189

Die Versorgung Europas 192
Rumänien - Österreich - Ungarn - Frankreich - Italien - Polen - Die Niederlande - Deutschland - Die Gesamtlage Europas

Und Morgen? 207
Literaturverzeichnis 210

Teil I

DIE ENTSTEHUNG DES PETROLEUMS UND DAS AUFSUCHEN DER LAGERSTÄTTEN

WAS IST PETROLEUM?

Vor noch nicht ganz 100 Jahren nur als Heilmittel gegen alle möglichen Krankheiten und als Brennstoff für Beleuchtungszwecke bekannt, bildet das Petroleum heute den Ausgangsstoff für die Herstellung von Benzin, Heiz-, Leucht-, Diesel- und Schmierölen sowie Wachsen und Fetten jeder Art.

Die Vorrangstellung der Kohle im 19. Jahrhundert seit der Erfindung der Dampfmaschine hat nunmehr im Zeitalter des Verbrennungsmotors das Öl erlangt und ist seitdem nicht mehr ein Ersatz der Kohle, sondern ein neuer motorischer Grundstoff. Nicht nur im Verkehr zu Lande und in der Luft, auch auf den weiten Meeren hat es seine beherrschende Stellung bewiesen und demzufolge kommt ihm im Leben der Völker eine immense wirtschaftliche Macht zu.

Gegenüber der Kohle hat das Öl bedeutende Vorteile. Einmal ist der Heizwert seiner Derivate ein wesentlich größerer und zum anderen füllt es als flüssiger Kraftstoff den Raum vollständig aus, während die Kohle, da sie sparrig ist, ihn nur zu 75% ausnutzen kann. Zudem wird wegen der geringeren Heizkraft zur Erreichung gleicher Leistung eine beträchtlich größere Menge Kohle als Öl benötigt.

Das sowohl in den Hohlräumen poröser Gesteine als auch in Erdfalten lagernde „Grüne Gold“ gewinnen wir zum weitaus größten Teil mittels Tiefbohrungen. Nach dem Erbohren fließt es entweder durch den in der Lagerstätte herrschenden Druck von allein an die Erdoberfläche und quillt teils als dicke, zähe Masse, teils dünnflüssig aus dem Erdinnern oder wir fördern es mit Hilfe technischer Vorrichtungen.

Der Name ist dem griechischen und lateinischen entnommen und setzt sich aus dem griechischen „petros“ = Stein und dem lateinischen „oleum“ = Öl zusammen, was wörtlich übersetzt „Steinöl“ ergibt. Diese Bezeichnung besagt schon, daß das Petroleum aus dem Gestein der Erdrinde gewonnen wird.

Die Zusammensetzung ist in jedem Gebiet eine andere, doch sind die Hauptbestandteile immer Kohlenstoff und Wasserstoff, denen noch Schwefel sowie Sauerstoff und Stickstoff beihaften.

Auf Grund der verschiedenartigen Zusammensetzung unterscheiden wir folgende drei Hauptgruppen:

1. Öle auf Paraffinbasis, die Paraffin und keinen Asphalt enthalten (leicht, hell, dünnflüssig);
2. Öle auf Paraffin- und Asphaltbasis, die Paraffin und Asphalt enthalten (mittelschwer, gelb-bräunlich, dickflüssig);
3. Öle auf Asphaltbasis, die kein oder nur wenig Paraffin, jedoch viel Asphalt enthalten (schwer, schwarzgrün, zähflüssig).

Das Flugzeug, der Kraftwagen und die Dieselmaschinen, um lediglich einige der wichtigsten und bekanntesten Verbrauchszweige herauszugreifen, können wir nur in Betrieb nehmen, solange wir sie mit Kraftstoffen versorgen, die vorwiegend aus dem Öl erzeugt werden. Alle anderen Maschinen, gleichgültig ob der Antrieb durch Kraftstoff, Dampf oder Elektrizität erfolgt, benötigen Schmierstoffe, die wir ebenfalls meist aus dem Öl gewinnen. Während bei der Schiffahrt fast nur Heizöle oder schwere Treiböle Verwendung finden, spielen bei dem Verkehr auf dem Lande und in der Luft neben den Leichtkraftstoffen vorwiegend die Dieselkraftstoffe die entscheidende Rolle.

Ein Schiff mit Dieselantrieb gebraucht für eine Fahrt beispielsweise 700 Tonnen Dieselöl mit einem Lagerraum von 850 Kubikmeter. Für die gleiche Fahrt würde das Schiff bei Kohlefeuerung über 2500 Tonnen Kohle verheizen, die einen Lagerraum von 3500 Kubikmeter einnehmen. Weiterhin ist der Platzverbrauch der Antriebsmaschinen bei Dieselantrieb halb so groß wie bei Kohlefeuerung. Aus diesen Gründen wird heutzutage zum überwiegenden Teil Öl als Feuerungsmittel genommen. Die so angetriebenen Schiffe haben einen erheblich weiteren Aktionsradius, können den Brennstoffvorrat mit größerer Ersparnis an Zeit und menschlichen Hilfskräften und vor allem auch sauberer übernehmen. Zudem ist die Bedienung der Heizkessel einfacher und die ölbeheizten Schiffe sind in wesentlich kürzerer Zeit auf Höchstgeschwindigkeit zu bringen. Für die Kriegsschiffe ist noch die rauchlose Verbrennung ausschlaggebend.

Wo früher in den Wüsten oder Steppen die Kamelkarawanen zogen, fahren nunmehr die modernen Limousinen auf neuerbauten Fernstraßen und die nach Jeddah pilgernden Muselmanen können jetzt zwischen dem schnell dahinbrausenden Automobil und der langsam ihres Weges ziehenden Karawane wählen.

Die Diesellokomotive braucht nicht mehr mit Wasser gespeist zu werden, wie das mit Kohlen beheizte Feuerroß. Daher können wir sie in Gegenden einsetzen, in denen es wenig oder gar kein Wasser gibt. So ist es möglich geworden, in den Wüsten der Sahara, den wasserarmen Gegenden des Nordkaukasus, in Turkestan und in Australien neue Eisenbahnlinien zu verlegen.

Ist es bei der gewaltigen Bedeutung, die diesem flüssigen Stoff zukommt, erstaunlich, wenn sich von Anfang an große Machtkämpfe um ihn abgespielt haben?

VERMUTUNGEN ÜBER DIE ENTSTEHUNG

Die Frage, wie dieses in so veränderter Form vorkommende Produkt entstanden ist, war von Anfang an sehr umstritten und ihre Beantwortung bedurfte der Arbeit vieler Wissenschaftler. Die Zeit der systematischen Forschung auf diesem Gebiet begann erst gegen Ende des vergangenen Jahrhunderts und nur auf Grund der immer umfangreicher werdenden Erschließung der Lagerstätten erhielten wir das Material, das schließlich zu der Lösung des Problems führte.

Während bei der Kohle Zweige, Blätter, Früchte oder ganze Stümpfe von Baumriesen aus der Vorzeit in guter Erhaltung vorkommen, aus der die Entstehung aus pflanzlicher Substanz leicht zu erkennen ist, finden wir bei dem Öl keinerlei derartige Hinweise. So ist es verständlich, daß wir lange im Dunkeln tappten und die sehr großen Meinungsverschiedenheiten bezüglich der Entstehungsfrage sind auf die Verschiedenartigkeit der Ölvorkommen zurückzuführen. Finden wir sie doch in den Ablagerungen der Eiszeit genau so, wie in solchen, die unter tropischem Himmel entstanden sind.

Bezüglich der Entstehung wurden alle möglichen Vermutungen ausgesprochen und diskutiert. So beispielsweise, es komme aus dem Erdinnern und sei durch Ausspeiung der Vulkane vor Urzeiten entstanden, oder es habe sich durch Einfrieren von Pflanzen und Tieren in Eismassen gebildet. Einige behaupten, das Öl stamme aus dem Weltraum und sei im Laufe früherer Zeiten durch Regen auf die Erde gelangt. Diese Vermutung beruhte darauf, daß sowohl in der Atmosphäre großer Planeten, wie des Jupiter, Saturn und Uranus, als auch in den größeren Kometen Kohlenwasserstoffe festgestellt worden sind. Wären tatsächlich petroleumähnliche Stoffe in den Planeten und Kometen vorhanden, müßten wir in den auf unseren Erdball niedergegangenen Meteorsteinen Anzeichen dafür gefunden haben. Das ist aber nicht der Fall.

Andere Wissenschaftler vertraten die Ansicht, das Öl stamme von der Verbindung der Metallkarbide mit dem Wasser ab. Das Petroleum enthält überwiegend Verbindungen von Kohlenstoff und Wasserstoff, den Kohlenwasserstoffen. Im Erdinnern gibt es Verbindungen von Kohlenstoff mit Metallen, den Karbiden. Aus diesen Karbiden lassen sich auch Kohlenwasserstoffe erzeugen, so beispielsweise bei der Herstellung von Azetylen. Wir übergießen Kalziumkarbid mit Wasser und dieses ergibt Azetylengas. Aluminiumkarbid mit Wasser zusammengebracht ergibt Methangas. Derartige Gase finden wir in den Öllagerstätten als die zusammen mit dem Öl vorkommenden Erdgase vor. Erforderlich zur Karbidbildung ist Hitze, und die ist im Erdinnern vorhanden, denn bekanntlich nimmt die Temperatur beim Vordringen in die Tiefe alle 30 bis 40 Meter um 1 Grad zu. Außer der Hitze ist noch das Vorhandensein von Metallen notwendig. Unserer Auffassung nach besteht der Erdkern aus eisenhaltigen Stoffen. Demzufolge dürften in den größeren Tiefen auch Metalle vorkommen. Von diesen Voraussetzungen ausgehend folgerte man, das Petroleum habe sich bei dem Aufeinanderstoßen von Wasser mit Metallkarbiden gebildet.

Dieser Auffassung ist aber einiges entgegenzuhalten. In Gebieten rein vulkanischen Gesteins, wie z. B. in Island, gibt es keine Ölvorkommen. Petroleum wurde bisher fast nur in den Gegenden vorgefunden, in denen es keine vulkanischen Ausbrüche gibt oder gegeben hat und in Schichten, die nicht in Verbindung mit vulkanischen Gesteinen stehen. Diese Erscheinungen stimmen also schon nicht mit der Karbidtheorie überein. Weiterhin sind in ihm hochkomplizierte Stoffe enthalten, die sich nur in Tieren oder lebenden Pflanzen bilden und nicht aus Verbindungen von Metallkarbiden mit Wasser entstanden sein können. Neben all diesen leicht widerlegbaren Vermutungen, wie beispielsweise, es komme aus dem Erdinnern und sei durch Ausspeiung der Vulkane vor Urzeiten entstanden oder es habe sich durch das Einfrieren von Tieren und Pflanzen in Eismassen gebildet oder gar, es stamme aus dem Weltraum und sei im Laufe früherer Zeiten auf die Erde gelangt, traten zwei Ansichten besonders hervor. Nach der einen war das Petroleum ein organisches, nach der anderen ein anorganisches Produkt.

Lange Zeit nahm man an, daß sich das Öl durch Zersetzung ölhaltiger Pflanzen unter Luftabschluß gebildet habe; stellte dann aber nach eingehenden Untersuchungen fest, daß in ihm viele Stoffe, wie die Abkömmlinge des roten Blutfarbstoffes Hämin und des grünen Pflanzenfarbstoffs Chlorophyll oder die optisch aktiven Stoffe Cholesterin, um nur einige zu nennen, vorkommen, die nur für Lebewesen charakteristisch sind, demgemäß in anorganischen Stoffen nicht enthalten sein können. Der Einwand, solche Stoffe könnten sich zufällig auch auf anorganischem Wege bilden, ist so gut wie ausgeschlossen.

Früher war die Ansicht der Vertreter der organischen Theorie die, daß die riesigen Öllagerstätten durch ein tierisches Massensterben entstanden seien. Sie erklärten sich das durch gewaltige Veränderungen der Erdoberfläche vor geologischen Zeiten und die in diesem Zusammenhang erfolgte Umwandlung großer Meere in Salzseen oder gar deren vollkommene Austrocknung. Hierdurch wurden dann Myriaden von Meereslebewesen aller Art auf kleinste Gebiete zusammengedrängt und fanden den Untergang. Infolge von Erdverschiebungen und Ablagerungen im Laufe von Jahrmillionen bedeckten Gesteinsschichten und Erde diese Massengräber, die sich heutzutage in Tiefen bis zu 7000 Meter befinden.

Eine Bildung von Öllagerstätten in Tiefen über 7000 Meter ist ausgeschlossen, da in diesen Regionen bereits Temperaturen von 200 bis 250° C vorherrschen, die noch ansteigen, je weiter wir dem Erdkern zu vordringen. In dem Petroleum enthaltene charakteristische Stoffe, wie die Porphyrinkarbonsäuren, würden aber bei Temperaturen über 250° C zerstört. Diese Tatsache widerlegt auch die Behauptung, das Öl habe sich im Erdinnern gebildet.

Viele Chemiker machten Versuche mit den verschiedensten Stoffen und stellten aus ihnen petroleumähnliche Stoffe her. So aus Fisch- und Terpentinöl, Harzen, Kautschuk, Stearinsäure, Zellulose, Zucker, Fetten, Eiweißstoffen u. a. m. Diese Versuche bewiesen allerdings nicht, daß das Öl tatsächlich aus diesen Stoffen entstanden ist, sondern erbrachten lediglich die Möglichkeit einer Entstehung aus derartigen Produkten. Solche Wahrscheinlichkeiten gibt es jedoch unzählige.

Es sind noch genug andere Vermutungen über die Herkunft des Öls geäußert worden, die hier unmöglich alle angeführt werden können. Durchaus wahrscheinlich ist aber, daß wir an einzelnen Stellen Petroleum gewinnen, das sich, allerdings nur in geringen Mengen, auch auf anorganischem Wege gebildet hat.

DIE ENTSTEHUNG

Wie wir gesehen haben, können viele in dem Öl enthaltene Stoffe nur von Lebewesen abstammen. Die organischen Überreste von Landlebewesen früherer Zeiten sind meistenteils verwest, d. h. es tritt eine allmähliche Verbrennung der organischen Stoffe ein, deren Endprodukte neben einigen anorganischen Verbindungen hauptsächlich Wasserdampf und Kohlensäure sind. Wo also die organische Substanz durch Verwesung zerstört wird, kann kein Petroleum entstehen.

Dagegen sind in den Meeren die organischen Reste der Tiere und Pflanzen unter gewissen Voraussetzungen erhalten geblieben. Dort kann der freie Sauerstoff, der der größte Feind jeglicher Ölbildung ist, bei besonderen Bedingungen nicht seine zersetzende Wirkung ausüben. Welche Vorgänge beobachten wir nun in den Gewässern?

Mit Ausnahme verschiedener Bakterien benötigen alle Lebewesen und Pflanzen Sauerstoff zum Atmen. In bewegten sauerstoffreichen Gewässern können wir daher ein normales Tier- und Pflanzenleben feststellen. Die meisten Lebewesen halten sich in der Nähe der Wasseroberfläche auf. Die Absterbenden sinken nach unten und bilden zum

Teil die Nahrung für die in den tieferen Schichten lebenden Tiere. Dieser Vorgang wiederholt sich mehrere Male bis zum Meeresgrund. Am Boden leben die Schlick- oder Schlammtiere, die die organischen Reste der abgesunkenen Tier- und Pflanzenstoffe fressen oder nur den Schlamm vertilgen, die organischen Stoffe verdauen und den Sand oder Ton wieder ausscheiden. Die nicht von den Bodentieren aufgefressenen, organischen Bestandteile gehen in Verwesung über, sofern sie dem nicht durch rasche Ablagerung im Bodenschlamm entgehen. So bleiben, zusammen mit den mineralischen Ablagerungen, nur ganz geringe Mengen an organischen Stoffen bestehen.

Wo die Strömung nachläßt, treffen wir sauerstoffarme Gewässer an. Durch die Verwesung der absinkenden Stoffe verringert sich der schon geringe Sauerstoffgehalt in den unteren Wasserschichten noch mehr, demzufolge am Boden nur wenige, dem sauerstoffarmen Wasser angepaßte Wesen, leben können. Ablagerungen in solchen Gewässern enthalten je nach der Menge der absinkenden Überreste mehr oder weniger organische Stoffe.

Wenn die Zahl der in den oberen Schichten lebenden Tiere groß ist, muß auch die Zahl der absterbenden entsprechend sein und der ursprünglich vorhandene geringe Sauerstoffgehalt nimmt dadurch rasch ab. Während nahe der Oberfläche das Leben normal weitergeht, bereitet sich in der Tiefe die Vergiftung des Wassers vor, der die Tiere des Meeresbodens immer mehr weichen müssen. Waren es ursprünglich noch Muscheln, Schnecken und Krebse, sind es nach einiger Zeit, immer auf geologische Zeiträume betrachtet, also in Hunderten oder Tausenden von Jahren, nur noch besondere Arten von Würmern und schließlich nur noch Bakterien. Ist dieser Zustand erreicht, kann keine Verwesung mehr eintreten. Jetzt erfolgt unter Mitwirkung der Bakterien eine Umwandlung der organischen Substanz, die Fäulnis, die das erste Stadium der Ölbildung darstellt. Derartige Erscheinungen finden wir in Binnenmeeren oder Salzseen.

Ist ein Wasser ganz ohne Sauerstoff, so ist kein Leben in ihm. Uns interessieren mithin besonders die Erscheinungen in den Meeresbuchten oder an anderen ruhigen Stellen, durch die ein an organischen Stoffen reicher Faulschwamm entsteht. Welche Umstände sind nun hierfür maßgebend?

Das Meer nimmt den Sauerstoff aus der Luft auf. Infolge des Wellenschlags wird er an der Meeresoberfläche dauernd erneuert und mittels der Wasserströmungen in die unteren Schichten geleitet. Abgeschlossene Meere haben bekanntlich nur eine geringe Strömung. Dort ist die Auffrischung der tieferen Meeresschichten mit Sauerstoff nicht so leicht möglich und dementsprechend ein größeres Sterben der Meereslebewesen gegeben. Diese Erscheinungen treten heutzutage am deutlichsten im Schwarzen Meer auf. Es ist über 2000 Meter tief, die größte Länge beträgt 1200 Kilometer und hat nur durch den Bosporus eine schmale Verbindung zum Mittelländischen Meer. Daher machen sich Ebbe und Flut kaum bemerkbar und die Verdunstung ist äußerst gering. Infolgedessen erhalten lediglich die oberen Wasserschichten bis zu einer Tiefe von 150 oder 200 Meter Sauerstoff, wogegen in den großen Ozeanen bis in Regionen von 2000 Meter ein vielgestaltiges Leben herrscht, das erst in noch größeren Tiefen an Formenreichtum abnimmt. In diesen Wasserschichten wimmelt es nun von Fischen und Meeerespflanzen, sowie sonstigen großen und kleinen Lebewesen, dem Plankton, von denen die größeren die kleineren verschlingen. In Tiefen über 300 Meter ist dagegen das Wasser leblos und durch Schwefelwasserstoffgas vergiftet, das durch anaerobe Mikroben, die Schwefelbakterien, die die Eiweiß- und anderen Stoffe der absinkenden organischen Reste zersetzen, entsteht. Aus diesem Grunde gibt es hier auch keine Schlicktiere, die die absinkenden organischen Stoffe auffressen würden, wie auf dem belebten Boden eines freien Meeres, und nur so ist es zu erklären, daß der Schlamm des Schwarzen Meeres bis zu 35% aus organischen Stoffen besteht, während der Schlick des offenen Meeres höchstens 2% enthält und im Seesand der Küste überhaupt keine derartigen Stoffe vorkommen.

Aus der Tiefe des Schwarzen Meeres wurden Bodenproben entnommen, deren Untersuchung hohe Prozentsätze an organischen Substanzen, in einigen Fällen sogar schon ein Gehalt an petroleumähnlichen Stoffen, enthielten. Da das Schwarze Meer ein Überbleibsel eines viel größeren Meeres ist, welches vor Zeiten weiter nach Westen und Osten reichte, hinterließ es bei seinem Rückzug die Öllagerstätten in Galizien, Rumänien und Baku. Ähnliche Verhältnisse finden wir auch in dem jetzigen Kaspischen Meer vor.

Selbstverständlich ist es heute noch nicht möglich, aus den neu abgelagerten Ölsedimenten Petroleum zu gewinnen, dazu bedarf es erst langer Zeiträume. So beträgt die Ablagerung an Faulschwamm in einem Jahr noch nicht $^1/_{10}$ Millimeter. Ein Meter Faulschlamm bildet sich also in einer Zeitspanne von 10000 Jahren. Die Umwandlung der in dem Faulschlamm enthaltenen organischen Stoffe dauert wiederum Tausende von Jahren. Im Laufe dieser Zeit erhärtet sich der Faulschlamm zu Faulschlammgestein, einem feinen, bituminösen Ton. Die organischen Stoffe dieses Gesteins, die sich durch mehrere, teilweise noch ungeklärte chemische Prozesse in Öl verwandelt haben, beuten wir jetzt in einigen Jahrzehnten aus.

Alle größeren Ölfelder finden wir gewöhnlich in Regionen alter, heute verlandeter Golfe oder Binnenmeere. So sind neben den weiter oben erwähnten Lagerstätten die Vorräte Irans, in dem vor Urzeiten weiter nach Norden reichenden Persischen Golf entstanden. Die Birmesischen Öllager bildeten sich in dem einst so großen Meerbusen von Pegu und die in Mexiko gefundenen Ölschätze in dem früher fast doppelt so großen Golf gleichen Namens. Selbst die ausgedehnten Öllagerstätten im Innern der USA. liegen an Stellen uralter, an die Hudson-Bay erinnernde Binnenmeere.

Die Ausgangsprodukte zur Bildung des Öls sind die aus der Schwebewelt des Meeres anfallenden organischen Stoffe, die sich zu je 45% aus Kohlenhydraten und Eiweißstoffen und 10% Fetten zusammensetzen. Diese kleinen Lebewesen, auch Schwimmer und Schweber genannt, sind Formen mit äußerst empfindlichen organischen Skeletten, die nach dem Absinken in den Faulschwamm unkenntlich werden. Beim Absinken werden diese Stoffe durch die Schwefelbakterien zersetzt und sind sämtlich an der Ölbildung beteiligt. Infolge der Zersetzung entsteht ein Gemisch verschiedenster Stoffe, die wieder neue Verbindungen eingehen, sowie andere bestimmte Verbindungen zerstören. Die genaue Reihenfolge dieser Vorgänge ist noch nicht geklärt. Jedenfalls bilden sich daraus Verbindungen von Kohlenstoff mit Sauerstoff, Schwefel u. a. Weitere Umbildungen mit abgelagerten mineralischen Stoffen ergeben dann Verbindungen mit einem Höchstgehalt an Wasserstoff, die wir als Grenzkohlenwasserstoffe bezeichnen.

Öle mit mengenmäßig viel Grenzkohlenwasserstoffen sind Paraffinöle, die wir hauptsächlich in noch jüngeren Lagerstätten antreffen. Asphaltöle enthalten dagegen große Mengen an Naphthenen und wenig aromatische Kohlenwasserstoffe (Verbindungen vom Typ des Benzols). Sie finden wir in Lagerstätten, die schon seit längerem Oberflächenwassern ausgesetzt waren. Mischöle aus aromatischen und Grenzkohlenwasserstoffen treffen wir nie ohne Naphthene an. Es erscheint daher die Annahme berechtigt, daß die Naphthene sich aus Grenzkohlenwasserstoffen in Verbindung mit aromatischen Kohlenwasserstoffen zusammensetzen.

Somit ist erwiesen, daß zur Entstehung von Öllagerstätten gewaltige Mengen an organischen Stoffen erforderlich sind, die sich aus der Schwebewelt der Meere bilden. Diese Mengen entstanden jedoch nicht infolge eines Massensterbens größten Ausmaßes, sondern durch die Kraft des Lebens im ewigen Werden und Sterben der Natur.

VON DER ENTSTEHUNGSSTÄTTE ZUR LAGERSTÄTTE

Durch die umgestaltenden Kräfte im Erdinnern verschieben sich die Erdschichten und es entstehen Erdfalten. In Falten gibt es immer hohe und tiefe Stellen. Die hohen nennen wir Sattel oder „Antikline“, die tiefen Mulde oder „Synkline“.

Die höchste Erhebung einer Falte ist der Scheitel. Zuerst war man der Ansicht, das Öl sei nur in den Sätteln zu finden, doch ist das nicht zutreffend, denn mit der Feststellung des Scheitels und der Sättel haben wir lediglich für das Vorhandensein von Öl günstige Stellen gefunden.

Die Schwere und Widerstandskraft der einzelnen Gesteinsschichten ist verschieden. Die leichteren und beweglicheren werden von den schwereren von unten oder der Seite her in andere Lagen gepreßt. Am ehesten bewegen sich die leichteren Schichten nach oben und durchstoßen dabei neu abgelagerte Deckschichten, die noch nicht so hart und widerstandsfähig sind. Hierfür bekannte Gesteinsarten sind Gips und Steinsalz. Feste Gesteinsarten wie beispielsweise der Kalkstein zerbersten infolge der Verschiebungen und es entstehen Überfaltungen und Überschiebungen.

Das Petroleum finden wir meist in Sanden, Sandsteinen und Kalken. Die Sande setzen sich aus kleinen Körnern, deren Größe im allgemeinen kleiner als 0,3 Millimeter ist, zusammen. Die Hohlräume zwischen den Körnern sind entweder mit Wasser, Öl, Gas oder Luft angefüllt. Ist nur Wasser darin enthalten, scheiden sich nach und nach gelöste Stoffe, wie Gips und Kalk ab und füllen sie weiter aus.

Wesentlich größere Zwischenräume als in den Sanden treffen wir in zerborstenen, festen Gesteinen an. Dort haben sich durch die Schichtenumbildung sogenannte Klüfte gebildet, die ebenso wie die Hohlräume der Sande mit Wasser, Gas, Öl oder Luft angefüllt sind. Treffen wir in solchen Klüften Wasser, Öl und Gas zusammen an, finden wir sie meistenteils nach ihrem spezifischen Gewicht geordnet vor. Zu unterst das Wasser, darüber das Öl und obenauf die überschüssigen Gase, die bei dem herrschenden Lagerstättendruck nicht mehr in Lösung gebracht werden konnten. Bedingt durch die günstigen Lagerverhältnisse in den Klüften von Kalksteinen wurden bisher die am schnellsten förderbaren Mengen an Petroleum aus solchen Gesteinsarten gefördert. Das hieraus gewonnene Öl ist allerdings vielfach schwefelhaltig und von Schwefelwasserstoff, dem „saueren Gas", begleitet. Wegen seiner korrosiven Eigenschaften hat es gewisse unliebsame Nachteile gegenüber dem aus den Sanden gewonnenen Öl. Die bekanntesten Ölkalklagerstätten finden wir in Mexiko, Texas, Louisiana und Ägypten, die größten Ölsandlager in Kalifornien, dem Kaukasus, Rumänien und Galizien. Ton kommt als Speichergestein nur in Frage, wenn er sandig ausgebildet ist oder Hohlräume und Spalten aufweist. Mergel ist manchmal so porös, daß wir auch ihn in vereinzelten Fällen als Öllagerstätte antreffen.

Da die Öllager der ersten amerikanischen Bohrungen im Sandstein vorgefunden wurden, bezeichnet man die verschiedenen Gesteine, in denen das Öl gelagert ist, so auch Kalk oder Mergel, vielfach als „oilsands".

Die heutigen Fundplätze sind nun nicht die Entstehungsstätten des Petroleums. Daher hat man in der Öl-Geologie die Fachausdrücke „Mutter-Gestein“ und „Speicher-Gestein“ eingeführt. Muttergestein ist jenes Gestein, in dem sich das Öl gebildet hat, gleichgültig, ob es sich heute noch darin befindet oder nicht. In dem Speichergestein finden wir dagegen das Öl vor. Ohne Bedeutung ist in diesem Falle, wo es entstanden ist.

Das Muttergestein, in den meisten Fällen ein feingeschichteter bituminöser Ton, dessen einzelne Erdteilchen äußerst klein und leicht gegeneinander verschiebbar sind, nimmt Wasser an, stößt es aber nur sehr schwer und langsam wieder ab. Die dickflüssige Masse des Öls wird somit noch schwerer und langsamer wieder abgegeben. Aus diesem Grunde kommt ein Muttergestein für eine wirtschaftliche Ölförderung, auch wenn es noch soviel Öl enthält, nicht in Betracht.

Während in Gebirgsschichten ein starker Faltungsdruck das Öl im Laufe langer Zeiträume aus dem Muttergestein herauspreßt, wird es in flachen Schichten durch den Überlagerungsdruck aus dem Ton herausgedrückt, und der Schwereunterschied zwischen dem Öl und Wasser ist dann für das Aufwärtssteigen des Öls in die höher gelegenen Schichten maßgebend. Das herausgepreßte Öl wandert nunmehr in den porösen Schichten, Klüften oder Bruchspalten, bis es auf eine undurchlässige Deckschicht stößt.

Ursprünglich nahm man an, eine Verlagerung des Öls sei in vertikaler Richtung nicht möglich, da sich zwischen den verschiedenen Gesteinsarten immer wieder Tonschichten befinden und eine solche Schicht von nur einigen Millimetern genügt, um das Öl aufzuhalten. In derartigen Fällen sucht es sich aber nach Möglichkeit andere Schichten oder Klüfte, auf denen es weiter wandern kann. Weite, horizontale Wanderungen, in flach gelagerten Schichten ohne weiteres möglich, sind in stark gefalteten Schichten nicht zu vermuten.

Zusammen mit dem Öl verlagern sich das Erdgas und die Begleitwasser, die ein Nebenprodukt der Ölbildung darstellen. Sie sind Salzwasser und durch ihre chemische Zusammensetzung als Meeresprodukte anzusprechen. Auf ihrer Wanderung und auch in den Lagerstätten verbinden sie sich leicht mit den Oberflächenwassern, die viele hundert Meter weit in die Erde eindringen können.

Die in den Muttergesteinen entstandenen Öle unterliegen weiterhin zeitbedingten Umbildungen. Durch das Vordringen der Paraffinöle aus den Tiefen in die höher gelegenen Klüfte und Schichten werden sie gefiltert. Die leichten und flüssigeren Stoffe steigen bis in die Kuppeln der Schichten. Mit ihnen das überschüssige Erdgas, das sich, da es am leichtesten ist, in den höchsten Erhebungen ansammelt. Unter den leichteren Stoffen finden wir dann die schwereren und zuletzt das Begleitwasser.

Diese Folge der Ansammlung treffen wir in allen bekannten Ölfeldern an. Lediglich in einzelnen, jüngeren Lagerstätten finden wir mitunter noch unausgeglichene Zustände vor. So kann es vorkommen, daß wir Wasserschichten über denen des Öls antreffen. Selbst Jahrtausende reichen manchmal nicht aus, derartige Verschiebungen in den Erdschichten auszugleichen.

Wo Paraffinöle mit sauerstoffhaltigem Wasser oder dem Sauerstoff der Luft zusammentreffen, verdunsten die leichten Bestandteile des Öls, es entstehen geringe Mengen vor Harzsäuren und das Öl bildet sich zu Paraffin oder Erdwachs um. Standen Lagerstätten lange Zeit mit Oberflächenwassern in Verbindung, so finden wir nur geringe Mengen an aromatischen Kohlenwasserstoffen und dafür entsprechend mehr an Naphthenen, also Asphaltöle.

Ist an einer Stelle Asphaltöl auf seiner Wanderung in den Gesteinen schon von selbst an die Oberfläche vorgedrungen, so bricht mit dem Öl das Erdgas und das Begleitwasser aus, die leichten Bestandteile verdunsten, das Öl wird zäh und die Lagerstätte dadurch zerstört. Infolge der Einwirkung des Sauerstoffs entstehen an der Ausbruchsstelle feste, schwere Stoffe, der Asphalt. Stoßen wir in einer vor nicht zu langer Zeit ausgebrochenen Quelle nach unten durch, wird der Asphalt weicher, geht dann in Erdteer und zuletzt in Öl über. War der Ausbruch schon vor geraumer Zeit, sind die ölführenden Klüfte durch die Sauerstoffeinwirkungen der Luft und das eingedrungene Oberflächenwasser oft kilometerlang und mehrere hundert Meter tief mit Asphalt ausgefüllt.

Bei der Wanderung des Petroleums werden die einzelnen Formationsschichten durchzogen, als wenn sie eine einzige Ablagerung seien. Das Öl finden wir in den gesamten Formationsschichten des unserem heutigen Zeitalter, dem Quartär, vorangegangenen Tertiärs (Braunkohlenzeitalter), so im Pliozän, Miozän, Oligozän, Eozän und Paleozän. Zwischen einer jeden Formationsschicht liegen aber Millionen Jahre!

Der älteste Zeitabschnitt des paläozoischen Zeitalters, das Kambrium, wird auf annähernd 500 Millionen Jahre geschätzt. Das Oberkarbon (Steinkohlenzeitalter), auf etwa die Hälfte, das Alttertiär (Eozän und Paleozän) auf 55 bis 60 und das Jungtertiär (Pliozän und Miozän) auf 15 bis 20 Millionen Jahre. Einen Überblick über die geologischen Formationen gibt die umstehende Zeittafel.

Hieraus können wir schließen, daß die Anreicherung des in den porösen Ölzonen in feinster Verteilung aufgespeicherten Öls zur nutzbaren Lagerstätte erst stattfinden konnte, nachdem diese Schichten durch tektonische Kräfte aus ihrer ursprünglichen, horizontalen Lage verworfen wurden und das Öl dadurch die Möglichkeit fand, in den geneigten Schichten zu wandern. Diese Wanderung erfolgt auf Grund der

Die geologischen Formationen in Verbindung mit der Erdgeschichte

			Erdgeschichtliche Bemerkungen	
Erdalter:	**Perioden:**	**Formationen:**	Erstes Auftreten von:	Vorherrschaft von:
Känozoisches Alter = Neuzeit der Erde	Quartär	Alluvium (Gegenwart) Diluvium (Eisz.)	Menschen	Vögeln, Säugetieren, Blatt- u. Blütenpflanzen auf dem Lande, Knochenfischen und Säugetieren in den Gewässern
	Tertiär	Pliozän Miozän Oligozän Eozän Paleozän	höheren Säugetieren	
Mesozoisches Alter = Mittelalter der Erde	Kreidezeit	Senon Turon Cenoman Gault Neokom Wealden	Blatt- und Blütenpflanzen	Sauriern und blütenlosen Pflanzen auf dem Lande, Sauriern und Ammoniten in den Gewässern
	Jura	Malm Dogger Lias	Vögeln	
	Trias	Rät Keuper Muschelkalk Buntsandstein	Säugetieren	
Paläozoisches Alter = Altertum der Erde	Perm	Zechstein Rotliegendes		Lurchen und Insekten, Verwandten der Farne, Schachtelhalmen, Bärlappen auf dem Lande, Armfüßlern, Goniatiten in den Gewässern
	Karbon	Ober Karbon Unter Karbon	Reptilien	
	Devon	Ober Devon Mittel Devon Unter Devon	Lurchen	
	Silur	Ober Silur Mittel Silur Unter Silur		Spärlichen Landlebewesen, urtümlichen Fischen, Orthozeras-Verwandten, Graptolithen, Dreilappenkrebsen in den Gewässern
	Ordoviz	Ober Ordoviz Mittel Ordoviz Unter Ordoviz		
	Kambrium	Ober Kambrium Mittel Kambrium Unter Kambrium	Fischen	
Archäisches Alter = Urzeit der Erde	Urschiefer-Formation			Allen Arten von wirbellosen Tieren
	Urgneis-Formation			Schwer erkennbaren Resten von Lebewesen des Landes und der Gewässer

Antiklinaltheorie bei der Faltung der Entstehungsstätten in den porösen Schichten zu den höchsten Punkten, den Antiklinalen, während sich in den Synklinalen das Begleitwasser ansammelt. Auch Faltungen geringen Grades, wie beispielsweise bei den Tafellagern in den Westgebieten der USA., sind die Ursache reichhaltiger Ölansammlungen.

Bei derartigen geologischen Lagerverhältnissen werden die ergiebigsten Bohrungen immer die sein, die direkt über dem Scheitel der Antiklinale zum Ansatz kommen. Weiterhin zeigen auch die an den Flanken von Salzstöcken vorkommenden Öllagerstätten die Bedeutung der tektonischen Verhältnisse für diese Bildungen, da die mit dem Emporpressen der Salzstöcke verbundene vertikale Neigung der angrenzenden Gebirgsschichten es dem Öl ermöglichte, in die höher gelegenen Zonen einzuwandern. Charakteristischen Feldern dieser Art begegnen wir in den Gebieten von Louisiana, Texas und Nordwestdeutschland.

GEOLOGISCHE UND GEOPHYSIKALISCHE AUFSCHLUSSMETHODEN

Um Ölbohrungen möglichst mit Erfolg niederzubringen, ist zuerst die Erkundung des ölverdächtigen Gebiets durch den Geologen erforderlich. Diese Sucharbeiten beschränken sich nicht nur auf das Aufsuchen von obertägigen Anzeichen, wie Teerkulen, Asphaltgruben, Erdgasquellen oder anderen schwachen Öl- bzw. Gasspuren, sondern das Aufgabengebiet des Geologen erstreckt sich auch auf das Feststellen von Begleiterscheinungen des Petroleums, die Ermittlung der tektonischen und stratigraphischen Verhältnisse, das Erforschen der Lagerungsverhältnisse, sowie die Lage von Kuppeln, Domen und Antiklinalen, dem Verlauf der Verwerfungsspalten, in denen das Öl nach oben durchtreten kann, ferner dem Ermitteln von Salzstöcken und deren Begrenzungen.

Sind die verdächtigen Gegenden durch stärkere, jüngere Sedimente überlagert, ist mit den vorgenannten Ermittlungen allein nicht auszukommen. In diesen Fällen müssen die geologischen Arbeiten durch geophysikalische Bodenmeßuntersuchungen ergänzt werden.

Alle neueren Entdeckungen von Ölfeldern in den USA. und hier besonders in den Gebieten von Oklahoma, New-Mexiko und Texas, ferner den südamerikanischen Ländern, dem Vorderen Orient, Rußland, Rumänien, Österreich und Deutschland haben wir größtenteils derartigen geophysikalischen Feststellungen zu verdanken.

Während in der Anfangszeit der Geophysik die Drehwaagenmessung die dominierende Methode für Strukturauf- und -untersuchungen war, sind in den letzten Jahren die seismischen Meßverfahren stark entwickelt worden. Die Refraktionsseismik erlaubt ein rasches Absuchen von unbekannten Gebieten, die Reflexionsseismik vermag sehr spezielle Bilder geologischer Strukturen zu geben. Als sehr glücklich hat sich oft eine

Kombination der zwei Abwandlungen erwiesen. Beide arbeiten auf Grund der Erzeugung von künstlichen Erschütterungswellen durch kleine Sprengstoffexplosionen, mittels deren die Ermittlung der Mächtigkeit der Deckschichten, ferner die Lage und Höhe der Gesteinsschichten ermöglicht und das Auffinden der Antiklinalen erleichtert ist. Die einzelnen Gesteinsarten reagieren auf diese Explosionen verschieden. Salze und Kalksteine leiten die Wellen schneller fort als Sande. An der Laufzeit der Wellen, die ebenfalls auf Registrierstreifen aufgezeichnet werden, ist die Lage und Tiefe der einzelnen Gesteinsschichten ziemlich sicher zu ersehen.

Neben diesen Meßapparaten sind die Gravimeter zu sehr leistungsfähigen Instrumenten ausgebaut worden, die rasch und genau arbeiten. Zur Vervollkommnung des geologischen Bildes können wir noch eine Messung der Radioaktivität der Gesteine vornehmen. Seit kurzem hat man auch gute Erfahrungen mit Magnometermessungen vom Flugzeug aus gemacht, die zum leichteren Auffinden ölhaltiger Strukturen vor allem in den unwegsamen Gebieten des Vorderen und Mittleren Ostens vorgenommen werden sollen.

Diese ganzen Untersuchungen geben jedoch nur, allerdings ziemlich sichere, Rückschlüsse über den geologischen Aufbau des Untergrundes, doch können wir nur durch Bohrungen selbst feststellen, ob und in welchem Ausmaße tatsächlich Öl vorhanden ist. Uns steht jedoch mit den geophysikalischen Meßverfahren ein Mittel zur Verfügung, das Bohrrisiko herabzumindern. Die Zahl der Fehlbohrungen ist gegenüber früher wo nur mit mehr oder weniger Glück gebohrt wurde, beträchtlich zurückgegangen. Kamen vor mehreren Jahren auf eine fündige Bohrung 25 Fehlbohrungen, so hat sich das Verhältnis heute auf etwa 1:5 ermäßigt.

Gleichzeitig lassen sich an Hand dieser Meßverfahren mit großer Sicherheit jene Gegenden ermitteln, in denen keine Ölvorkommen anzutreffen sind. Es sind dies insbesondere Gebiete, in denen die Gesteinsmassen Umbildungen unter großem Druck und hoher Temperatur ausgesetzt waren. Derartige Gesteine sind kristalline Schiefer, wie Gneis oder Glimmerschiefer, ferner metamorphe und magmatische Gesteine, z. B. Diorit und Granit.

Ist an Hand der geophysikalischen Untersuchungen das Vorhandensein von Öl anzunehmen, so wird in den meisten Fällen die erste Bohrung auf der Antikline angesetzt und die weiteren gegen die Mulde zu niedergebracht. Das Bestreben geht dahin, mit möglichst wenig Bohrungen die ungefähre Größe des Feldes und seine Ergiebigkeit festzustellen, was maßgebend dafür ist, ob sich die Errichtung fester Bauten und Verarbeitungsanlagen sowie die Verlegung von Rohrleitungen rentiert.

DER BOHR- UND FÖRDERBETRIEB

Die Bohrsysteme

Das tief in der Erde lagernde Öl gewinnen wir durch Bohrungen, die wir nach „Aufschluß-“ und „Produktionsbohrungen“ unterscheiden. Die ersteren dienen zur Erschließung neuer Felder, in denen bisher keine Bohrversuche unternommen, oder aber Öl durch einzelne Bohrungen festgestellt wurde, doch die Ausdehnung bzw. Begrenzung der Lagerstätte noch auf Grund weiterer Bohrungen zu ermitteln ist. Produktionsbohrungen werden dagegen in bereits erschlossenen Ölfeldern niedergebracht. Das Bohrloch selbst bezeichnen wir mit Sonde.

Die Gewinnung des Öls unterteilen wir wiederum in zwei Vorgänge, das Niederbringen der Bohrungen und das Fördern des Öls. Beides ist mehr oder weniger eine Arbeit mit verbundenen Augen. Um die Gewinnung so rationell wie möglich zu gestalten, müssen wir das Bohren und Fördern, die an sich als getrennte Arbeitsvorgänge zu betrachten sind, eng miteinander verbinden. Eine ergiebige Förderung hängt im wesentlichen von dem Ansetzen der Bohrung an geeigneter Stelle ab, ferner der Beobachtung der geologischen Verhältnisse während des Bohrens, der Herstellung eines senkrechten Bohrloches ohne große Abweichung, der Erreichung des Ölhorizonts mit möglichst großem Rohrdurchmesser, dem vorsichtigen Anbohren der Öllagerstätte und der Vermeidung von Öl- und Gasausbrüchen zwecks Erhaltung der Lagerstättenenergie. Sodann ist die Festlegung der geeigneten Förderverfahren erforderlich, die sich wieder nach dem Lagerstättendruck, der Ergiebigkeit der Sonde, den Zuflußverhältnissen und der Beschaffenheit des Öls richten.

Arbeitsmäßig können wir eine Bohranlage mit einer Dreh- oder Hobelbank vergleichen, die ebenfalls mittels Schneid- bzw. Stoßwerkzeugen das Material schabend oder stoßend bearbeitet. Eine Drehbank bohrt jedoch nur Löcher bis zu 16 oder höchstens 20 Meter Länge, dagegen ist bei der Bohranlage die durch das Werkzeug, den Meißel, zu bearbeitende Bohrlochsohle bis zu 3000 oder 4000 Meter entfernt. Die Dreh- oder Hobelbank steht immer an demselben Platz und hat meistens das gleiche Material zu bearbeiten, während bei der Bohranlage sich das zu durchbohrende Gestein ständig ändert; zudem kommen noch die belastende Einwirkung des Gebirgsdrucks sowie öfters auftretende Wasserschichten hinzu. Bedenken wir, wieviel Momente bei einer Drehbank zwecks rationeller Arbeitsweise zu berücksichtigen sind, und ziehen wir dann den Vergleich mit der Bohranlage, so können wir erst richtig ermessen, welche Vielzahl an Problemen, angefangen von der Auswahl des Bohrsystems und der Ausrüstung der anzusetzenden Bohranlage bis zum Erbohren der Ölschichten in großer Tiefe, zu berücksichtigen ist.

Die einzelnen Bohrverfahren unterteilen wir einmal nach der Arbeitsweise der Bohrwerkzeuge in

drehendes und stoßendes Bohren,

und zum anderen nach der Entfernung des beim Bohren anfallenden Bohrschmands, den durch die Meißelarbeit gelösten Gesteinsteilchen, in

Spül- und Trockenbohren.

Bei dem Spülbohren können wir unter laufender Abführung des sich bildenden Bohrschmands unablässig bohren, wogegen beim Trockenbohren die Bohrarbeit zwischenzeitlich durch das notwendige Ausschöpfen des auf der Bohrlochsohle anfallenden Bohrschmands mittels einem sogenannten „Schöpflöffel“ unterbrochen wird.

Das heutzutage am meisten verbreitete Bohrsystem ist

das Rotaryverfahren

Die erste Bohrung dieser Art wurde im Jahre 1901 am Spindle-Top, bei Beaumont an der Golfküste, abgeteuft. Zu Anfang fand das Drehbohrsystem wenig Anklang. Erst nach einer Verbesserung der Anlagenteile setzte auf Grund der nunmehr erzielten Leistungserfolge ab 1910 eine rasche Verbreitung ein, und heute kommt das Rotaryverfahren fast ausschließlich in allen Produktionsgebieten zur Anwendung. Es ist besonders zum Erbohren großer Tiefen geeignet, ermöglicht eine große Ersparnis an Bohrrohren, und noch etwas sehr Wesentliches: mit den Konus- oder Rollenmeißeln können wir auch äußerst harte Gesteinsschichten zermahlen.

Das Bohren selbst erfolgt durch Drehen einer Gestängesäule, an deren unterem Ende der Meißel festgeschraubt ist, der das Gestein durch laufende Umdrehungen unter Druck abschabt. Bei einer jeden Umdrehung löst sich von dem Gestein ein Span, dessen Dicke im allgemeinen zwischen 0,02 Millimeter bei Sand- oder Kalksteinen und 2 Millimeter bei Tonen liegt. Diese abgebohrten Gesteinsteilchen bringt die Spülung, die von den Spülpumpen unter Druck durch das hohle Bohrgestänge und die Spüllöcher des Meißels gegen die Bohrlochsohle gepreßt wird und sodann zwischen dem Gestänge und der Bohrlochwand bzw. der Rohrtour wieder aufsteigt, mit an die Erdoberfläche. Als Spülung verwenden wir eine tonige Dickspülung, die wir nach einem Reinigungsprozeß wieder in das Bohrloch pumpen. In ihr sinken die Gesteinsteilchen langsamer als in dem Wasser. Als erschwerenden Zusatz können wir der Spülmasse in besonderen Fällen Hämatit (Roteisenstein) oder Baryt (Schwerspat) hinzufügen. Damit der mitgeführte Sand oder die anderen Gesteinsteilchen sich absetzen können, leiten wir diese Spülmasse nach dem Wiederaustreten an der Erdoberfläche durch einen etwa 40 Meter langen Umlaufkanal um die Bohranlage in die Spülgrube, von wo die

Pumpen die Spülung wieder ansaugen und sie dabei durch Saugkörbe pressen, die noch die in der Spülmasse enthaltenen restlichen Teile des Bohrschmands abscheiden. Auch kann eine Spülung mit klarem Wasser erfolgen, doch muß in solchen Fällen das Gebirge nachfallsicher sein. Von Vorteil ist hierbei, daß der Meißel und besonders die Schneidräder des Konusmeißels sauber bleiben. In einzelnen Ölgebieten, so an der Golfküste der USA., arbeitet man zwischendurch auch mit umgekehrter Spülung. Der Gestängedurchmesser ist kleiner und somit der Fließauftrieb größer.

Durch die Spülung steigt die Bohrleistung, da der Meißel stets eine reine Bohrlochsohle bearbeitet. Weiterhin verklebt sie infolge des Beimischens von Ton die Gebirgswände und verhindert demzufolge ein Abbröckeln und Nachfallen von Gesteinsteilen. Somit ist es nicht erforderlich, die Verrohrung, wie bei den Trockenbohrverfahren, alle paar Meter nachzulassen, was weniger Rohrkolonnen zur Folge hat. Die Verrohrung besteht aus einer Anzahl ineinander geschraubter nahtlos gewalzter Stahlrohre mit einem Durchmesser von 4¾ bis 24½ Zoll. Die Länge der Bohrrohe beträgt durchschnittlich 9 bis 12 Meter.

Auf Grund seiner schnellen Bohrarbeit hat das Rotaryverfahren auch gegenüber dem mit dem Spülsystem, doch sonst stoßend arbeitenden Seilschlagverfahren einen bedeutenden Vorteil, denn es ist nicht gleichgültig, ob wir einige 100 Meter in 2 bis 3 Wochen oder in der gleichen Monatszahl abbohren und das Bohrloch diese Zeit unverrohrt bleibt.

Der Antrieb der Bohranlage erfolgt von über Tage und wird von 2 Motoren zu dem Antriebsvorgelege übertragen. Dort trennt sich der Kraftstrom. Ein Teil geht direkt zum Drehtisch und erzeugt die drehende Bewegung der Bohrgestängesäule mit dem Meißel. Der andere läuft von dem Antriebsvorgelege über die darunter montierte Seiltrommel des Hebewerks, dann mittels eines Stahlseils zu den Turmrollen in der Turmkrone und von dort weiter zum Flaschenzug, an dem der massive Bohrhaken und an diesem wieder der Spülkopf hängt, der die ganze Bohrausrüstung, bestehend aus Mitnehmerstange, dem Bohrgestänge, den Schwerstangen und dem Meißel, trägt.

Der Spülkraftstrom wird von den Antriebsmotoren zu den Spülpumpen geleitet, von da über den Verteiler, das Stehrohr, den Spülschlauch und Spülkopf, durch die Mitnehmerstange, das Bohrgestänge und den Meißel zur Bohrlochsohle, dann zwischen dem Gestänge und den Bohrrohren zurück zur Oberfläche und anschließend durch den Spülkanal wieder zu den Spülbassins.

Über dem Bohrloch steht der Bohrturm, der eine Höhe bis zu 42 Meter und eine Grundbasis bis zu 8 Meter im Quadrat hat. Vereinzelt baut man ihn noch aus Holz, so in Rumänien, Galizien und Rußland. Meist verwenden wir jetzt jedoch Stahltürme, die den Vorteil haben, daß wir sie jahrelang benutzen können, zudem einen besseren Schutz gegen Feuer als Holztürme bieten und nur geringe Erstellungskosten verursachen. Die Höhe des Turmes richtet sich nach der Länge der Gestängezüge, die beim Auswechseln des Bohrmeißels aus dem Bohrloch zu ziehen sind. Ein Gestängezug besteht aus 2 bis 4 Rohren, von denen jedes eine Länge von 6 bis 8 Meter hat. Unter dem Turm wurde früher ein Keller von 3 Meter im Quadrat und einer Tiefe bis zu 6 Meter ausgeschachtet, in dem die Arbeiten an den Flanschverbindungen der einzelnen Rohrtouren verrichtet werden. Vorteilhafter ist es allerdings, den Turm statt dessen auf einen erhöhten Eisenunterbau zu setzen, was heutzutage fast nur noch geschieht.

Bei den Antriebsmaschinen konkurriert der Diesel- mit dem Elektromotor. Für Tiefen bis zu 2000 Meter setzen wir vielfach zwei Diesel- oder auch Erdgasmotore mit einer Stärke von 200 bis 250 PS ein, die stets betriebsfertig sind, wenig Brennstoff benötigen, und keine Rückstände hinterlassen, doch maschinentechnisch gesehen infolge der stoßweisen Beanspruchung beim Bohrbetrieb keine vollkommen idealen Antriebsmaschinen darstellen. In Gebieten mit gesicherter Stromzufuhr ist daher der Elektromotor wegen der Einfachheit des Aufbaues, des geringen Materialbedarfs und der leichten Wartung häufig vorherrschend. Je nach Lage des Gebiets benutzt man auch Zwillingsdampfmaschinen, die den Vorteil haben, leicht anzufahren, zu wenden und zu halten. Dadurch werden oft, wenn der Meißel auf Hindernisse stößt, Gestängebrüche vermieden. Von Nachteil ist dagegen der benötigte große Raum für die Kessel, die Kohlenzufuhr und die erforderliche gesonderte Bedienung.

Das Hebewerk, von dem aus die ganze Bohrarbeit gesteuert wird, befindet sich stets zwischen den Antriebsmaschinen und dem Drehtisch. Es besteht aus dem Antriebsvorgelege sowie der Seiltrommel mit der Seiltrommelwelle und ist je nach Größe und Bauart auf 4 bis 8 Geschwindigkeiten einzustellen. Mit großen Geschwindigkeiten arbeiten wir, wenn wenig Gestänge am Haken hängt, mit kleinen bei langen Gestängezügen oder dem Rohrziehen. Alle Ein- und Ausbauarbeiten tätigen wir mit der Seiltrommel, die bei dem Gestängeausbau das Gesamtgewicht des Bohrzeugs und des Gestänges hält. In Hebewerke, die für große Tiefen vorgesehen sind, bauen wir noch ein Zwischenvorgelege als dritte Welle ein. In diesem Fall wird die Kraft von einem Ende des Zwischenvorgeleges auf den Drehtisch übertragen, der genau über der Bohrlochöffnung liegt. Die Drehbewegung des Tisches überträgt wiederum eine Mitnahmevorrichtung auf die Vierkantmitnehmerstange.

Der zweite Kraftstrom geht von der Seiltrommel über die Turmrolleneinrichtung zum Flaschenzug. Von der in der Turmkrone angebrachten

Turmrolleneinrichtung läuft ein Stahlseil zu dem in der Mitte des Turmes hängenden Flaschenzugblock. An seinem unteren Teil ist ein kräftiger Lastbügel, in dem der um die Lastachse drehbare Bohrhaken hängt.

Die Spülpumpen pressen die Spülung durch den Verteiler und das Stehrohr bzw. den Windkessel in den Spülkopf. Meist sind liegende Zwillingspumpen in Betrieb, deren Leistung nach dem Durchmesser des Pumpenzylinders und der Hublänge bezeichnet wird. Am gebräuchlichsten sind Pumpen der Größen $6\frac{3}{4} \times 14$ und $7\frac{1}{2}$ Zoll $\times$ 16 Hub.

Von dem an dem Bohrhaken befestigten Spülkopf geht die Spülung in die Mitnehmerstange und weiter durch das Bohrgestänge. Eine besondere Konstruktion ermöglicht es, daß die Drehbewegung der Mitnehmerstange, die unten an dem Spülkopf angeschlossen ist, sich nicht auf diesen sowie den Spülschlauch und den Bohrhaken überträgt.

Am unteren Ende des Spülkopfs ist die Vierkantmitnehmerstange befestigt. Sie hat normalerweise eine Länge von 12 bis 16 Meter und einen Innendurchmesser von $1\frac{1}{2}$ bis $2\frac{1}{2}$ Zoll zum Durchlassen der Spülung. Die Drehbewegung des Rotary-Tisches auf das Bohrgestänge und den Meißel wird von ihr übertragen. Ein Weiterbohren ohne Unterbrechung kann um die Länge einer Mitnehmerstange erfolgen. Ist diese Länge abgebohrt, hebt man die Stange an und schraubt bzw. „bricht" sie mit schweren Zangen, die im Turm ausbalanciert hängen, von dem Gestänge los. Sodann werden 1 bis 2 neue Gestängerohre oben aufgeschraubt, die Mitnehmerstange wieder aufgesetzt und weitergebohrt.

Das Bohrgestänge besteht aus hohlen, nahtlosen Stahlrohren mit dicker Wandstärke von je 6 bis 8 Meter Länge, deren Enden verstärkt sind. Zum Bohren verwenden wir meist Gestängerohre der Abmessung $3\frac{1}{2}$ bis $6^5/_8$ Zoll Durchmesser. Zu einem Gestängezug schrauben wir immer 2 bis 4 Rohre zusammen und beschleunigen so wesentlich den Ein- und Ausbau bei einem jeden Meißelwechsel.

Das wichtigste Werkzeug, der Meißel, arbeitet unsichtbar, tief in der Erde. Die Regelung der Meißelarbeit von über Tage aus ist reine Gefühlssache und erfordert zwecks Vermeidung von Unfällen viel praktische Kenntnisse. Die Auswahl der verschiedenen Meißelarten richtet sich nach der zu durchbohrenden Gesteinsart. Am bekanntesten ist der Fischschwanzmeißel, dessen Meißelschneide, wie der Name schon besagt, ähnlich dem Schwanzende eines Fisches, eine gerade Linie mit entgegengesetzter Schneidfläche vom Mittelpunkt aus bildet. Die Schneidfläche besetzen wir mit aufgeschweißten Hartmetallstücken, um den Verschleiß der Meißelschneiden und ein damit verbundenes öfteres Ausbauen des Meißels auf ein Mindestmaß herabzusetzen. Die Schneidbreite richtet sich nach dem jeweiligen Durchmesser der Bohrrohre.

Neben dem Fischschwanzmeißel gibt es noch den Kreuz- oder Blattmeißel, der 3 oder 4 Schneidblätter über Kreuz hat. Damit sich die Schneidblätter nicht im Bohrschmand verfangen, ist immer auf eine gute Spülung zu achten. Zudem finden noch Spitzmeißel, Erweiterungsbohrer und Meißel mit auswechselbaren Schneiden Verwendung.

Haben wir harte Gesteinsschichten zu durchbohren, so setzen wir die „rockbits", die Konus- oder Rollenmeißel, ein. Diese haben statt einer glatten Schneidfläche kleine Rollen mit zahlreichen gehärteten Schneidzähnen, die infolge der Drehung des Gestänges auf der Bohrlochsohle abrollen und das Gestein „zermahlen". Zu dem Zweck, daß das Bohrloch beim Abnutzen der Schneidrollen nicht an Durchmesser verliert, sind in den Meißel etwas oberhalb horizontal arbeitende Nachschneidrollen eingebaut.

Die Bohrleistung ist von den Gesteinsschichten und der Bedienung durch den Bohrmeister abhängig. Für gewöhnlich setzen wir auf schwere Meißel einen größeren Druck bei geringerer Geschwindigkeit und auf kleinere und leichtere Meißel einen geringeren Druck bei größerer Geschwindigkeit. Im Durchschnitt bohren wir mit 80 Umdrehungen in der Minute. Wird auf den Meißel ein ungenügender Druck ausgeübt, so schleudert er über die Bohrlochsohle, nutzt sich stark ab und der Bohrfortschritt ist nur mäßig. Ist zu viel Druck angesetzt, dringt der Meißel tief in das Gestein ein, kann sich schlecht freischneiden und springt. Hierdurch tritt eine äußerst starke Beanspruchung des Gestänges auf und es kommen öfters Gestänge- oder Gewindezapfenbrüche an dem Meißel vor. Auch entstehen durch zu starkes und schnelles Bohren leicht schiefe Löcher.

Je nach der Gesteinsart können wir normalerweise in einem Tage 15 bis 250 Meter abbohren. In besonders harten Gesteinsschichten erreicht der Meißel dagegen nur eine Tiefe bis zu 1 Meter täglich. Bei zunehmender Tiefe läßt die Bohrleistung nach, was schon zeitmäßig durch den Meißelwechsel bedingt ist, der bei tiefen Löchern bis zu 10 Stunden dauert.

Werkzeuge, wie der Meißel, die durch Bruch im Bohrloch verblieben sind oder während des Ausbaues hineinfielen, können wir nur sehr schwer wieder herausholen. Zu solchen „Fangarbeiten", die mitunter Monate dauern, gehört viel Geduld und Glück. Zweckmäßigerweise fertigen wir von jedem Werkzeug, das wir in das Bohrloch einlassen und das nicht genormt ist, eine Skizze an oder tragen wenigstens die Maße in das Bohrbuch ein, damit bei notwendigen Fangarbeiten das passende Fanggerät leichter ausgesucht werden kann. Viele Gesellschaften haben eigens konstruierte Spezialapparate, die oft nur einmal für eine bestimmte Fangarbeit benutzt werden.

Bei zu schnellem Bohren oder dem Übergang von harten in weiche Gesteinsschichten entstehen oft schiefe Bohrlöcher. Dies ist von großem Nachteil, denn das Gestänge wird in diesem Fall äußerst stark auf Zug und Druck beansprucht und es besteht die Gefahr, daß es sich schnell durchschleift. Weiterhin entsteht für den Geologen ein falsches Bild über die Lage und tatsächliche Tiefe der Struktur, zudem erschwert ein zu großer Abtrieb des Bohrloches den späteren Pumpbetrieb.

Um dies zu verhindern, bedienen wir uns verschiedener Apparate, mit denen wir die Bohrlochneigung messen. Es geschieht einmal, indem wir einen kleinen Apparat, der im wesentlichen aus einem Kreiselkompaß, 2 Pendeln und 2 Führungsbürsten besteht, an einem Kabel in das Bohrloch einlassen. Die beiden Führungsbürsten stellen den Apparat in die gleiche Richtung der Bohrrohre. Die Enden der Pendel sind mit Spitzen versehen, die die Abweichung auf Registrierstreifen aufzeichnen. Diese Registrierstreifen haben immer die Richtung des Bohrlochs, die Pendel zeigen stets senkrecht, so daß wir die Abweichung leicht feststellen können. Der Apparat ist in ein Stahlrohr gebaut und noch durch eine Gummischicht geschützt. Bis zu 1000 Meter Tiefe mißt er auf einen halben Meter genau. Neben diesem, dem gebräuchlichsten Meßverfahren, gibt es noch eine sehr einfache Methode, die Abweichung festzustellen, und zwar mit der Säureflasche. Wir lassen ein Glasgefäß mit einer glasätzenden Flüssigkeit bis zu der erbohrten Tiefe hinab und errechnen dann an Hand der angeätzten Rille die Neigung des Bohrlochs.

Solche Messungen werden allgemein alle 50 bis 60 Meter vorgenommen. Die hierbei gewonnenen Erkenntnisse sind für das weitere Bohren von großer Wichtigkeit und erfordern keinen zu großen Zeitverlust. Es ist um so einleuchtender, wenn wir bedenken, daß an nachträglich gemessenen Sonden eine Neigung von durchschnittlich über 20° festgestellt wurde. Dies ergibt eine Abweichung von annähernd 35 Meter auf 100 Meter Tiefe. Bei einer Bohrtiefe von 2000 Meter beträgt die Abweichung mithin 700 Meter und verursacht einen Tiefenverlust von 120 Meter, wogegen wir in gut überwachten Bohrungen geringe Abweichungen von nur 10 bis 12 Meter auf 1000 Meter Tiefe erzielen können. Ein Ergebnis, das allerdings bei Rekordbohrleistungen nicht zu erreichen ist.

Die beim Bohren anfallenden Gesteinsteilchen kommen mit der Spülung als Schlamm, dem Bohrschmand, an das Tageslicht. Ein Erkennen geologischer Strukturen ist daher fast unmöglich. Um für geologische Untersuchungen ganze Gesteinsstücke zu erhalten, bohren wir mit einem Kernapparat einen ringförmigen Hohlraum in die Gesteinsschicht. Der in der Mitte erhalten gebliebene Gesteinszylinder wird dann gebrochen und mit dem Kernrohr heraufgezogen. Aus diesem gewonnenen Gesteinsstück ersehen wir die Form und Lage der Schichten, erhalten gebliebene Versteinerungen und anderes mehr. Verwendet werden dazu einfache und doppelte Kernbohrapparate. Heute arbeiten wir fast nur noch mit letzteren, die aus einem äußeren Stahlrohr und einem inneren Kernrohr, sowie dem Kernkopf, bestehen, der mit Schneidrollen versehen ist. Die scharfen, mit Hartmetall besetzten Zähne der Schneidrollen zermahlen das Gestein ringförmig. Der erbohrte Kern dringt in das Kernrohr ein und wird durch Federn festgehalten. Bei einem jeden gezogenen Kern müssen wir vermerken, aus welcher Tiefe er genommen wurde, sowie was oben und unten ist. Von Vorteil ist es, die Kerne in besonderen Kernrohrkästen aufzuheben, denn sie können bei späteren, in der Nähe niedergebrachten Bohrungen gute Anhaltspunkte vermitteln.

Am Bohrturm geht die Arbeit Tag und Nacht ununterbrochen fort. Fast immer wird in 3 Schichten gearbeitet. Eine Bohrmannschaft besteht aus einem Bohrmeister und 4 bis 5 Arbeitern. Der Bohrmeister regelt die schwierigste Arbeit, das Bohren, selbst. Er hat darauf zu achten, daß auf dem Meißel der erforderliche Druck liegt. Besonders bei Aufschlußbohrungen muß er eine gute Entschlußkraft besitzen, plötzliche Entscheidungen allein treffen können, mechanische Kenntnisse haben und etwas von Gesteinen verstehen. Ist ihm doch mit der Bohranlage ein Wertobjekt von 200 000 bis 250 000 DM anvertraut.

Der große Vorteil des Rotary-Verfahrens ist, daß durch den schnellen Bohrfortschritt längere Strecken unverrohrt bleiben können und somit ein geringerer Bedarf an Bohrrohren auftritt. Weiterhin entsteht infolge der ständigen Spülung keine Unterbrechung wegen einer Reinigung der Bohrlochsohle. Demgegenüber steht ein größerer Kraftbedarf und die Gefahr von schiefen Löchern bei zu schnellem Bohren. Als belastende Momente kommen noch die großen Anschaffungs- und Arbeitskosten hinzu.

An das Rotary-Verfahren ist das seit etwa 20 Jahren in Betrieb befindliche

Turbinen-Drehbohren

angelehnt. Bei einer weiteren Verbesserung der Turbinen dürfte es das Bohrverfahren der Zukunft werden. Es arbeitet ebenfalls drehend und mit Spülung. Gegenüber dem Rotary-System hat es den Vorteil, daß die Bohrgestängesäule stationär eingebaut ist, somit eine geringere Abnutzung erleidet und Gestängebrüche nur sehr selten vorkommen, demzufolge wieder weniger Zeitverluste durch Fangarbeiten auftreten. Außerdem wird eine geringere Kraft für den Antrieb des Meißels benötigt, da er nicht von der Erdoberfläche aus, sondern mittels zweier kurz über der Bohrlochsohle eingebauter, hintereinander geschalteter Stufen-Turbinen erfolgt, wodurch der Meißel ruhig auf der Bohrlochsohle gehalten wird und ein geraderes Loch bohren kann. Infolge dieser Antriebsart fällt auch die Maschineneinrichtung über Tage fort.

Eingeführt wurde dieses Verfahren von dem russischen Ingenieur Kappeljuschnikoff. Heute befindet es sich in Rußland und zu einem Teil in den USA. in Betrieb. Von Nachteil ist, daß bei Störungen im Turbinenantrieb die ganze Bohrgestängesäule ausgebaut werden muß.

Eine weite Verbreitung des Turbinen-Drehbohrverfahrens, das große Vorteile gegenüber dem Rotary-System für sich buchen kann, hängt von der weiteren Vervollkommnung der Turbinen ab, die so konstruiert werden müssen, daß sie trotz der in der Spülung mitgeführten Verunreinigungen längere Zeit reibungslos arbeiten.

Ein weiteres Drehbohrverfahren mit Spülung ist das

Bohrverfahren mit hydraulischem Antrieb.

In diesem Fall treibt eine über Tage aufgestellte hydraulische, umkehrbare Turbine den Bohrkran an. Das Betriebswasser für diese Turbine, das frei von Verunreinigungen und Säuren sein muß, führt eine Schleuderpumpe zu, die, da sie keiner besonderen Bedienung bedarf, zusammen mit den Antriebsmaschinen, meist 1 oder 2 Dieselmotoren, etwas weiter ab Aufstellung findet, um im Bohrturm keinen unnützen Platz fortzunehmen.

Die Turbine ermöglicht ein zuverlässiges Arbeiten und läßt sich im Vor- und Rückwärtsgang steuern. Ihre Bedienung ist einfach. Sie ist so gebaut, daß beim Bohren auftretende Stöße aufgefangen werden und infolgedessen Brüche so gut wie gar nicht vorkommen. Der Wirkungsgrad des hydraulischen Getriebes beträgt annähernd 70%.

Bisher hat sich der Antrieb gut bewährt und bei einer weiteren Verbesserung der Hydraulik läßt auch dieses Verfahren eine größere Verbreitung möglich erscheinen.

Das vierte drehende Bohrverfahren mit Spülung ist

das Kronenbohren.

Die Bohrarbeit leistet eine an dem Bohrgestänge angebrachte Stahlkrone, auf deren Zähne Hartmetallstäbchen aufgeschweißt sind. Früher besetzte man die Krone mit 10 oder 12 Diamanten, wozu die Diamantarten Karbonen, Bort und Ballas genommen wurden. Reine Diamanten finden keine Verwendung, da sie zu teuer sind und sich außerdem leicht spalten. Zwischen der Krone und dem Bohrgestänge wird ein 12 bis 16 Meter langes Kernrohr eingebaut, das, wie beim Kernen, das Gestein aufnimmt. Wegen der sehr hohen Kosten findet dieses Verfahren nur Anwendung, wenn wichtige Profile einer größeren Schichtenfolge zur Untersuchung kommen sollen. Durch öfteres Kernen läßt sich jedoch ungefähr der gleiche Erfolg bei wesentlich geringeren Kosten erzielen.

Ein weiteres Spülverfahren ist

das Seilschlagbohren.

Statt des bisher geschilderten drehenden Bohrens kommt hierbei das schlagende oder stoßende Bohren zur Anwendung. Die Eigenart der Seilschlaganlage besteht darin, daß ein Bohrseil als elastisches Verbindungsstück zwischen das Bohrgestänge mit Schwerstange und Meißel und den Bohrkran, der dem Hebewerk der Rotary-Anlage ähnelt aber wesentlich leichter gebaut ist, gelegt wurde. Gearbeitet wird durchschnittlich mit 60 bis 100 Schlägen in der Minute bei einer Hubhöhe von 10 bis 12 Zentimetern. Infolge der schlagenden Bohrart ist eine größere Gewähr für ein senkrechtes Niederbringen der Bohrungen gegeben.

In harten Gebirgsschichten beträgt der Bohrfortschritt manchmal noch nicht einen Meter pro Tag, dagegen in weicheren Erdschichten bis zu 50 Meter. Bei Tiefen über 1000 Meter nimmt die Bohrleistung ziemlisch rasch ab. Ungünstig wirkt sich hierbei auch der langsame Gestängeausbau der kurzen Züge aus, da schon wegen der geringen Höhe des Turmes immer nur 2 Rohre zu einem Gestängezug verbunden werden. Aus diesen Gründen bohrt man bei dem Abteufen größerer Tiefen oft von 800 oder 1000 Meter an mit Rotary weiter.

Nach diesem Verfahren wurde zuerst in Deutschland gearbeitet und es dann auch im Ausland mit viel Erfolg angewendet. In Rumänien verdrängte es beispielsweise in den Jahren 1924 bis 1927 fast alle anderen Bohrsysteme.

Das nach seinem Erfinder, Anton Raky, benannte

Raky-Schnellschlagverfahren

arbeitet nach dem Schnellschlagsystem, und zwar mit kurzem Hub, starrem Bohrgestänge und Spülung. Das Kennzeichnende an diesem Verfahren ist die federnde Lagerung des Bohrschwengels, wodurch alle Erschütterungen abgefangen und Stauchungen des Bohrgestänges vermieden werden. Der Meißel leistet bei einer Hubhöhe von 10 Zentimeter bis zu 200 Schlägen in der Minute. Eine eingebaute Nachlaßvorrichtung ermöglicht ein Bohren ohne Unterbrechung. Mit diesem, ein Jahrzehnt lang weltbekannten Verfahren sind äußerst gute Bohrerfolge in Deutschland, Rumänien und Galizien erzielt worden.

Das älteste, heute noch gebräuchliche System ist

das Pennsylvanische Bohrverfahren.

Bei ihm wird schlagend und trocken, also ohne umlaufende Spülung, gearbeitet. Die schlagende Bewegung überträgt in diesem Fall ein starkes Bohrseil auf den Meißel. Den anfallenden Bohrschmand bringt von Zeit zu Zeit ein sogenannter Schöpflöffel an die Oberfläche. Diese

Methode findet heute teilweise noch in Verbindung mit Rotary Verwendung, um ein im Drehbohrverfahren erbohrtes Loch zu vollenden, da sie sich ganz gut für ein vorsichtiges Einbohren in die Ölschichten eignet. Zudem wird sie noch angewendet, um die Ergiebigkeit einer Ölschicht durch Leerschöpfen des Bohrlochs festzustellen.

Unmittelbar über der Ölschicht pumpen wir zusätzlich Wasser oder eine Dickspülung in das Bohrloch. Das Gewicht der Flüssigkeitssäule verhindert ein Entweichen der Gase und eine damit verbundene Minderung der Lagerstättenenergie. Zu diesem Zweck verschließt man den Rohrkopf mittels einer Stopfbüchse, durch die das Bohrseil hindurchgeht. Sodann wird er durch einen Spülschlauch mit 1 oder 2 Spülpumpen verbunden, die die Spülung durch die innerste Rohrkolonne einpressen.

Der Bohrfortschritt richtet sich nach den Gesteinsschichten. Eine 600-Meter-Bohrung kann in einem Monat, aber auch erst in einem Jahr niedergebracht werden. Tiefere Bohrungen sind langwierig und wegen der hohen Kosten für den angebohrten Meter zu unrentabel. Weiterhin kommt als nachteiliger Faktor der notwendige Einbau vieler Rohrtouren zum Abdichten der Gebirgswände infolge des oft vorzeitigen Festklemmens hinzu.

Die Kombinationsanlagen

Oft erfahren die einzelnen Bohrverfahren eine Kombination. Eine „Rotary-Seilbohranlage“ wendet man an, wenn abwechselnd harte und weiche Schichten zu durchbohren sind. Diese Verbindung ist auch günstig für Aufschlußbohrungen, läßt sich doch dadurch ein schnelles Überbohren schwacher Gas- oder Ölschichten vermeiden. Eine solche Kombinationsanlage besteht aus je einer vollständigen Rotary- und Seilbohreinrichtung. Auf der einen Seite des Bohrlochs stehen das Hebewerk und die Spülpumpen, auf der anderen der Bohrkran mit den Zieh-, Bohrseil- und Schlämmtrommeln. Ebenso sind die Antriebe getrennt.

Dann gibt es noch eine Kombination „Rotary-Seilschlagbohren“. Hierbei läßt sich die Umstellung vom schlagenden auf das drehende Bohren sehr rasch durchführen. In den Bohrturm ist in 22 Meter Höhe eine zweite Turmrolleneinrichtung eingebaut, da das Schlagseil sonst zu stark schwingen würde. Dieses letztere kombinierte Verfahren rentiert sich infolge der hohen Anschaffungskosten nur, wenn die Bohrzeit wesentlich verkürzt werden kann.

Neben diesen Bohrverfahren gibt es noch

fahrbare Bohreinrichtungen,

die den Vorteil großer Beweglichkeit und schneller Einsatzbereitschaft haben. Sie eignen sich in der Hauptsache für Aufschluß- und Flachbohrungen. Hebewerk und Hauptantrieb sind auf Lastwagen oder Traktoren montiert, die auch während des Bohrens auf den Fahrzeugen verbleiben. Der Antrieb erfolgt durch Diesel-, Gas- oder Elektromotore. Die Bohrtürme ersetzen in diesem Fall Stahlmaste, die eine Höhe bis zu 30 Meter und eine Tragfähigkeit von 90 Tonnen haben. Die Spülpumpen sind meist auf besonderem Anhänger untergebracht. Mit derartigen Ausrüstungen lassen sich heutzutage Teufen von 1200 bis 1500 Meter erbohren.

Spezialprähme für Meeresbohrungen

Neuerdings erbohrt man auch den Meeresgrund von schwimmenden Spezialprähmen aus. Nachdem bereits vor mehr als 20 Jahren das Vorhandensein größerer Erdöllagerstätten in den Küstengebieten vermutet wurde und in Florida sowie anderen Gegenden Amerikas bereits in seichten Gewässern nahe der Küste fündige Bohrungen niedergebracht worden waren, wurden die Versuche während der vergangenen 6 bis 8 Jahre, besonders als die Förderziffern in den alten Öldistrikten der USA. infolge der Raubbaupolitik während des letzten Krieges stark zurückgingen, weiter ausgebaut und dabei beträchtliche Erfolge erzielt. Besonders in den den Staaten Louisiana und Texas vorgelagerten Gewässern waren die Forschungen sehr ergiebig, und man schätzt hier allein in einer Entfernung bis zu 36 Meilen von der Küste einen zusätzlichen Vorrat von mehreren Millionen Tonnen Öl gefunden zu haben.

Kostenmäßig entspricht eine solche Unterwasserbohrung ungefähr 10 Landbohrungen. Lediglich die Herstellung eines solchen Spezialprahms kostet etwa 350 000 bis 400 000 Dollar, dazu kommen die hohen Bohrkosten und die beträchtlichen Ausgaben für die geologische Erforschung des Meeresbodens, die besonders sorgfältig, neuerdings sogar mit äußerst präzise arbeitenden radio-seismographischen- und Radargeräten, vorgenommen werden muß, um Fehlbohrungen soweit als möglich auszuschalten. Zudem schließen sich in diesen Gebieten, um das Bohrrisiko weiterhin zu vermindern, immer mehrere Gesellschaften zu einer Bohrgruppe zusammen. Die neuesten Pläne gehen sogar dahin, Bohrungen weit draußen im Meer niederzubringen. Zu diesem Zweck sind schon Prähme entworfen worden, deren Bohrdecks durch geflutete Pontons so elastisch sind, daß bei einem stärkeren Seegang keine Störungen im Ablauf der Bohrarbeit eintreten sollen.

Auf Grund dieser Ergebnisse liegt die Vermutung nahe, daß in sämtlichen den fünf Kontinenten vorgelagerten Gewässern riesige bisher noch unbekannte Öllager ruhen, die in den kommenden Jahrzehnten eine ausreichende Ergänzung für die teilweise zur Neige gehenden bekannten Lagerstätten sein dürften.

Die Spülungs- und Bohrlochmessungen

Wie wir gesehen haben, bohrt man heutzutage fast nur noch mittels des Spülverfahrens. Da der an die Oberfläche gespülte Bohrschmand jedoch keine geologischen Rückschlüsse zuläßt, müssen wir zwecks Feststellung der tektonischen Verhältnisse zwischendurch immer wieder kernen. Von besonderer Wichtigkeit ist dies in neu zu erschließenden Gebieten. Zudem ist die Tonspülung fortlaufend auf ihren Gasgehalt zu überprüfen und sind Formationsmessungen vorzunehmen, um einen genauen Überblick über die Struktur der Lagerstätte zu erhalten.

Durch das Auftreten von Gas wird die Tonspülung leichter, so daß wir bei genauen Messungen an dem Absinken des spezifischen Gewichts auf Gas- oder Ölnähe schließen können. Neuerdings ermitteln wir den Gasgehalt der Spülung durch automatische Messungen. Zu diesem Zweck legen wir einen Entgasungskasten in den Spülkanal, der der Spülung das mitgeführte Gas entzieht, das dann einer Meßvorrichtung zugeleitet wird, die den Gasgehalt auf Grund der verschiedenen Wärmeleitfähigkeit der einzelnen Gasarten feststellt. Da das Erdgas viel Methan enthält, welches eine größere Leitfähigkeit als die Luft hat, ist die Messung ziemlich sicher. An Hand dessen sind uns bedeutende Hilfsmittel entstanden. Früher gingen sehr oft Bohrungen infolge von Wassereinbrüchen verloren, oder es wurden ganze Ölhorizonte verdorben, was heute so gut wie ausgeschlossen ist. Nur müssen wir eine jede Gebirgsänderung sorgfältig beachten und bei verdächtigen Anzeichen zusätzlich kernen, um so die durch die Messungen gewonnenen Erkenntnisse weiter zu vervollständigen. Auf Grund dieser wissenschaftlichen Vorarbeiten können wir den Augenblick des Fündigwerdens ziemlich sicher vorausbestimmen und mittels entsprechender Vorsichtsmaßnahmen fast immer einen Verlust an Öl und Gas durch freie Eruption verhindern.

Die Bohrlochzementierung

Ist die Nähe ölhaltiger Schichten erreicht, müssen wir mit größter Vorsicht weiterbohren. Entweder wird gekernt oder erst mit einem kleinen Spitzmeißel vorgearbeitet. Sobald der Übergang in den Ölhorizont festgestellt ist, setzen wir den am unteren Ende der eingebauten Rohrkolonne befestigten Rohrschuh etwa einen Meter über die Übergangsschicht und beginnen anschließend mit der Auszementierung des Bohrlochs, die einen Wassereinbruch aus höheren Schichten verhindern soll.

In Ölgebieten, in denen mehrere wasserführende Schichten zu durchbohren sind, ist die Wasserfrage eins der wichtigsten und schwierigsten

Probleme bei der Ölgewinnung. Das Bohrloch stellt eine Verbindung zwischen den höher gelegenen Wasserschichten und dem Ölhorizont her. Von oben dringt das Wasser nach und drängt, sofern der Wasserdruck größer als der des Öls ist, dieses zurück und verwässert die Ölschicht. In ihr kann das Wasser dann noch weiterwandern und andere Bohrungen in Mitleidenschaft ziehen. Um dies zu vermeiden, dichten wir in dem Bohrloch die Kluft zwischen der Gebirgswand und der Bohrrohrkolonne ab. Diese Abdichtung muß unbedingt wasserundurchlässig sein, genügend Festigkeit besitzen und eine ausreichende Dichte und Ausdehnung haben. Am sichersten geschieht dies durch das Auszementieren.

Hierbei haben wir besonders darauf zu achten, daß der Zement außerhalb der Rohre hoch genug gepumpt wird, um alle wasserführenden Schichten abzusperren, da er nicht nur einen Wassereinbruch in der neu erbohrten Sonde, sondern auch eine Verwässerung benachbarter Bohrungen verhindern soll. Die Lage der wasserführenden Schichten können wir wie weiter oben geschildert mittels Formationsmessungen leicht feststellen.

Früher wurde der Zement mittels eines „Löffels" zur Bohrlochsohle gebracht. Dieses Löffeln hatte, um die ausreichende Zementmenge in das Bohrloch zu schaffen, mehrere Male schnell hintereinander zu erfolgen, bevor der Zementbrei erstarrte. Nach einer anderen Methode baute man zum Zementieren zwei- bis dreizöllige Pumpsteigrohre ein und dichtete den Zwischenraum zwischen den untersten Pumpsteig- und Bohrrohren durch „Packer", einem Dichtungsmaterial aus Hanf, Jute, Schwamm oder Gummi, das bei einem Wasserzutritt aufquillt, ab. Diese Mittel haben nur den großen Nachteil, daß sie nicht lange halten.

Heutzutage ist allgemein das von dem Amerikaner Perkins eingeführte Zementierverfahren mittels zweier Holzpfropfen üblich, von denen der obere ¼ und der untere ½ Meter lang ist und noch zusätzlich einen Durchflußkanal sowie eine 1 bis 1½ Meter lange Führungsstange hat. Das Einlassen der Rohrtour erfolgt so, daß sich der abschließende Rohrschuh etwa einen Meter über der Bohrlochsohle befindet. Hernach lassen wir den unteren Holzpfropfen mit dem Führungsstab nach oben hinab, setzen den Zementierkopf auf die Rohrtour und pumpen die Zementmilch ein. Ist die gesamte Zementmenge in die Rohre eingelassen, setzen wir den oberen Pfropfen auf, pumpen auf ihn die Spülung und drücken so die ganze zwischen den beiden Pfropfen befindliche Zementmasse hinunter, bis der untere Pfropfen auf das eingebaute Klappenventil aufstößt, die Zementbrühe durch den Durchflußkanal des unteren Pfropfens und das Klappenventil der Rohrtour nach unten austritt und außerhalb der Rohre aufsteigt, bis der obere Pfropfen auf den Führungsstab des unteren stößt. In diesem Moment steigt der Druck der Pumpe stark an, bis sie schließlich stehenbleibt. Dies ist das Zeichen dafür, daß die Zementierung durchgeführt ist.

Oft kommt es auch vor, daß Zementierungen mißlingen, weil entweder der Auftritt von Gas das Abbinden des Zements verhindert oder die Zementmasse sich teilweise mit der Spülung vermischt hat. Es kann auch passieren, daß die Holzpfropfen in den Rohren infolge von Unebenheiten steckenbleiben.

Die tatsächlich erreichte Höhe der Zementation ersehen wir an Hand von Temperaturmessungen, die auf der Wärmeeinwirkung des Zements beim Abbinden beruhen. Bekanntlich nimmt die Temperatur mit zunehmender Tiefe in etwa gleichem Verhältnis zu. Bildlich dargestellt ergibt dies eine fast gerade Linie, die durch die beim Abbinden erzeugte Wärmeentwicklung eine Abweichung erfährt. Neben der Feststellung, ob die Absperrung der erforderlichen wasserführenden Schichten erfolgte, gibt dieser Nachweis auch den Anhaltspunkt für das spätere Ziehen der Rohre, und zwar zeigt er uns den Punkt, wo der Schnitt zum Wiedergewinnen anzusetzen ist.

Bereits beim Bohren angetroffene, verwässerte Ölschichten können wir durch Bodenzementation unter Druck abdichten. In diesem Falle werden die Rohre bis zur Sohle eingebaut und nach dem Einlassen des Zements sofort wieder gezogen. Sodann ist möglichst schnell Druck auf das Bohrloch zu bringen, damit der Zement in die verwässerte Schicht eindringen kann.

Nach beendeter Zementation erfolgt das Durchbohren der Ölsandzone. Normalerweise nehmen wir dazu eine sandfreie Tonspülung. Ist die Schicht sehr gasreich, müssen wir die Spülung durch Zusatz von Baryt oder Hämatit erschweren. Sobald Anzeichen für ein Durchgasen der Spülung auftreten, ist sie zu wechseln.

DIE PRIMÄREN FÖRDERMETHODEN

Haben wir nun die Ölschicht tief genug angebohrt, das Gestänge mit dem Meißel gezogen und die Fördertour eingebaut, erleichtern wir die Spülung nach und nach, um den auf dem Bohrloch lastenden Druck zu mindern. Tritt bei normaler Spülung keine Eruption ein, so gehen wir, zwecks weiterer Herabsetzung des Drucks, auf Wasser- oder gar Ölspülung über.

Durch die normale Tonspülung tritt in porösen Sanden oft eine starke Verkleisterung der Bohrlochwände ein, oder die Spülung dringt tiefer als gewöhnlich in die Gebirgsschicht und drückt das Öl weiter zurück. In solchen Fällen muß die Sonde oft tagelang mit einer Wasserspülung ausgewaschen werden. Hilft dies nichts, nehmen wir statt der Wasser- eine Ölspülung, um so den Ölfluß in Gang zu bringen und können dann sehr oft schon nach kurzer Zeit als Zeichen des Erfolgs einen größeren Flüssigkeitsauftrieb mit verstärktem Druck feststellen. Die Spülung wird dann eingestellt und die Bohrung eruptiert von selbst weiter, vorausgesetzt natürlich, daß der notwendige Lagerstättendruck dazu vorhanden ist.

Infolge des Druckunterschieds zwischen der Ölschicht und dem Bohrloch fließt das Öl der Sonde zu, sammelt sich an und drängt nach oben. Der hierbei auftretende Druck richtet sich nach dem Gas/Ölverhältnis in der Lagerstätte. Hierunter verstehen wir die mit einer Volumeneinheit Öl geförderte Volumenmenge Gas bei einem Druck von einer Atmosphäre. Enthält das Öl viel Gas, ist die Dichte des Öls eine geringere und es steigt leichter und schneller auf. Kommt zu einem großen Gas/Ölverhältnis noch ein starker Schichtendruck hinzu, wird das Öl über die Erdoberfläche herausgeschleudert und es entsteht eine freie Eruption. In solch einem Fall ist es das Wichtigste, das Bohrloch rechtzeitig abzudichten, damit der Austritt des Öls geregelt werden kann. Dies ruft dann in dem Bohrloch einen Gegendruck hervor, der ein Entlösen des Gases beim Aufstieg weitgehend verhindert und somit die Erhaltung der Lagerstättenenergie günstig beeinflußt. Das Bestreben geht dahin, viel Öl mit wenig Gas zu fördern. Je geringer das Gas/Ölverhältnis ist, desto günstiger wirkt sich die Ausbeute auf die Dauer gesehen aus.

Zu Anfang war die

freie Eruption,

vielfach auch unter dem Namen „Springer" bekannt, sehr beliebt. Buchten es die Unternehmer doch als großen Erfolg, wenn in den ersten Tagen viele 100 Tonnen Öl ausgeworfen wurden. Eine tägliche Produktion von 1000 Tonnen und mehr war hierbei keine Seltenheit. So ergiebig die Förderung in derartigen Fällen auch ist, hat eine Eruption doch große Nachteile, die vor allem auf der leichten Explosions- und Brandgefahr beruhen, ferner den unnötig hohen Kosten für die Lagerung und den Transport des nur zu Anfang in dieser Menge aus der Erde quillenden Öls, sowie der unnötigen Verschwendung des Gasgehalts und dem damit verbundenen baldigen Nachlassen der Lagerstättenenergie.

Die bei einer freien Eruption ausströmenden, gewaltigen Gasmengen können durch die kleinste Unachtsamkeit große Explosionen hervorrufen. Aus diesem Grunde darf in der weiteren Umgebung kein offenes Feuer angezündet werden, ja schon das Aufflammen eines Zündholzes kann genügen, eine Katastrophe herbeizuführen. Sämtliche Kessel- und Schmiedefeuer sind sofort zu löschen und der elektrische Strom abzuschalten. Um ein Arbeiten des Nachts zu ermöglichen, wird die Sonde mit Scheinwerfern angestrahlt. Das donnernde Getöse der ausbrechenden Öl- und Gasmassen, das oft auf eine Entfernung von mehreren Kilometern zu vernehmen ist, stellt für die an der Bohrung oder in der Nähe Arbeitenden eine große Belastung dar.

Infolge des immensen Drucks werden oft die Rohrkolonnen mit aus dem Bohrloch geschleudert oder aber durch mitgerissene Steine aufgeschlitzt, so daß sie nicht mehr zu benutzen sind und wodurch unter Umständen abgesperrte Wasserschichten freien Austritt erhalten. Dazu kommt noch, daß die Maschinenanlagen vollkommen versanden und unbrauchbar werden. Eine solche Sonde wieder in Betrieb zu nehmen, gelingt nicht immer.

Ein herausgeschleuderter Stein braucht nur an den Stahlturm oder ein anderes Eisenstück anzuschlagen und dabei einen Funken zu bilden, schon explodiert das Gas und die Sonde steht in Flammen. Derartige Brände sind das gefürchtetste Ereignis in einem Ölfeld, da sie nur schwer wieder gelöscht werden können. Entweder versucht man die riesige Brandfackel durch eine künstlich erzeugte Explosion wieder auszublasen oder es wird eine seitliche unterirdische Abzapfung gebohrt und das Öl abgelenkt, um auf diese Weise den Brand zum Verlöschen zu bringen. Bei nicht zu starkem Gas- oder Ölausbruch helfen vereinzelt auch Schaumlöschapparate oder ein Bekämpfen des Brandherdes mit gasförmiger Kohlensäure.

Besser ist es, diesen Gefahren durch rechtzeitiges Anbringen von Sicherheitsvorrichtungen vorzubeugen. Ein Herausreißen der Rohrtouren können wir verhindern, indem wir die einzelnen Rohrkolonnen durch Flanschen und Zugstangen miteinander verbinden. Ferner lassen sich am Bohrlochkopf Sicherheitsventile anbringen, die das aufsteigende Öl absperren und in bereitgestellte Lagerbehälter ableiten.

Ist die Bohrung auf Förderung umgestellt, ersetzen wir den Bohrturm durch einen etwa 24 Meter hohen, leichteren Förderturm mit einer Traglast bis zu 60 Tonnen. Desgleichen kommen leichtere Turmrollen und Flaschenzüge für den Einbau der Steigrohre, innerhalb der das Öl emporsteigt und der Pumpenstangen, die bei dem Pumpbetrieb die Auf- und Abwärtsbewegung auf die Tiefpumpen übertragen, zur Anwendung.

Infolge der Drosselung des Ölaustritts am Bohrlochkopf entsteht ein Rückdruck, der das Öl am zu schnellen Durchfließen der Ölschichten und dem damit verbundenen Mitreißen der Sande und Gesteine hindert. Auch kann sich in diesem Falle das beweglichere Gas nicht zu schnell von dem Öl lösen und allein austreten, bzw. die porösen Schichten verstopfen und dem Öl den Weiterfluß versperren. Zweckmäßig ist es deshalb, den Rückdruck zu Anfang möglichst groß zu halten. Dies geschieht, wenn wir das Öl nur durch ganz kleine Düsen auslassen. Bei einem Nachlassen des Drucks öffnen wir sie dann nur langsam. Oft genügt schon ein Erweitern um einen Millimeter.

Durch die Drosselung vermindern wir wohl zu Anfang die Ölgewinnung, doch haben auf die Dauer gesehen, gedrosselte Sonden eine viel größere Produktion als frei auslaufende. Dieses hauptsächlich durch die Zurückhaltung des Gases, denn jede Gaseinheit soll eine Höchstmenge an Öl mit herausbringen. Eine bestimmte Verhältniszahl als Maßstab ist nicht anzugeben, da die Lagerstättenverhältnisse überall verschieden sind. Wir müssen nur danach trachten, das Gas/Ölverhältnis möglichst lange annähernd so zu halten, wie es beim Fündigwerden der Sonde angetroffen wurde. Ein weiterer Vorteil des durch die Drosselung erzeugten Rückdrucks ist, daß wir dadurch ein schnelles Nachdringen des Randwassers verhindern.

Nun eruptiert nicht jede Sonde. In vielen Gebieten ist sogar eine Eruption ausgeschlossen und oft auch eine künstliche Förderung nicht leicht in Gang zu bringen. Teilweise helfen wir dem nach, indem wir das Bohrloch leer schöpfen. Nützt dies ebenfalls nichts, gibt es noch die Möglichkeit einer Sprengung, um eine Lockerung der Ölschicht und damit einen Durchlaß für das Öl herbeizuführen.

So verschieden wie die einzelnen Bohrverfahren sind auch die mechanischen Fördermethoden. Während bei den ersteren für die Wahl des Systems die Gebirgsverhältnisse, die Lagerung und Härte der Erdschichten, der Wasserzufluß und die zu erbohrende Tiefe maßgebend sind, ist für die Wahl der Förderverfahren die Ergiebigkeit der Sonde, die Zuflußverhältnisse in der Lagerstätte und die Beschaffenheit des Öls ausschlaggebend.

Bei der Bedeutung, die dem Gasdruck zukommt, ist es für eine jede Sonde von größter Wichtigkeit, das beste Förderverfahren, und für jedes Ölgebiet die geeignetsten Methoden festzulegen, die den Gasdruck solange wie möglich aufrechterhalten. Der angetroffene, natürliche Zustand einer jeden Bohrung ergibt eine bestimmte Reihenfolge der einzelnen Förderverfahren, die nacheinander anzuwenden sind. Normalerweise geht man nach der freien Eruption auf Gaslift, dann Pumpen oder Kolben bzw. Schöpfen über.

Ein natürlicher Gaslift ist die Eruption. Beim Anbohren der Lagerstätte versucht das gelöste Gas den entstandenen Druckunterschied durch Expansion aufzuhalten. Zunächst beeinflußt dieses Bestreben die Spülung. Ist die Sonde für den Förderbetrieb fertiggestellt und läßt der Spülungsdruck nach, expandiert das gelöst bleibende Gas und drückt das Öl zum Bohrloch hin. Dieses Expansionsbestreben des Gases ist die Hauptursache des Fließvorganges vom Gestein zum Bohrloch. Die Entlösung erfolgt meist erst in den Pumpsteigrohren und erwirkt die Eruption. Tritt die Entlösung bei einem Nachlassen des Lagerstättendrucks bereits in der Lagerstätte selbst auf, nimmt das freie Gas das Öl nicht in den Mengen mit wie das gelöste. Infolge seiner hohen Fluidität strömt es allein durch die Lagerstätte und läßt das meiste Öl entgast zurück. Demzufolge steigt das Gas/Ölverhältnis stark an, d. h. es wird viel Gas mit wenig Öl gefördert. Dies bedeutet wieder, daß die Öleruption aufhört und wir die Sonde auf eines der mechanischen Förderverfahren umstellen müssen.

Bei einem Nachlassen des Lagerstättendrucks nach der ersten Eruptivperiode erfolgt die Umstellung der Förderung auf

das Gasdruckverfahren (gas-lift),

um die Lagerstättenenergie durch die laufende Zufuhr neuer Energiemengen zu entlasten und den Lagerstättendruck hochzuhalten. Bei dem Gasliftsystem arbeiten wir mit Hochdruckkompressoren, die das aus dem Bohrloch aufgestiegene und von dem Öl abgeschiedene Gas wieder in die Sonde drücken.

Um dies zu erreichen, leiten wir das aus dem Bohrloch aufsteigende Gas zusammen mit dem Öl in den Gasabscheider und trennen es dort von dem Öl. Anschließend entziehen wir ihm in einer Kühlanlage die „nassen" Benzindämpfe. Das so getrocknete Gas saugen dann die Kompressoren an und pressen es wieder zur Bohrlochsohle, wo es durch den hohen Druck in die Ölschicht eindringt, sich mit dem Öl verbindet und als Gas/Ölgemisch erneut zur Oberfläche emporsteigt.

Dieser Gasumlauf kann auf drei verschiedene Arten erfolgen:

1. Zwei Rohrtouren sind ineinander gebaut. Das Gas wird durch das innere Rohr eingepreßt und steigt als Gas/Ölgemisch zwischen den Rohren wieder auf.
2. Es sind ebenfalls 2 Rohrtouren ineinander, nur wird das Gas zwischen den beiden Rohrkolonnen hinabgedrückt und das Gemisch steigt in dem inneren Rohr nach oben.
3. Die 2 Rohrkolonnen sind nebeneinander eingebaut und unten miteinander verbunden. Durch die engere Rohrtour wird das Gas eingeblasen und steigt mit dem Öl in der größeren Rohrkolonne empor. Infolge des eingepreßten Gases vermindert sich die Dichte des Öls und die größere Zähigkeit der darunter lastenden Ölsäule drückt die leichtere Flüssigkeit an die Oberfläche.

Die Wirksamkeit des Gaslift-Verfahrens hängt von dem Zustand der Bohrung, dem Durchmesser und der Tiefe der Steigrohre, dem Einpreßdruck sowie der eingeblasenen Gasmenge ab. Besonders sorgfältig haben wir die Menge des einzupressenden Gases zu berechnen, da bei einem zu starken Einblasen die zu fördernde Ölmenge absinkt. Das Ziel ist, das Öl durch das am unteren Ende der Steigrohre komprimierte und auf dem Wege zur Tagesoberfläche expandierende Gas zu heben. Von

Vorteil ist hierbei die wesentlich größere Gesamtförderung der Sonde unter weitmöglichster Schonung der Lagerstättenenergie. Infolge der Regulierung des einzublasenden Gases ist uns eine Einstellung auf größtmögliche Ölproduktion und eine Verzögerung des Randwassernachdringens durch den Rückdruck ermöglicht.

Nachteilig sind die hohen Investitionskosten, die für ein größeres Feld bald die Millionengrenze überschreiten, da für eine jede Sonde ein Kompressor erforderlich ist.

In Gebieten mit hohem Gasdruck und genügender Gasmenge können wir auch ohne Kompressoren arbeiten, indem wir das Gas sofort wieder unter dem gleichen Druck einpressen.

Zur Vermeidung der hohen Anlagekosten wird heute in Ölfeldern mit geringerer Produktion und einer nur verhältnismäßig kurzen Förderperiode mehr das intermittierende Gasliftverfahren angewendet, das unter Druckentlastung der Lagerstätte arbeitet und dessen Gasenergieverbrauch sparsamer ist.

Bisher ließen die Betriebe eine Sonde möglichst lange eruptieren und gingen bei einem Nachlassen des Lagerstättendrucks auf das Gasdruckverfahren oder den Pumpbetrieb über. Diese Reihenfolge erfolgte, weil so in kürzerer Zeit höhere Förderleistungen herauszuholen sind, als dies nur durch den Pumpbetrieb möglich ist. Die nutzbare Lagerstättenenergie soll aber in erster Linie der weitgehenden Entölung der Lagerstätte und dem Zutreiben des Öls zum Bohrloch dienen. Durch das Hochtreiben des Öls bis zur Erdoberfläche wird die Lagerstättenenergie stark belastet und somit der nutzbare Lagerstätteneffekt zugunsten einer Förderungserleichterung vermindert. Es muß daher das Bestreben dahin gehen, die Lagerstättenenergie nach Abschluß der ersten unumgänglich erforderlichen Eruptivperiode durch Zufuhr fremder Energie von der Förderleistung im Bohrloch zu entbinden, indem wir auf Gaslift- oder Pumpbetrieb übergehen. Das rechtzeitig einsetzende Gasdruckverfahren soll also mit Hilfe neu zugeführter Energie die Lagerstättenenergie schonen. Gegenüber dem Pumpbetrieb hat es den Vorzug großer Betriebssicherheit, einer ununterbrochenen und ungestörten Förderung, nur geringen Produktionsausfalls durch Reparaturen und der Anwendbarkeit in schiefen und besonders tiefen Sonden. Von Nachteil ist die Festlegung erheblicher Gasmengen und die beträchtlichen Anschaffungskosten infolge der notwendigen Aufstellung je eines Kompressors pro Sonde und der Verlegung der Hochdruckleitungen.

Statt des Gasdruckverfahren kann in gleicher Weise

das Druckluftverfahren (air-lift)

Anwendung finden. Auch besteht die Möglichkeit, das Druckluftverfahren anschließend an das Gasdruckverfahren einzusetzen. Nur ist in der Übergangszeit die Gefahr vorhanden, daß, wenn zuviel Luft eingepreßt wird, leicht eine Explosion entsteht. Deshalb soll die eingeblasene Druckluft nie mehr als 30% des Gemenges betragen. Zudem kommt noch, daß sich die Luft im Öl nicht so leicht löst wie das Gas. Aus diesem Grunde bevorzugen wir immer das Gasliftverfahren und nehmen lieber das Gas von anderen in der Nähe gelegenen Sonden, ehe wir zum Druckluftverfahren übergehen.

Der Pumpbetrieb

Hat der Gasdruck in der Sonde nachgelassen, wird von dem Gaslift auf den Pumpbetrieb übergegangen. In manchen Fällen stellen wir die Produktion auch direkt von der Eruption auf das Pumpen um, oder, wenn infolge eines zu schwachen Lagerstättendrucks ein selbsttätiges Ausfließen nicht möglich ist, erfolgt die Förderung von Anfang an mittels des Pumpbetriebes. Das Pumpen mit den Tiefpumpen ist in allen Produktionsgebieten, die am meisten angewendete mechanische Fördermethode. Bei dem Pumpbetrieb entstehen, genau so wie bei dem Gasdruckverfahren keine Gasverluste, da wir das Öl vom Bohrloch bis zum Meßbehälter oder Gasabscheider in geschlossenen Leitungen transportieren.

Dadurch, daß bei dem Pumpbetrieb die gesamte Förderarbeit von über Tage erfolgt, bleibt die Lagerstättenenergie erheblich geschont. Von großem Vorteil sind die nur geringen Anschaffungskosten, was gerade bei einer niedrigen Förderung von ausschlaggebender wirtschaftlicher Bedeutung ist. Dagegen sind die sehr oft auftretenden Betriebsstörungen von beträchtlichem Nachteil, die in der Hauptsache durch Gestänge- und Steigrohrbrüche, Pumpenfehler sowie Gas- oder Sandeinflüsse unter Tage vorkommen. Lassen wir die Anschaffungskosten außer Betracht, so ist das Gasliftverfahren rationeller und auch billiger als das Pumpen.

Die Tiefpumpe selbst ist am unteren Ende der Steigrohrkolonne in einen Zylinder eingebaut. Fast ausschließlich benutzen wir Pumpen der Abmessungen 2 bis 3 Zoll, die bis zu einer Hublänge von 1,60 Meter mit 9 bis 12 Zylinderbüchsen und bei einer Hublänge von 1,60 bis 2 Meter mit 14 Zylinderbüchsen ausgerüstet sind.

Das oben an dem Kolben befestigte Pumpgestänge stellt die Verbindung zwischen der Tiefpumpe und dem Antrieb über Tage her. Seine Beanspruchung ist besonders groß. Meistenteils kommt ein massives Gestänge in den Abmessungen $^{5}/_{8}$ bis 1 Zoll und einer Länge von 6 bis 11 Meter pro Stange zum Einbau. In einzelnen Gebieten verwendet man auch noch ein Hohlgestänge, um bei dem Absatz von Paraffin in den Steigrohren dieses durch Umpumpen von geheiztem Öl zu lösen.

Neuerdings sind wir dazu übergegangen, die Anzahl der Hübe zu verringern und den Hub selbst lang zu wählen. So bleibt das Öl in einer ruhigeren Bewegung, der Sand wird nicht so zum Fließen gereizt und dadurch die Lagerstätte geschont.

Am oberen Ende der Pumpenstangen ist die in einer Stopfbüchse laufende Polierstange angeschraubt. Die Öffnung der Stopfbüchse muß zwecks Verhinderung eines Ölaustritts dicht abschließen, doch frei genug sein, damit sie die Auf- und Abwärtsbewegung der Polierstange nicht behindert. Das Öl steigt in den Steigrohren empor, welche durch die dauernde Bewegung des Pumpgestänges stark beansprucht und leicht durchgeschabt werden.

Unterhalb der Stopfbüchse bringen wir ein T-Stück zum Abfluß des Öls an. Von hier aus leiten wir das Öl durch Leitungsrohre in den Gasabscheider oder direkt in die Meßtanks, ohne daß es mit der Luft in Berührung kommt. Das Gas steigt in dem Rohrring zwischen den Steigrohren und der innersten Rohrtour auf und wird weiter oben abgeleitet.

Der Antrieb erfolgt von über Tage durch den Tiefpumpenbock, der die Antriebskraft von einem Diesel- oder Elektromotor erhält und die Polierstange mit der anhängenden Belastung zu tragen hat. Er soll dem Pumpkolben über das Gestänge die aus der rotierenden Bewegung der Antriebsmaschine umgewandelte Auf- und Abwärtsbewegung übermitteln und den Kraftbedarf für die Auf- und Abwärtsbewegung auf gleiche Höhe bringen, zudem die unter Tage auftretenden Pumpstöße von der Antriebsmaschine fernhalten und die Kraft der Antriebsmaschine stoßfrei auf das Pumpgestänge übertragen.

Bei dem früher meistens aus Holz und jetzt fast nur noch aus Eisen angefertigten Tiefpumpenbock herrschen die Schwengelantriebe vor, die in leichte, mittlere und schwere unterteilt sind. Der unterschiedliche Gebrauch richtet sich nach der Tiefe und Fördermenge. Neben den Schwengelantrieben gibt es noch Antriebe mit rotierenden Ausgleichsgewichten, schwengellose Tiefpumpenantriebe oder auch Böcke mit Flüssigkeitsantrieb und -ausgleich.

Für das Gestänge- und Steigrohrziehen sowie das Reinigen der Sonde, das besonders bei paraffinhaltigen Ölen oft geschehen muß, benutzen wir die aus einer Winde und einem stärkeren Motor bestehenden fahrbaren Ausrüstungen. Meist sind sie wegen der schlechten Geländeverhältnisse auf einem Raupenfahrzeug aufgebaut und für die Inproduktionshaltung einer größeren Anzahl von Sonden vorgesehen.

Um eine möglichst wirtschaftliche Förderung zu erreichen, haben wir darauf zu achten, daß die tatsächlichen Pumpenleistungen annähernd den theoretischen in bezug auf Größe und Hub entsprechen, d. h. der richtigen Wahl von Hublänge und Hubzahl, ferner, daß wir das einzubauende Gestänge entsprechend der Tiefe und der Pumpengröße richtig wählen. Die theoretische Leistung können wir fast nie erreichen. Sie wird beeinflußt durch den Gasgehalt des Öls, der so stark sein kann, daß das Fußventil geöffnet bleibt und ein Hochpumpen des Öls unmöglich ist. In solch einem Falle setzen wir ein Überfallrohr oder einen Gasanker über die Pumpe, durch den das Gas ungehindert nach oben steigen kann, während das Öl frei zur Pumpe fließt. Der durchschnittliche Wirkungsgrad der Pumpen schwankt zwischen 0,75 und 0,85.

Wie bereits schon weiter oben erwähnt, treten im Pumpbetrieb die meisten Störungen unter Tage auf. Ungefähr ein Drittel aller Stillstände ist durch Gestänge- oder Steigrohrbrüche bedingt. Die gleichförmige Bewegung des Pumpens wird oft durch das Auftreten größerer Gasmengen gestört, es entsteht ein stoßweises Arbeiten, und dadurch hervorgerufene Gestängeerschütterungen führen im Laufe der Zeit zu Gestängebrüchen. Die abgebrochenen Pumpenstangen können wir jedoch leicht mit einer Hülse oder einem Klappenfänger fangen, da sie an der inneren, glatten Steigrohrwand anliegen.

Für den Pumpbetrieb bildet der von dem Öl mitgerissene Sand die größte Gefahr. Durch zu starkes Auftreten wird der Wirkungsgrad der Pumpen bis zu 50% und noch mehr herabgesetzt, da sich infolge der eintretenden Verstopfungen die Ventile nicht mehr schließen können. Um dem entgegenzuarbeiten, erfolgt der Einbau der Pumpen besonders zu Anfang ziemlich hoch.

In Gebieten mit geringer Produktion, keinen allzutiefen Sonden und flachem Gelände verwenden wir statt des Einzelantriebs vielfach den Kehrradantrieb. Es ist dies ein von einer Kraftstation angetriebener Zentralantrieb für 15 bis 20 Sonden. Die Antriebskraft erfolgt durch einen Diesel- oder Elektromotor, in einigen Gebieten auch mittels Dampfmaschine. Die von dem Kehrrad angetriebenen Bohrlöcher dürfen nicht weiter als einen Kilometer voneinander entfernt sein und müssen unbedingt die gleiche Hubzahl haben. Die Verbindung zwischen dem Zentralantrieb und dem Bohrloch erfolgt mittels Gestänge oder Stahlseil. Der Gewichtsausgleich hat hierbei eine noch größere Bedeutung als bei dem Einzelantrieb. Teilweise kann ein Ausgleich in der Förderung der verschiedenen Sonden helfen, wenn wir sie so einstellen, daß bei einem Teil die Pumpenstangen abwärts gehen, während sie sich bei den anderen Sonden aufwärts bewegen. Einen vollkommenen Gewichtsausgleich können wir hierdurch aber nicht erreichen, da beim Aufwärtsgehen das Gewicht der Ölsäule mitspricht.

Neben der durch das Pumpgestänge angetriebenen Tiefpumpe gibt es noch

die rotierende Senkpumpe,

bei der der Motor mit einer Kreisel- oder Kapselpumpe zusammen in einem Senkkörper eingebaut ist und der Antrieb mithin von unter

Tage aus erfolgt. Um das Öl an die Erdoberfläche zu pumpen, muß der Motor eine Kraft von 40 PS entwickeln, also weit mehr als bei der durch das Gestänge angetriebenen Tiefpumpe. Ein weiterer Nachteil besteht darin, daß jeder Senkpumpapparat ein elektrisches Zuleitungskabel von etwa 1000 Meter Länge haben muß, das leicht Beschädigungen erleidet und wodurch ebenfalls Kraft verlorengeht. Doch der entscheidende Nachteil liegt in der kurzen Lebensdauer der Kreisel- oder Kapselpumpen, die nur 8 bis 10 Wochen beträgt, wogegen die Tiefpumpen 5 bis 7 Monate gute Arbeit leisten. Aus diesem Grunde finden Senkpumpen höchstens in großen Tiefen oder sonstigen Bohrlöchern Anwendung, bei denen die Förderung mit seitens Pumpgestänge angetriebener Tiefpumpen schlecht möglich ist.

Neben dem Pumpen steht uns als weitere Förderart

das Kolben

zur Verfügung, bei dem wir das „Kolben am Seil" und das „seillose Kolben" unterscheiden. Beide Kolbverfahren eignen sich besonders für tiefe Bohrungen mit kleinem Durchmesser, bei denen das Pumpen Schwierigkeiten bereitet oder für solche Bohrungen, in denen ein niedriger Ölstand eine andere Fördermethode nicht zuläßt. Zudem verwenden wir es auch noch zum Heben stark paraffinhaltigen Öls, das bei gewöhnlicher Temperatur stockt.

Das Schöpfen oder Schlämmen

ist die älteste Förderart, die jetzt noch vereinzelt Verwendung findet, so beispielsweise in Galizien, Rumänien und Rußland. Die Arbeitsweise liegt schon in dem Wort „Schöpfen". Der Schöpflöffel hängt an einem Stahlseil, das durch die Schöpfhaspel, deren Größe sich nach dem Löffelinhalt, der Hubgeschwindigkeit und der Tiefe des Bohrlochs richtet, in das Bohrloch hinabgelassen und wieder zutage gefördert wird. Ein Tiefenanzeiger zeigt den jeweiligen Stand des Schöpfgerätes im Bohrloch an. Die Arbeitsweise ähnelt dem Schlämmen des Bohrschmands bei dem Pennsylvanischen Bohrverfahren. Der Schöpflöffel hat eine Länge von 10 bis 16 Meter und einen Durchmesser von 6 bis 14 Zoll, jedoch nie mehr als drei Viertel des Rohrdurchmessers. Die jeweilige Fördermenge schwankt zwischen 100 und 250 Liter. Durch das offene Bohrloch strömt das Gas zum großen Teil frei aus. Um wenigstens einen Teil des Gases zu gewinnen, perforiert man die Schutztour einige Meter unterhalb des Bohrlochkopfes und saugt das aufsteigende Gas durch Ventilatoren ab. Das Schöpfen findet auch bei der Inbetriebsetzung von Sonden sowie zum Reinigen des Bohrlochs von Sand, Ton oder Schlamm Verwendung.

Viele Störungen und Stillstände im Förderbetrieb treten durch den Ansatz von Paraffin in den Steigrohren auf, der so stark anwachsen kann, daß ein Platzen der Rohre oder Gestängebrüche die Folge sind. Die Paraffinöle enthalten viel feste, amorphe und kristalline Kohlenwasserstoffe, das Paraffinwachs oder kurz Paraffin bezeichnet. Der Gehalt an solchen Stoffen kann bis zu 30% betragen. Die Ablagerungsmasse ist ihrer Konsistenz nach sehr unterschiedlich, sie tritt körnig, hart, aber auch weich, schwammig oder flüssig auf. Infolge der Eigenschaft des Paraffins, sich mit jedem Wassertropfen, Sand oder anderen Gesteinsteilchen, die im Öl enthalten sind, zu vereinigen, setzt es nicht nur sich, sondern mit ihm auch die Verunreinigungen ab. Eine geringe Strömungsgeschwindigkeit in den Steigrohren, ein niedriger Lagerstättendruck, Temperaturunterschiede, Wassereinflüsse und verschiedene andere mechanische Verhältnisse beeinflussen die Paraffinablagerungen in günstigem Sinne. Um die Ablagerungen aber so niedrig wie möglich zu halten, müssen wir in Sonden mit paraffinhaltigen Ölen möglichst nur Steigrohre mit einem glatten, inneren Durchgang einbauen und scharfe, kantige Übergangsstellen vermeiden, da sich das Paraffin dort am ehesten absetzt. Ferner haben wir durch Auswahl des geeigneten Steigrohrdurchmessers für eine ausreichende Strömungsgeschwindigkeit bei niedrigem Gas/Ölverhältnis und einem genügenden Rückdruck infolge des Einbaus einer kleinen Düse zwecks weitgehender Schonung des Lagerstättendrucks zu sorgen, außerdem die Hubzahl und Länge so einzustellen, daß die Ölsäule in gleichbleibender Bewegung gehalten wird. Diese Vorbeugungsmaßnahmen verhindern aber nicht eine Ablagerung von Paraffin in den Pumpsteigrohren, sie beeinträchtigen sie nur.

Neben verschiedenen mechanischen Verfahren gibt es noch eine Bekämpfung mittels Wärmebehandlung, Verwendung elektrischen Stroms oder chemischer Lösungsmittel. Außerdem ist jedoch ein zeitweiliges Ziehen und Reinigen der Rohre über Tage unerläßlich. Je nach dem Paraffingehalt muß dies in kürzeren oder längeren Zeitabständen erfolgen.

DIE ÖLSCHIEFERGEWINNUNG

Neben den vorgenannten Fördermethoden gibt es noch in geringerem Ausmaße die Gewinnung des Ölschiefers. Bei den ölhaltigen Schiefergesteinen nimmt man durchschnittlich einen Ölgehalt von 5% an. Viele Schieferarten haben jedoch eine höhere Ölausbeute, so in der Südafrikanischen Union der Torbanit, der bis zu 50% ergibt. Der Ölschiefer Australiens enthält 30 bis 35, die Lagerstätten Estlands annähernd 20, der Schottische Schiefer 8 bis 10 und die Schiefergesteine Mandschukuos 6 bis 12% Öl.

In Europa gewinnen wir außer in Rußland, Estland und Schottland auch noch in Frankreich, Spanien, Italien, Schweden und Deutschland Öl aus Schiefergesteinen. Die Gewinnung erfolgt, wie bei dem bergmännischen Ölbergbau, unter Aufwendung verhältnismäßig hoher Kosten. Infolgedessen ist die Ausbeute vorerst nur eine geringe. Die Förderung an Ölschiefer schätzt man pro Jahr auf annähernd 10 Millionen Tonnen. Die Ausbeute an Schieferöl beträgt dagegen nur etwa 600 000 Tonnen, das sind 6% des gewonnenen Gesteins. Im Vergleich zu der Welterdölförderung beträgt sie noch nicht 0,2%. Hieraus ersehen wir schon am besten die mindere Bedeutung, die diesem Zweig der Erdölgewinnung zukommt.

DAS LEBEN IN DEN ÖLFELDERN

Die Arbeit in den Ölfeldern ist hart, anstrengend und eintönig. Gebohrt und gefördert wird Tag und Nacht, bei Wind und Wetter, Sommer und Winter, immer im Freien, ohne Schutz gegen die Witterungseinflüsse. Die Arbeiter gehen immer ihrer gleichen Arbeit nach. Ist eine Bohrung niedergebracht, wird die Anlage sofort abgebaut und an einer anderen Stelle im gleichen oder einem anderen Gebiet wieder errichtet und von neuem eine Bohrung abgeteuft.

Die Ingenieure und Geologen überwachen tagtäglich die Bohrungen, fahren in ihren Autos immer die gleiche Runde, von einer Bohrung zur anderen, überprüfen den Tiefstand, die geologischen Verhältnisse der durchbohrten Gesteinsschichten und geben Anweisungen über die Art des Weiterbohrens. Das Gleiche ist bei dem Förderbetrieb. Eruptierende und mechanisch fördernde Sonden sind fortlaufend auf den Gasdruck und das Gas/Ölverhältnis zu überprüfen, sodann ist die Förderung selbst, sowie die chemische Zusammensetzung des Öls festzustellen. Diese Arbeiten wiederholen sich Tag für Tag, sie werden höchstens durch Fangarbeiten oder das „Durchbrechen" einer Bohrung bei Erreichung des Ölhorizontes unterbrochen.

Das gefürchtetste Ereignis ist das Feuerfangen solch einer frei eruptierenden Sonde. Ein derartiger Brand kann Monate oder Jahre dauern und Tausende Tonnen an Öl und Millionen Kubikmeter Gas gehen mitunter dabei verloren. Doch dies nicht allein, derartige Katastrophen beeinträchtigen zudem die Ergiebigkeit eines ganzen Feldes äußerst stark. Es hilft dann nur noch eins, die Sonde durch eine künstliche Explosion auszublasen. Schlägt der Versuch, dies durch eine Dynamit- oder Nitroglyzerinladung zu erreichen, die an einem Drahtseil zu der Bohrung hingeleitet und direkt neben ihr auf elektrischem Wege entzündet wird, fehl, nimmt man in Amerika die Hilfe eines „Quellenbändigers" in Anspruch. Es sind dies Männer, die berufsmäßig Ölbrände zu löschen versuchen und von einem Brandherd zum anderen fahren. Heute hat sich diese Tätigkeit dank der technischen und wissenschaftlichen Verbesserungen und der damit verbundenen weniger eruptiven Ausbrüche stark verringert. Die Quellenbändiger, die auch den Namen „Salamander" führen, versuchen, nachdem sie die glühenden Metallteilchen in dem Umkreis der Sonde entfernt haben, die die ausströmenden Gase sonst von neuem zur Entzündung bringen könnten, in Asbestanzügen und unter Wasserbespritzung so nahe wie möglich an den Brandherd heranzukommen und dann 1 bis 2 Nitroglyzerinbomben in das Bohrloch zu werfen, welche durch ihre Explosionskraft die Brandfackel ausblasen sollen. Der Druck der ausströmenden Gasmassen ist so groß, daß sie erst 1 bis 2 Meter über der Erdoberfläche zu brennen beginnen. Wenn es mittels der Explosion der Bomben gelingt, diesen nicht brennenden Gasstrom für nur einige Sekunden zu unterbrechen, ist der Brand gelöscht. Oft bläst man damit die Flamme schon beim ersten Versuch, manchmal aber auch erst beim zweiten und dritten aus. Schon mancher hat allerdings seine aufreibende Arbeit mit dem Leben bezahlen müssen. Eine weitere sehr gefährliche Tätigkeit ist das Fahren der Nitroglyzerin-Autos mit dem bei der geringsten Erschütterung explodierenden hochempfindlichen Sprengstoff.

Zahlreiche Ölfelder liegen weitab in einsamen Gegenden, Steppen, Wüsten oder Urwäldern. Daneben gibt es auch paradiesisch schöne Ölgebiete, wie z. B. die an der Kalifornischen Küste, nahe der herrlichsten Luxusbäder. Viele, auch Europäer mit mehrjähriger Bohrpraxis, verpflichten sich für 5, 10 oder 15 Jahre in überseeische Gebiete, erhalten dort ein gutes Gehalt, und, wenn sie zu wirtschaften verstehen, haben sie dann so viel Geld beisammen, daß sie bis in ihr hohes Alter davon leben können.

Besonders die großen internationalen Gesellschaften sorgen für ihre Arbeiter und Angestellten in der besten Weise. In einsamen Gegenden oder Urwaldgebieten errichten sie kleine Städte mit sauberen Ein- bis Vierfamilienhäusern, die mit dem modernsten Komfort ausgestattet sind. In diesen Städten oder kleinen Camps wohnen die Ingenieure, Geologen, Kaufleute und Arbeiter mit ihren Familien. Derartig neu errichtete Siedlungen, zu denen große Autostraßen führen, zählen nicht selten 10 000 bis 15 000 Einwohner, die alle nur von dem erbohrten Öl leben. Für die Unverheirateten gibt es Junggesellenheime. In großen Kaufhäusern ist alles, angefangen von der Bekleidung bis zum neuesten Haushaltsgerät oder Luxusgegenstand, zu haben. Auch gibt es Kinos, Kaffees und Klubs. Die Verpflegung ist eine ausgezeichnete. In klimatisch ungünstigen Gebieten erhalten die nicht einheimischen Angestellten und Arbeiter zur Schonung der Gesundheit mindestens alle 2 Jahre einen Zwangsurlaub von 3 bis 4 Monaten außer Landes. Das

Gehalt oder der Lohn wird weitergezahlt und, soweit sie aus Übersee stammen, teilweise noch die Schiffahrtskosten für die Fahrt in die Heimat. Dies als Entschädigung für das von der Welt abgeschlossene Leben, das allerdings niemand so recht empfindet. Die Zeit geht rasch vorbei und vielen gefällt es so gut, daß sie sich für eine weitere Anzahl von Jahren verpflichten.

Überall ist es so natürlich nicht. Die kleineren Firmen sind mehr auf Reingewinne abgestellt und versuchen mit einheimischen Arbeitern und teilweise auch Angestellten auszukommen. Der Bohr- und Fördererfolg steht jedoch zugunsten der weitblickenden Arbeitsweise der „Großen". Auch gibt es Ölfelder in öden, trostlosen Sandwüsten, wie beispielsweise in Patagonien.

Früher, bis Mitte oder Ende der zwanziger Jahre dieses Jahrhunderts, als das Bohren noch ein übles Spekulationsgeschäft war, zogen die neuerschlossenen Ölfelder, ähnlich wie vorher die Goldsucherstätten, den Abschaum der Menschheit an, die die Niederlassungen überschwemmten und die ganzen Gegenden unsicher machten. Dem ist heute Einhalt geboten. Das Bohren nach Öl ist zu einer Wissenschaft geworden. Die kleinen Spekulationsunternehmungen sind größtenteils von den großen Konzernfirmen übernommen worden und diese sehen darauf, daß sie ein gutes und zuverlässiges Bohrpersonal haben und Disziplin, Ordnung und Reinlichkeit herrscht. Notfalls wissen sie die Zuwanderung unlauterer Elemente zu verhindern. Wohl ist auch heute noch das Leben auf den Ölfeldern ein ziemlich feuchtes, doch mit dem früherer Tage nicht mehr zu vergleichen.

DER AUFSCHLUSS EINES NEUEN FELDES

In neu aufzuschließenden, weitabgelegenen Gebieten bereitet das Niederbringen

der ersten Aufschlußbohrungen

oft große Schwierigkeiten. Zuerst ist die Auswahl des für die zu durchbohrenden Gesteinsschichten geeigneten Bohrsystems vorzunehmen. Maßgebend ist hierfür auch die Tiefe, bis zu der gebohrt werden soll. Sodann muß man den Anschluß an das Verkehrsnetz sicherstellen. Unter Umständen sind Zufahrtsstraßen zu bauen, die wegen der zu transportierenden schweren Maschinen, Geräte und Rohre einen guten Untergrund zur Bedingung machen, beträgt doch das Gesamtgewicht der heranzuschaffenden Materialien 450 bis 550 Tonnen. Danach sind die Magazine und Unterkunftsräume für die Bohrmannschaften vorerst behelfsmäßig zu errichten, ferner Erd- und Betonarbeiten für den Unterbau und die Fundamente des Bohrturms und der Maschinen durchzuführen, eine Wasserleitung zu verlegen oder ein Brunnen zu bohren, sowie die Erdbassins und der Umlaufkanal für die Aufnahme der Spülung anzulegen und für die Verlegung einer Licht- und Telefonleitung Sorge zu tragen.

Werden Bohrungen in fremden Ländern ausgeführt, muß noch der Einhaltung der bestehenden Sicherheitsvorschriften, die in den einzelnen Ländern verschieden sind, besondere Beachtung geschenkt werden. Sind diese Fragen geklärt und die Vorarbeiten geleistet, beginnt der Aufbau der Anlage.

Die erste Bohrung setzen wir fast immer in dem strukturell höchsten Teil des Gebirgssattels an, denn hier konzentriert sich die Lagerstättenenergie, ist der Gasdruck am größten, die Aussicht auf Erfolg am sichersten und die Dauer der Förderung am längsten und ergiebigsten. Werden neben der erworbenen Konzession Konkurrenzbohrungen abgeteuft, setzen wir zweckmäßigerweise die nächsten Bohrpunkte an der Grenze der Konzession an, um so ein Abschöpfen der Ölvorräte durch den Nachbarn zu verhindern, da tiefe Bohrlöcher oft ungewollt eine Abweichung von 100 Meter und noch mehr aufweisen. Um einem etwa beabsichtigten Anbohren des Ölhorizonts in der Nachbarkonzession von vornherein etwas vorzubeugen, sind für die Bohrungen Mindestentfernungen vom Rande des Konzessionsgebietes festgesetzt, die zwischen 15 und 40 Meter liegen.

Das systematische Abbohren eines Feldes

Sobald die ungefähre Ausdehnung und Ergiebigkeit eines neuen Feldes feststeht, erfolgt das systematische Abbohren. Zweckmäßigerweise verteilen wir die Bohrungen gleichmäßig im Dreiecksschema über das Feld. Zuerst in weitem Abstand, da einige wenige Bohrungen zu Anfang oft mehr fördern als zuviel angesetzte, wodurch wir nur eine Spitzenleistung mit baldigem Absinken der Produktion erreichen, was in der ersten Zeit wieder unnötige Kosten an vermehrten Rohrleitungen und Tankanlagen zur Folge haben würde. Erst später, wenn die Gasenergie in der Lagerstätte kleiner wird und nicht ausreicht, das Öl aus größeren Entfernungen heranzuschaffen, setzen wir, wiederum gleichmäßig, Zwischenbohrungen an.

Der Mindestabstand zwischen 2 Bohrungen ist durch Berggesetze oder Verordnungen geregelt. In Deutschland beträgt er 30 Meter. Wir beginnen also beispielsweise mit einem Abstand von 240 Meter zu bohren, gehen dann auf eine Entfernung von 120 Meter über und setzen zuletzt die Bohrungen in Abständen von erst 60 und dann 30 Meter an. In Amerika werden die Konzessionen in 10-Acres-Anteilen erworben und die Bohrungen zuerst 220 Meter weit auseinander niedergebracht.

Berücksichtigen müssen wir bei dem Ansetzen der Bohrpunkte noch den Neigungsgrad der Ölzonen. In steilabfallenden Ölschichten ist der Abstand der Bohrungen auf der Bohrlochsohle ein viel größerer als an der Erdoberfläche. Der Unterschied beträgt bei einem Einfallwinkel von 25° 10%, bei einem solchen von 60° ist die Entfernung schon doppelt so groß und bei einem von 75° fast viermal so weit als über Tage. Die Lage und Ausdehnung der Ölschichten lassen sich mittels geophysikalischer Untersuchungen genau feststellen.

Rationelle Ausnutzung der Bohranlagen

Zwecks rationeller Ausnutzung der Bohranlagen haben wir darauf hinzuwirken, daß sowohl die Zeit für den Ab- und Wiederaufbau einer Bohranlage als auch für die Transportzeit möglichst kurz ist und die Zieh- und Reparaturarbeiten auf ein Mindestmaß abgekürzt werden, damit sich die eigentliche Meißelarbeit auf der Bohrlochsohle für die Gesamteinsatzdauer einer Bohranlage erhöht. Deshalb legen die Bohrgesellschaften auf eine leichte Transportierbarkeit der Geräte und eine Austauschmöglichkeit der Einzelteile großen Wert. Um die Umbauarbeiten zu kürzen, walzen wir die Bohrtürme, soweit es das Gelände zuläßt, zu nahegelegenen, neuen Ansatzpunkten oder wir setzen Vorschubtürme ein. Es ist dies ein zweiter Bohrturm für eine Anlage, der einschließlich der Fundamentarbeiten für die Maschinen schon an dem neuen Bohrpunkt errichtet wird, während die letzte Bohrung noch im Abteufen begriffen ist. Die Maschinen kommen dann nach dem Fertigstellen der letzten Bohrung zu dem neuen Ansatzpunkt und wir können nach dem Aufstellen derselben sofort wieder mit dem Bohren beginnen. Durch diese Maßnahmen lassen sich die Bohrleistungen um etwa 50% steigern.

Besonders gute Erfolge konnten auf diesem Gebiet in Europa die Ungarn und Rumänen während des letzten Krieges erzielen, die Bohrleistungen von 25 000 bis 27 000 Meter je Anlage und Jahr bei 20 bis 22 Übersiedlungen erreichten. Dies war zurückzuführen auf eine Verwendung der Bohranlage zu nur reiner Bohrarbeit, wobei die Inproduktionssetzungsarbeiten mit kleineren Spezialanlagen erfolgten, rasches Bohren unter Ausschaltung jeder unnötigen Wartezeit, Verkürzung der Übersiedlungszeiten auf ein Mindestmaß, Bereitstellung von ausreichend starken und genügend beweglichen Transportmitteln, gut ausgebaute und bei jeder Witterung befahrbare Wege und ein bestens geschultes und eingearbeitetes Personal.

Die reine Bohrzeit betrug für eine Tiefe von 1200 Metern im Mittel 10 Tage, der Rekord 6 Tage. Es wurden also tagtäglich 120 bis 200 Meter abgebohrt. Als Höchstleistung konnten an einem Tage 620 Meter erreicht werden. In einem anderen Feld waren für 1800 Meter Tiefe 22 Tage reiner Bohrzeit erforderlich.

Bohrungen bis zu 5000 Meter Tiefe möglich!

Bis jetzt sind in sämtlichen Produktionsländern zusammengenommen annähernd 1 900 000 Bohrungen niedergebracht worden, davon allein in den USA. über 1 100 000, von denen 785 000 fündig wurden. Zur Zeit produzieren auf unserem Erdball etwa 860 000 Sonden und davon wieder 450 000 in den USA.

Der technische Stand der Bohranlagen wurde im Laufe der Zeit immer weiter verbessert und damit die Möglichkeit des Erbohrens größerer Tiefen gegeben. Während im Jahre 1905 eine Bohrtiefe von nur 1000 Metern erreicht werden konnte, war 20 Jahre später schon das Erbohren der 3fachen Tiefe möglich, 1935 erreichte man in dem amerikanischen Ölgebiet von West-Texas eine Tiefe von 3900 Metern, und bereits 3 Jahre danach erfolgte in Kalifornien, im San-Joaquin-Tal, die Erbohrung einer Tiefe von 4576 Metern. Vom Sommer des Jahres 1942 an wurde dann bis zum April des Jahres 1944 die bislang tiefste Bohrung mit 4657 Metern niedergebracht, und zwar wiederum in West-Texas bei Fort Stockton.

Eine Bohrtiefe bis zu 4000 Metern konnte auch schon in mehreren anderen Ölgebieten erreicht werden. In Deutschland ist die tiefste Bohrung in Holstein mit 3817 Metern in etwas über 17 Monaten abgeteuft worden. Die oben geschilderten Bohrungen haben den Beweis erbracht, daß wir mit normalen Bohrgeräten ohne Spezialeinrichtungen schon jetzt Tiefen von annähernd 5000 Metern ohne weiteres erreichen können.

Bedingt durch das Erbohren immer tieferer Ölhorizonte steigen die Bohrkosten ständig an und liegen heute bereits im Durchschnitt etwa 75% über denen von 1939. Dieses hat wieder einen Preisanstieg des Rohöls zur Folge, der allein in den letzten Jahren 30% ausmachte.

Getrennte oder gleichzeitige Ausbeute mehrerer übereinanderliegender Ölhorizonte?

In vielen Produktionsgebieten gibt es nicht nur eine, sondern 2 bis 3 oder noch mehr übereinanderliegende Ölschichten, wobei gewöhnlich die Reichweite und Reichhaltigkeit nach unten zunimmt. Die Ausbeutung derartig übereinander gelagerter Schichten ist verschieden. Sie erfolgt je nach der Art der Lagerstättenverhältnisse getrennt oder gleichzeitig.

Teilweise bohrt man bis zur untersten Schicht durch, zementiert die oberen Ölzonen ab und beutet zuerst die unterste vollständig aus, sodann die am nächsten darüberliegende und so fort. Der umgekehrte Weg ist auch möglich, indem die tiefer gelegenen Ölhorizonte erst nach erfolgter Ausbeutung der oberen Schichten angebohrt werden. In den USA. ging man bei ertragreichen Sonden auch dazu über, von einem Bohrpunkt aus die einzelnen Zonen schräg anzubohren, so daß 2 bis 3 Bohrlöcher ineinanderlaufen. Dieses Verfahren ist jedoch wegen der hohen Bohrkosten nur bei einer ergiebigen Förderung rentabel.

Heute bevorzugen wir eine gleichzeitige Ausbeutung, da evtl. auftretende Gas- oder Wassereinbruchstellen leicht mittels Temperatur- bzw. elektrischen Widerstandsmessungen festzustellen sind und durch Zementierungen des Rohrstücks gegenüber der Einbruchsstelle abgedichtet werden können.

Es ist nur in neu aufgeschlossenen Gebieten erforderlich, erst eine jede Ölzone auf den Lagerstättendruck, das Gas/Ölverhältnis, sowie die Zusammensetzung der Öle zu überprüfen und diejenigen Schichten zu einer gemeinsamen Förderung zusammenzuschließen, die nicht zu weit auseinanderliegen, ähnliche Druck- und Gas/Ölverhältnisse sowie eine annähernd gleiche Flächenausdehnung haben, d. h. daß die Entfernung des Randwasserspiegels von dem Bohrpunkt aus ziemlich die gleiche ist.

Als Argument gegen die gleichzeitige Ausbeutung wurde öfters auf die Möglichkeit einer Wanderung des Öls von Schichten höheren Drucks in solche niederen Drucks hingewiesen. Solche Wanderungen gibt es aber so gut wie nicht, und wenn vereinzelt derartige Erscheinungen auftreten, so ist dies kein allzu großer Nachteil, da dadurch lediglich ein Druckausgleich zwischen den einzelnen Ölzonen stattfindet und wir das gewanderte Öl bei einem späteren Nachlassen des Fließdrucks doch gewinnen.

Einen großen Vorteil bedeutet jedenfalls die Verzögerung des Druckabfalls und die langsamere Entgasung der Lagerstätte sowie das planmäßigere, nicht zu schnelle Vordringen des Randwassers, wodurch auch weniger durchlässige Gesteinsschichten durchdrungen und aus ihnen das Öl in großem Ausmaß dem Bohrpunkt zugeleitet wird. Bei gleichzeitiger Ausbeutung mehrerer übereinander gelagerter Ölschichten fließt die Bohrung länger frei aus, ist die tägliche Ölausbeute größer, der monatliche Förderabfall geringer und die Gesamtausbeute schneller, was wieder geringere Kosten zur Folge hat.

ERHALTUNG DER LAGERSTÄTTENENERGIE

Durch eine erhöhte Bohrtätigkeit allein können wir die Förderung nicht mehr steigern, denn mit jedem neuen Feld, ja mit jeder weiteren Produktionsbohrung entnehmen wir von den Vorräten, die sich in Jahrmillionen gebildet haben. Der Zeitpunkt, wo mehr neue Ölvorkommen entdeckt als vorhandene ausgebeutet wurden, scheint bereits überschritten zu sein. Die insgesamt vorhandenen Ölgebiete lassen durch die laufend sich steigernde Ausbeute ständig in ihrer Ergiebigkeit nach. Es ist daher für die Zukunft ausschlaggebend, in welchem Maße wir die vorhandenen Vorräte auszubeuten verstehen.

Bisher ging das Bestreben eines jeden Unternehmers dahin, ohne Rücksicht auf eine schonende Behandlung der Lagerstätte in kürzester Zeit soviel Öl als möglich zu gewinnen. Heute dagegen müssen wir danach trachten, die Lagervorräte soweit wie möglich auszubeuten.

Fast 60 Jahre vergingen, bis sich die Idee einer planvollen Ausbeutung durchzusetzen vermochte. Bis dahin waren alle technischen Neuerungen nur für den Bohrbetrieb vorgesehen, das mit dem Öl anfallende Gas wurde als lästiges Nebenprodukt betrachtet. Milliarden Kubikmeter ließ man in der Hoffnung frei in die Luft ab, daß das ersehnte Öl bald nachfolge. Erst nach der Gründung der „Institution of Petroleum Technologists“, London, wurde

das Gas als Energieträger der Lagerstätte

erkannt und zum erstenmal der Ausdruck Gas/Ölverhältnis gebraucht. Trotzdem vergingen weitere 17 Jahre, bis ab 1930 dem Lagerstättendruck die erforderliche Aufmerksamkeit geschenkt und die planmäßige Kontrolle desselben als notwendige Maßnahme zur rationellen Ausnutzung der Lagerstättenenergie erkannt wurde. Die seinerzeitigen Bestrebungen gingen jedoch nicht, wie heutzutage, von dem Gedanken aus, die Förderung auf weite Sicht zu vermehren, sondern der damals übergroße Ölanfall der Überschußländer sollte gedrosselt und das Öl in der Lagerstätte „konserviert“ werden. So wechselte gezwungenermaßen der Blickpunkt des Interesses von der Steigerung der Produktion auf die Lagerhaltung des Öls in der Schicht.

Eine frei eruptierende Sonde ergibt wohl in der ersten Zeit mehr als eine „unter Kontrolle“ gebrachte, doch leidet darunter die Lagerstättenenergie und auf die Dauer gesehen die Bohrung selbst, sowie die umliegenden Sonden, wenn nicht das ganze Ölfeld. Es muß deshalb das Ziel sein, eine jede frei auslaufende Bohrung von Anfang an zu drosseln. Wir verstehen darunter die absichtliche Förderbeschränkung einer Sonde auf einen Bruchteil ihrer wirklichen Kapazität. Sie wird durch das Einsetzen von Düsen in das Eruptionskreuz sowie den Einbau von Pumpsteigrohren verschiedenen Durchmessers, wobei die Größe nach oben zunimmt, erreicht. Infolge dieser Hilfsmaßnahmen verringert sich die Fließgeschwindigkeit und das zu der Bohrung drängende Öl staut sich an der Bohrlochsohle an, wodurch wieder ein Gegendruck auf die Lagerstätte entsteht.

Der Zweck der Drosselung ist, zu vermeiden, daß der Förderabfall rasch einsetzt, das Gas/Ölverhältnis stark ansteigt und die Lagerstättenenergie vorzeitig verbraucht wird. Sie ist die uns gegebene einzige Möglichkeit, die Lagerstättenenergie soweit als möglich zu erhalten. Da jedoch, zwecks einer dauernden Erhaltung, fast nicht gefördert werden dürfte, muß das Bestreben in der rationellen Förderung dahin gehen, den Abfall zu verlangsamen, bzw. durch Zuführung neuer, fremder Energiequellen aufzuhalten.

Durch das Anbohren einer Lagerstätte wird das Druckgleichgewicht gestört und die gespeicherte Kraft sowie die Expansionskraft des in dem Öl in Lösung befindlichen Gases, die Schwerkraft des Öls, der Druck der überschüssigen freien Gase in der Gaskappe von oben sowie der Druck der überlagernden Schichten, bewegen die Gase und Öle zu der Stelle des niedrigsten Drucks, der Bohrlochsohle. In den steilen Schichten tritt die Schwerkraft des Öls als Energiequelle erst dann auf, wenn alles Gas aus Lösung gegangen ist.

Trotz dieser vorherrschenden Kräfte können wir das Öl nie 100%ig ausbeuten. Als Folge der intermolekularen Anziehung zwischen Sand und Flüssigkeit bleibt eine dünne Ölschicht an der Sandoberfläche haften. Zudem kommt noch die Kapillarkraft, jene Kraft, die eine Flüssigkeit von kapillarer Größe entgegen der Schwerkraft festzuhalten oder gar emporzuheben imstande ist. Sie hat in dichten Sanden eine größere Wirkung als in losen Gesteinsformationen. Als weiteres hemmendes Moment treten noch die in den Gesteinsporen sich bildenden Gasbläschen in Erscheinung, die die Durchlässigkeit des Öls verringern. All diese Kräfte halten in großen Öllagern Millionen Tonnen Petroleum fest.

Das Ziel einer rationellen Förderung soll es daher sein, dafür Sorge zu tragen, daß das im Öl gelöste Gas sich nicht schon in der Lagerstätte entlöst, sondern in Lösung bleibt, damit die Gesamtausbeute durch das Emporheben des Öls von der Bohrlochsohle bis an die Oberfläche in günstigem Sinne beeinflußt und dabei sowohl die Viskosität als auch die Oberflächenspannung des Öls so gering wie möglich gehalten wird. Während wir von dem in der Ölzone vorhandenen Öl nur eine gewisse Teilmenge gewinnen können, strömt das Gas infolge seiner weit geringeren Viskosität fast vollständig aus.

Werden bei dem Anbohren eines Ölhorizontes auf 50 m³ Öl 1500 m³ Gas gefördert, so ist das vorgefundene Gas/Ölverhältnis 1 : 30. Steigt die geförderte Gasmenge im Laufe der Zeit an und beträgt 5000 m³ Gas in dem gleichen Zeitraum, in dem 50 m³ Öl gefördert werden, so ist das Gas/Ölverhältnis 1 : 100, es bringen also 30 m³ Gas nicht mehr wie zu Anfang 1 m³ Öl, sondern nur noch etwa $^1/_3$ mit an die Oberfläche, die restlichen 2/3 sind durch die vorzeitige Entlösung des Gases in der Lagerstätte verblieben.

An Hand der nachstehenden Rechnung können wir für ein jedes Gebiet feststellen, welche Ölmenge durch das bereits in der Lagerstätte entlöste Gas zurückblieb:

ursprüngliches Gas/Ölverhältnis	1 : 100
bisher insgesamt gefördertes Gas	500 000 m^3
bisher insgesamt gefördertes Öl	1 000 m^3
gesamtes Gas/Ölverhältnis	1 : 500
Ölmenge, die bei Verhinderung der Gasentlösung gewonnen worden wäre (500 000 : 100)	5 000 m^3
entstandener Verlust	4 000 m^3

Bei der Erschließung eines Feldes ist die Kenntnis der ungefähr zur Verfügung stehenden Vorräte sowie der vorherrschenden Energiemengen äußerst wichtig. Die Mächtigkeit der Ölzone, die Porosität des Gesteins und den Sättigungsgehalt des Öls können wir durch Kernen, die Trennung öl- und gasführender Schichten von wasserführenden oder sterilen an Hand von geophysikalischen Messungen ermitteln. Die Ausdehnung eines Feldes sodann noch durch genaue Erfassung des Gas- und Randwasserspiegels. Trotz allem arbeitet die Vorausberechnung immer mit mehreren, unsicheren Faktoren und ist sehr schwer. Die beste Lösung besteht darin, das Feld als eine geschlossene Einheit zu betrachten und die bereits geförderten Öl- und Gasmengen, sowie die an Wasser und anderen festen Bestandteilen, in eine rechnerische Gleichheitsformel zu der noch unter bestimmtem Druck in der Lagerstätte vorhandenen Öl- und Gasmenge zu bringen. Wollen wir den gewinnbaren Vorrat errechnen, müssen wir den Ausbeutefaktor allerdings schätzen. Nach dieser Methode können wir die in der Lagerstätte noch vorhandene ungefähre Öl- und Gasmenge ermitteln. Die zu gewinnende Ölmenge errechnen zu wollen, ist unsicher, dagegen lassen sich nach der Erschöpfung des Feldes leicht die Mengen feststellen, die in der Lagerstätte verblieben sind. Dies ist von Wichtigkeit für die Frage, ob sekundäre Gewinnungsmethoden angewendet werden sollen oder nicht.

Immerhin müssen wir danach trachten, mit der ersten Bohrung schon möglichst viel Anhaltspunkte über die Größe und Struktur des Feldes, die Lage des Gas/Öl- und Öl/Wasserspiegels, die Mächtigkeit, Porosität, Sättigung und Durchlässigkeit des Speichergesteins, das spezifische Gewicht, die Oberflächenspannung und Viskosität sowie den Gasgehalt und Sättigungsdruck des Öls zu erhalten.

Unter Sättigungsdruck verstehen wir denjenigen Druck, der erforderlich ist, eine bestimmte Menge Gas in einer bestimmten Menge Öl zu lösen. Er wird ermittelt, indem man eine Ölprobe unter Druck von der

Bohrlochsohle entnimmt und den Druck bei einer Temperatur, die der in der Lagerstätte gleich ist, in einer Expansionskammer so lange erniedrigt, bis die erste Gasblase entsteht. Seit 10 bis 15 Jahren sind vor allem in den USA. und im Iran Apparate, sogenannte Sohlenprobennehmer, entwickelt worden, die es ermöglichen, Öl von der Bohrlochsohle zu entnehmen und unter gleichbleibendem Druck an die Oberfläche zu bringen.

Zwecks rationeller Förderung erscheint es immer wichtig, die Lagerstätte als ein einheitliches Ganzes zu betrachten und die Entwicklung des Feldes darauf aufzubauen. Hierdurch entstehen geringere Bohr- und Förderkosten und die Produktion an Öl ist eine größere. Aus diesem Grunde ist es auch von bedeutendem Vorteil, ein Feld nur einer Gesellschaft zur Ausbeute zu überlassen, statt an mehrere Unternehmen aufzuteilen, da sich sonst jeder bemüht, so rasch als möglich viel Öl zu fördern, wodurch starke Energieverluste entstehen, die die Gesamtausbeute beeinträchtigen. Zudem kommt noch, daß die Gesellschaften zu Anfang die Ergebnisse gegenseitig geheim halten, um sich evtl. angrenzendes, noch unerschlossenes Gelände leichter konzessionsmäßig zu sichern. Beste Beispiele für die alleinige rationelle Ausbeute von Ölfeldern sind die Gebiete der Anglo Iranian Oil Co., der Irak Petroleum Co. und der Bataafschen Petroleum Mij. in Niederländisch-Indien.

Bei den heutigen Fördermethoden wird durch die schnelle Förderung die Gasmenge sehr rasch verbraucht, ohne daß die notwendigen Maßnahmen ergriffen werden, den Lagerstättendruck bestmöglichst aufrecht zu erhalten. Wenn ein Feld nur durch die Expansion des gelösten Gases fördert, beträgt die Ausbeute 20 bis 30% der vorhandenen Ölmenge. Kommt nach Erschöpfung der Gasenergie ein natürlicher Wassertrieb hinzu, ist die Förderung 30- bis 40%ig. Der Rest blieb bis dahin in der Lagerstätte und war als verloren anzusprechen. Nach Schätzung von Geologen sind bisher allein in den USA. 7 Milliarden Tonnen Öl, die durch primäre Gewinnungsmethoden nicht gefördert werden konnten, in der Erde verblieben. Diese Menge könnte den augenblicklichen Weltbedarf auf annähernd 20 Jahre decken.

DIE SEKUNDÄREN GEWINNUNGSMETHODEN

Zwecks Erreichung eines höheren Ausbeutesatzes kommen nunmehr in immer steigenderem Maße die „sekundären" Gewinnungsmethoden zur Anwendung, die unter Zuführung neuer Fremdenergie in die Lagerstätte arbeiten. Die bekanntesten Verfahren sind das Einpressen von Gas und das Wasserfluten. Diese beiden Gewinnungsmethoden können wir allerdings nur in Feldern anwenden, in denen noch eine Gas/Ölsättigung herrscht, d. h. noch genügend Gas und Öl vorhanden ist. Das von dem vordringenden Randwasser überspülte Öl läßt sich nicht mehr gewinnen.

Vor der Anwendung von sekundären Gewinnungsmethoden ist die Ursache des Nachlassens der Produktion festzustellen; denn ein Absinken der Förderung muß nicht immer gleich eine Erschöpfungserscheinung sein, sondern kann auch auf Verstopfungen der eingebauten, perforierten Rohre oder der Zuflußkanäle in der Lagerstätte mit Sand, Schlamm, Paraffin o. a. beruhen. Ist dies zutreffend, so pumpen wir zur Lösung des Paraffins heißes Öl oder Gas ein. Bei Sandverstopfungen waschen wir die Sonde mit klarer Spülung oder Wasser aus. Hilft dies nichts, kann die Bohrung neu angebohrt, bzw. durch eine Torpedierung in der Ölzone Luft geschaffen werden, die allerdings nur in sandigen Gesteinen möglich ist, in tonigen Schichten würde sie das Gegenteil, eine Verdichtung, hervorrufen.

Zur Auffrischung der Lagerstättenenergie finden in kalkhaltigen Schichten auch oft Säuren, vornehmlich Salzsäure, Anwendung, die mit dem Kalkstein Kohlensäure bildet und deren Druck das Öl emportreibt. Mittels Beimischung von Kontaktgiften, das sind Stoffe, die die angreifende Wirkung der Salzsäure auf die Metallteile der Rohre verzögern, schützt man letztere vor frühzeitiger Zerstörung. Ratsamerweise versuchen wir jedoch zuerst an noch vom Bohren vorhandenen Gesteinskernen Proben dieser Art.

Die älteste der sekundären Gewinnungsmethoden ist

das Vakuum- oder Unterdruckverfahren.

Zum ersten Male wurde es 1869, 10 Jahre nach dem Niederbringen der ersten Bohrung, in Pennsylvanien angewandt. Mit Hilfe einer Vakuum-Pumpe wird der Druck in der Zone um das Bohrloch vermindert und durch den so künstlich hervorgerufenen Druckunterschied ein Zuströmen des Öls aus der Lagerstätte bedingt. Da bei der Erschöpfung einer Sonde immer noch etwas Gas in Lösung bleibt, das normalerweise zu einer Förderung nicht mehr ausreicht, geht dieses infolge der Druckminderung aus Lösung, strebt dem Bohrloch zu und führt einen Teil des Öls mit sich. Es wird also das Öl infolge der durch die Druckminderung verursachten Gasentlösung gewonnen. Am besten eignet sich dieses Verfahren in grobkörnigen Speichergesteinen, auch reagieren leichtere Öle darauf besser als schwere und zähe.

Ist das Vakuum-Verfahren einmal bei einer Sonde eingeführt, muß es ständig weiter angewendet werden, da die Bohrung sonst ganz zu fördern aufhört. Zudem konnten wir beobachten, daß sich bei diesem an sich nur noch wenig gebräuchlichen Verfahren die leichten Bestandteile des Öls leicht verflüchtigen und es dadurch schwerer und zähflüssiger wird.

Ziemlich weit verbreitet und sehr ausgiebig arbeitend ist

das Gaseinpreßverfahren (repressuring).

Es findet auf zweierlei Art Anwendung. Einmal führen wir fremde Gasenergie ein bei gleichzeitiger Förderung des eingepreßten Gases und dem von ihm mit nach oben gerissenen Öl, dem Gas-Treibverfahren (gas-drive), zum anderen bleiben während des Einpressens sämtliche Sonden verschlossen und werden erst nach der Wiedererrichtung des Drucks in der Lagerstätte geöffnet, dem **„pressure-restauration"**. Beide Verfahren dürfen wir nicht mit dem weiter oben beschriebenen Gas-lift-System verwechseln, bei welchem das aus der Bohrung aufsteigende Gas unter Druck erneut eingepreßt wird.

Bei dem „gas-drive" führen wir das fremd zugeführte Gas unter Druck durch eine oder mehrere Sonden ein, das dann durch das Gestein fließt und einen Teil des Öls mitreißt. Hierdurch wollen wir einmal den Druck in der Ölzone möglichst lange aufrechterhalten und zweitens den durch die bisherige Förderung stark nachgelassenen Druck wiederherstellen oder wenigstens erhöhen. Gleichzeitig halten wir durch den erzeugten höheren Druck das Randwasser zurück. Am zweckmäßigsten setzen wir die Einpreßsonden auf dem höchsten Punkt der Schichten an, um so wieder eine Gaskappe herzustellen, wie sie in der natürlich gebliebenen Ölzone zu Anfang war. Sofern genügend alte Sonden zur Verfügung stehen, benutzen wir diese nach Säuberung von Sand und Schlamm. Meistenteils kommen auf eine Einpreßsonde 5 bis 7 umliegende Bohrlöcher. Die genaue Einteilung ist von den Lagerstättenverhältnissen, der Tektonik, dem Einpreßdruck und dem Abstand der Bohrungen voneinander abhängig. Von Vorteil ist ferner, die Sonden zu wechseln und in diesem Fall aus den Einpreßsonden wieder Fördersonden zu machen, um so das Gas durch die ganze Lagerstätte zu drücken.

Die Wirkung dieses Verfahrens tritt erst geraume Zeit später, manchmal nach Monaten, ein, doch steigt die Förderung dann auf ein Mehrfaches der Produktion vor der Inangriffnahme der sekundären Gewinnungsmethoden an. Es kommt sogar vor, daß wir nachher eine größere Produktion als zu Beginn der Förderung haben.

Für das Einpressen eignet sich am besten nasses oder trockenes Gas, vor allem Propan und Butan, da dadurch das Öl dünnflüssiger wird und die Gesteinsarten förmlich ausgewaschen werden. Trockenes Gas hat gegenüber dem nassen wegen der daraus möglichen Gasolingewinnung noch den Vorteil. Luft statt Gas zum Einpressen zu nehmen hat den Nachteil, daß sie ein geringeres Volumen sowie einen niedrigeren Wirkungsgrad hat, die Korrosion erhöht, den Benzingehalt vermindert und den Paraffinansatz begünstigt. Außerdem oxydiert das Öl leicht durch den Sauerstoffgehalt, und infolge des Gasluftgemisches besteht eine erhöhte Explosionsgefahr. Deshalb nehmen wir Luft nur, wenn Gas sehr schwer zuzuführen ist.

Der Vorteil des Gaseinpreßverfahrens besteht in der größeren Ölausbeute, die etwa 70% beträgt, der längeren Lebensdauer des Feldes und einem stärkeren Zurückhalten des Randwassers.

Das zweite, allerdings nur selten angewandte Verfahren, ist das der Wiederherstellung des Lagerstättendrucks (pressure-restauration). Hierbei bleiben während des Einpressens des Gases alle Sonden verschlossen und durch das fortwährende Neuzuführen fremder Energie wird in der Lagerstätte wieder ein gewisser Druck hergestellt. Nach längerer Einpreßperiode öffnet man die Sonden und das unter Druck lagernde Gas reißt bei dem Emporsteigen einen Teil des Öls mit. Die Förderbohrungen können danach oft wieder eine Zeitlang eruptiv, jedoch mit hohem Gas/Ölverhältnis, fließen, sonst mit Gaslift oder Pumpbetrieb arbeiten. Diese Methode findet allerdings nur Anwendung, wenn überschüssiges Gas eine Zeitlang in der Lagerstätte gestapelt werden soll.

Das Wasserfluten (water-flooding)

Die Erkenntnis, daß die Förderung einer Sonde kurz vor dem Wassereinbruch ansteigt, führte zu der Überlegung, neben dem Gas auch Wasser als Treibmittel zu benutzen. Den natürlichen Vorgang des Wasserflutens sehen wir in dem Vordringen des Randwassers. Für eine wirtschaftliche Ausbeute sind am besten grobkörnige Sande geeignet, da das Wasser hier keinen so großen Widerstand als in feinkörnigen Gesteinen findet. Zudem ist hierfür eine gleichmäßig aufgebaute Lagerstätte Voraussetzung, da in ununterbrochenen Schichten infolge der Eigenschaft des Wassers, sich den Weg des geringsten Widerstands zu suchen, große Teile unberührt bleiben und verlorengehen würden. Auch dringt das Wasser bei verschiedenartigen Schichten in den gröberen Teilen schneller vor als in den feineren. Weiterhin ist die Lagerstättentemperatur und die Zähigkeit des Öls von ausschlaggebender Bedeutung, denn je größer die Zähigkeit, desto geringer ist die Ausbeutung.

Zur besseren Lösung des Öls von dem Gestein werden vielfach dem Flutwasser alkalische Salze beigefügt. Als Flutwasser selbst ist möglichst Grundwasser, und wo dies nicht zur Verfügung steht, filtriertes Flußwasser zu nehmen, um Verunreinigungen zu vermeiden. Zum Überfluten der Lagerstätte bohrt man in den meisten Fällen neue Einpreßsonden oder Wasserbrunnen und füllt diese bis zum oberen Rand mit Wasser an. Der Druck des absinkenden Wassers allein genügt. Ist er in einzelnen Fällen zu schwach, hilft man zur besseren Durchdringung der Schichten durch pumpen nach.

Das Niederbringen der Einpreßsonden erfolgt auf verschiedene Weise. Ursprünglich kannte man nur das „five-spot" und das „seven-spot"-System, bei denen 4 bzw. 6 Einpreßsonden zirkular in einem Abstand von 45 bis 75 Meter um eine Fördersonde niedergebracht wurden und das Öl infolge des langsamen Vordringens des Wassers zu der Fördersonde floß. Neuerdings sind wir mehr zu den „linear"-, „zirkular"- und „intensiv"-Systemen übergegangen. Bei dem ersten Verfahren bringen wir mehrere Wasserbohrungen in einer Linie nieder und teufen zu beiden Seiten in kleinerem Abstand Förderbohrungen ab. Das eingepreßte Wasser dringt vor und treibt das Öl zu den Sonden. Hat es diese erreicht, werden in einiger Entfernung weitere Fördersonden abgebohrt und das weiter vordringende Wasser treibt das Öl dann in die neuen Bohrungen.

Bei dem „zirkular" haben wir dagegen nur eine Einpreßsonde, und um diese kreisförmig mehrere Fördersonden. Hat das eingepreßte Wasser diese Zone erreicht, erbohren wir weiter entfernte Förderbohrungen wiederum kreisförmig.

Auf eine schnellere Ausbeute ist das dritte System abgestellt. Hierbei teufen wir abwechselnd Wasser- und Fördersonden ab. Es entfällt also das Niederbringen weiterer Förderbohrungen bei dem Vordringen des Wassers.

Wegen der geeigneten Lagerstättenverhältnisse wurde das Wasserfluten bisher nur in den USA. und dort in dem pennsylvanischen Bradford-Feld und einigen Gebieten des Midcontinents angewendet, wo die Wirkung allerdings eine gute war. Konnten doch so zusätzlich bis zu 40% des nach der abgeschlossenen primären, mechanischen Förderung noch in der Lagerstätte verbliebenen Öls gewonnen werden.

Die Verwendung von erhitztem Dampf

Ähnlich dem Wasserfluten ist das Arbeiten mit erhitztem Dampf. Der in der Lagerstätte kondensierte Dampf erzielt die gleiche Wirkung wie das Fluten des Wassers und hat zudem noch infolge der erhöhten Temperatur den Vorteil der größeren Löslichkeit des Öls. Allerdings eignet sich die Heißdampfbehandlung nur in Lagerstätten bis zu höchstens 400 Meter Tiefe.

Das neueste Verfahren dieser Art wurde erst vor einigen Jahren in Rußland unter dem Namen

„Thermisches Verfahren"

eingeführt. In die Lagerstätte preßt man Erdgas unter einem Druck von 20 atü und mit einer Temperatur von 600° ein und bringt so die Lagerstätte zur „Explosion". Infolge der Wärmeentwicklung verflüchtigt sich ein Teil des Öls und steigt unter Mitnahme weiterer Ölmengen nach oben, wo die verflüchtigten Bestandteile wieder kondensiert werden.

Das Einpressen von Gas und Wasser mit Beginn der Förderung

Diese beiden Verfahren unterscheiden sich von den zuvor beschriebenen sowohl in ihrem Zweck als auch in ihrer Wirkung grundsätzlich. Während das „water-flooding" und das „gas-drive" das Ziel verfolgen, mittels des eingepreßten Wassers bzw. Gases das in bereits entölten Lagerstätten noch verbliebene Öl zu gewinnen, wird bei dem Einpressen von Wasser und Gas von Beginn der Förderung an versucht, das der Lagerstätte entzogene Volumen sogleich wieder zu ersetzen, so den Lagerstättendruck aufrechtzuerhalten und eine vorzeitige Lösung des Gases zu verhindern.

Das eingepreßte Wasser verstärkt den Druck des natürlichen Randwassers und schafft, wie bei dem „Fluten", eine neue Wasserzone. Hierdurch erhalten wir den Lagerstättendruck auch in Gebieten mit schwächerem Wassertrieb länger aufrecht.

Allerdings kann das wiedereingepreßte Gas in der Lagerstätte nur einen Teil des Drucks ersetzen, da neben dem Gas auch fortlaufend Öl entnommen wird. Durch einen stärkeren Wassertrieb besteht jedoch die Möglichkeit, diese Differenz wieder auszugleichen. Bei schwächerem Randwasserdruck müssen wir deshalb versuchen, außer dem der Sonde entströmenden Gas noch Fremdgas zum Druckausgleich zuzuführen.

DER BERGMÄNNISCHE UNTERTAGEBAU

Neben den sekundären Fördermethoden ist eine höhere Ölausbeute nur noch mittels der bergmännischen Untertagegewinnung möglich. Primitive Handschächte, aus denen man das Öl mit Zieheimern schöpfte, wurden schon seit Hunderten von Jahren in zahlreichen Ölländern abgeteuft. Heutzutage finden wir noch derartige Handschächte, die einen Querschnitt von etwa 1 Meter haben und nicht selten Tiefen bis zu 300 Meter erreichen, in Galizien, Rumänien, Rußland, China und Japan in großer Zahl. Der Raum reicht gerade dazu aus, daß ein Mann, der gewöhnlich angeseilt ist, darin arbeiten kann. Diese Tätigkeit ist wegen der oft nachfallenden Gesteine sehr gefährlich und schon mancher hat dabei sein Leben lassen müssen. Zwecks Verhinderung derartiger Unglücksfälle sind die Wände der Schächte mit korkähnlichem Geflecht oder Holzstreifen ausgekleidet. Frische Luft wird bei niedrigen Schächten mit Hilfe von Ventilatoren und bei tieferen mittels eines Blasebalgs, Licht durch Spiegelreflexwirkung von der Oberfläche aus zugeführt. Die Ausbeute ist gering, sie beträgt oft nur 100 bis 150 Liter täglich.

Während die Handschächte schon von alters her in Gebrauch sind, ist das Anlegen von Schächten in horizontaler Richtung erst 160 Jahre alt. Der erste Schacht dieser Art wurde 1785 bei Hagenau im Elsaß abgeteuft und der Ölsand in 30 bis 40 Meter weit vorgetriebenen Strecken abgebaut. Dieser Abbau war zu jener Zeit nur möglich, weil die Ölsande durch einen schwer verdunstenden Bergteer imprägniert und gasfrei waren und er deswegen keine Gefahren bot, sondern sogar ein Arbeiten bei offenem Grubenlicht ermöglichte. Als die Schächte einige Zeit später weiter abgeteuft wurden und man bei 70 Meter Tiefe auf Sickeröl stieß, mußte der Betrieb eingestellt werden, da sich die auftretenden Schwierigkeiten nicht mehr bewältigen ließen.

Erst 130 Jahre später, 1917, vertiefte man die elsässischen Schächte und begann auch in Wietze bei Hannover einen Ölschacht zu bauen. Einzelne weitere Schächte sind dann noch bei Heide in Holstein sowie in Rumänien, Rußland und Amerika abgeteuft worden. Bislang wird die bergmännische Ölgewinnung jedoch nur ganz minimal angewendet, da die Kosten über denen der sonst üblichen Fördermethoden liegen.

Um eine Öllagerstätte bergmännisch auszubeuten, ist die Anlage unterirdischer Gänge erforderlich. Von dem Förder-Schacht führen die „Querschläge" zu den „Füllörtern" und von dort die „Grundstrecken" zu den „Verkehrsstrecken", die bis zu den entlegensten Betriebspunkten reichen. Teufen wir einen Schacht direkt in der Öllagerstätte ab, legen wir die Füllörter neben ihm an und es fallen, falls es sich nicht um die Erschließung mehrerer Lagerstätten handelt, die Querschläge fort. In diesem Fall sind die Grundstrecken dann die alleinigen Hauptverkehrsadern. Haben wir auf einem Querschlag das Öllager erreicht, führt die Grundstrecke an ihm entlang. Von ihr zweigen die Verkehrsstrecken in das Lager selbst ab. Bei einer Lagerstätte von großer Mächtigkeit legen wir mehrere Sohlen übereinander an. Eine jede hat dann eine eigene Förderung, Ventilation usw. Dieses Anlegen erfolgt meistens von oben nach unten, kann jedoch, wenn die Lagerstättenverhältnisse durch Tiefbohrungen einwandfrei bekannt sind, auch umgekehrt erfolgen. Die Strecken selbst sind in Richtung zu dem Förderschacht etwas geneigt, damit das Öl und Wasser ein Gefälle hat und die beladenen Wagen weniger Kraft benötigen.

Der schwere, schwarz glänzende Ölsand wird mit Preßluftbohrern gelockert und auf das Förderband geladen. Teilweise ist er aber auch so locker, daß er schon unter Anprall eines Druckwasserstrahls in die einzelnen Sandkörner zerfällt und die gelösten Massen im fließenden Wasserstrom mit weggeschwemmt werden.

Der Ölaustritt aus dem Sand erfolgt stets nach unten. In den vorgetriebenen Strecken bzw. den von dort wieder abzweigenden Gängen fangen wir das Öl auf. Ist eine Lagerstätte stark mit Öl getränkt, wird der Sand beim Ausfließen des Öls oft mitgeschwemmt, wodurch eine Lockerung der Lagerstätte entsteht. Es ist dann zweckmäßig, das Lager vor dem Anfahren der Strecke erst mittels horizontal vorgetriebener Bohrungen zu entölen. Bei einem harten Lagergestein, wie Kalk, werden wenig Strecken angelegt und das Lager durch zahlreiche Horizontal- und Schrägbohrungen in Streich- und Fallrichtung durchörtert. Nimmt die Ausbeutestätte schwimmenden Charakter an, verlegen wir die Strecken in das Nebengestein und bohren die Öllager von dort mit Bohrungen oder Handschächten an. Das auf diese Weise entölte Gestein enthält noch 10 bis 15% Petroleum, welches wir durch Auswaschen über Tage gewinnen. Auf die gleiche Art entölen wir ölgetränktes Gestein, indem das Rohprodukt Öl von Natur aus so fest darin haftet, daß sich eine Gewinnung durch Aussickern nicht rentiert. Dies trifft im besonderen für die Ölkreide zu, die wir in Schleswig-Holstein ausbeuten.

Wie in allen Bergwerken, so ist auch im Ölschacht die Erneuerung der Grubenluft für die Aufrechterhaltung des Betriebes Vorbedingung. Würde nicht dauernd mit Hilfe von großen Ventilationseinrichtungen frische Luft zugeführt und die verbrauchte Grubenluft abgesaugt, bildeten sich leicht brennbare und für die Atmung sowie Erhaltung des Lebens schädliche Dämpfe und Gase.

In den USA. werden seit 2 bis 3 Jahren Versuche unternommen, von abgeteuften Schächten aus horizontale Bohrungen vorzutreiben, um so eine bessere Entölung der Lagerstätte zu erreichen. Zu diesem Zweck teuft man Schächte von 2 bis 3 Meter Durchmesser bis zu 150 Meter Tiefe ab und baut auf der Sohle eine sogenannte Arbeitskammer im Durchmesser von etwa 8 Meter aus, von wo Schrägbohrungen angesetzt werden, die bis zu annähernd 1000 Meter weit in das Gestein vordringen.

DIE WELTPETROLEUMVORRÄTE

In den letzten 30 Jahren hat eine ungeahnte technische Entwicklung stattgefunden, die zu einer völligen Umgestaltung der Bohr- und Fördermethoden führte. Dies ist schon aus der nachstehenden Produktionsentwicklung zu ersehen. Die Weltförderung betrug in den Jahren

1860	0,067	Mill. Tonnen	1910	43,704	Mill. Tonnen
1870	0,773	„ „	1920	92,805	„ „
1880	4,011	„ „	1930	196,547	„ „
1890	10,219	„ „	1940	297,750	„ „
1900	19,879	„ „	1946	391,350	„ „
			1947	409,600	„ „

Zur Zeit liegen die Hauptproduktionsgebiete in den USA. mit etwa 64% der Gesamtausbeute, es folgen die in Venezuela mit 16, Vorderasien mit 10 und Rußland mit 6%. Die anderen Vorkommen bleiben dagegen weit zurück.

Nach Kontinenten unterteilt, ergibt dies für Amerika etwa 80, Asien und Europa mit Rußland je 10%.

Aus diesen Zahlen ersehen wir, daß die Petroleumvorkommen wahllos über unseren Erdball verteilt sind. Nicht jedes Land ist an den Vorkommen beteiligt, ja es gibt ganze Kontinente, wie Australien, in denen fast gar kein Öl gewonnen wird. Daher sind die meisten Industrieländer auf die Öleinfuhr angewiesen. Entweder haben sie Ölkonzessionen im Ausland erworben oder sich an Ölgesellschaften beteiligt bzw. Lieferverträge mit ölreichen Ländern abgeschlossen.

Sind nun die derzeitigen Öllagerstätten nicht unerschöpflich? Schon seit längerer Zeit wird von einem baldigen Versiegen der Ölquellen gesprochen. Auf Grund von Errechnungen bekannter amerikanischer Geologen aus dem Jahre 1920 sollten die Vorkommen der USA. bereits um das Jahr 1945 herum versiegen und in den anderen Hauptproduktionsländern die Erschöpfung der Sonden einige Jahre später, gegen 1950 erfolgen. Inzwischen wurden aber neue Ölfelder entdeckt und die Geologen nahmen an Hand der veränderten Lage alle paar Jahre neue Schätzungen vor, nach denen die Ölvorräte immer nur noch für die nächsten 12 bis 15 Jahre ausreichen.

So wurden im Sommer 1935 die Vorräte auf nur noch 13 und zu Anfang des Jahres 1939 die Reserven Amerikas auf 12 und die der Welt auf 16 Jahre geschätzt. Zufolge der von dem „American Petroleum Institute" veröffentlichten Ölreserven der USA. war noch ein Vorrat von 20,064 Milliarden Faß (etwa 2,711 Milliarden Tonnen) Petroleum vorhanden. An Hand des augenblicklichen Jahresbedarfs der USA. von 280 Millionen Tonnen wäre dies ein Vorrat für 10 Jahre, vorausgesetzt, daß der Bedarf nicht weiter ansteigt. Bei diesen halbamtlichen Zahlen des „API" handelt es sich allerdings um „sichere" Reserven. d. h. hierbei sind nicht die Vorräte berücksichtigt, die

1. sich in den noch nicht abgebohrten Teilen von Ölfeldern befinden und deren Ausdehnung bislang unbekannt ist,
2. in unerschlossenen Gebieten oder solchen, die als ölhöffig gelten, sowie
3. durch sekundäre Fördermethoden, wie „repressuring" oder „waterflooding" in bereits erschlossenen Feldern noch gefördert werden können,
4. aus nassem Gas, dem auf den Feldern anfallenden Erdgas und
5. aus Ölschiefer

noch zu gewinnen sind. Der tatsächliche Vorrat unter Berücksichtigung der in den vorangeführten 5 Punkten genannten Reserven dürfte ein Mehrfaches von dem als zuverlässig angegebenen betragen.

Die nachgewiesenen Welt-Erdölreserven, die nach allgemeinen Schätzungen etwa 8 bis 10 Milliarden Tonnen betragen, teilen sich prozentual wie folgt auf:

Vorderer Osten (Irak, Iran, Saudi Arabien, Kuweit, Qatar und Ägypten)	38%
USA. und Kanada	34%
Mittel- und Südamerika (Venezuela, Mexiko, Argentinien, Kolumbien, Trinidad, Peru und Ekuador)	11%
Rußland	10%
Ostasien (N.-Indien, Brit.-Indien, Burma)	4%
Europa	3%
	100%

Wesentlich günstiger ist die von den Geologen Stebinger und Weebs der Standard Oil Co., New-Jersey, veröffentlichte Prognose, wonach bisher nur eine Bohrung auf durchschnittlich 1½ Qudratmeile kommt. Steigert man dies auf eine Quadratmeile, wohlgemerkt im Durchschnitt auf sämtliche Gebiete unserer Weltkugel, so würden die Vorräte auf ungefähr 95 Milliarden ansteigen, wovon die der USA. 10 Milliarden Tonnen betragen sollen. Diese Vorräte sind bei dem augenblicklichen Bedarf in frühestens 200 Jahren erschöpft. Interessant ist in diesem Zusammenhang auch die von dem Geologen Pratt der Standard Oil Co., New-Jersey, veröffentlichte Vorratsschätzung, die sich teilweise auf die Angaben von Stebinger und Weebs stützt. Auf Grund dieser Schätzung betragen die gesamten Weltvorräte etwa 100 Milliarden Tonnen, die bei Verwendung modernster Gewinnungsmethoden bis zu 80% ausgewertet werden könnten. Bei einem augenblicklichen Weltverbrauch von über 400 Millionen Jahrestonnen, der nach Schätzung von Pratt bis auf 700 Millionen Tonnen pro Jahr ansteigen dürfte, wäre das ein Vorrat für 130 bis 140 Jahre.

Sollten diese Zahlen auch etwas zu hoch gegriffen sein, so steht uns doch wahrscheinlich für die nächsten Jahrzehnte noch ausreichend Petroleum zur Verfügung. Berücksichtigen müssen wir auch, daß uns in bisher nur gering erschlossenen Gebieten, wie beispielsweise in der Arktis, wo man an verschiedenen Stellen in Alaska, Kanada und dem eurasischen Gebiet bereits fündig geworden ist, noch große Überraschungen bevorstehen.

Doch einmal wird der Versorgungsstrom aus den Tiefen unserer Erde aufhören zu fließen. Wann das sein wird, können wir heute nicht sagen, wir wissen nur, daß dieses Versiegen sicher eintritt.

PRODUKTIONSSTEIGERUNG DURCH PLANUNG AUF WEITE SICHT

Aus dem Geschilderten ist nicht nur die technische Entwicklung, sondern auch die Vielzahl der beim Bohr- und Förderbetrieb ständig zu berücksichtigenden Probleme zu ersehen, die nur auf das eine Ziel abgestellt sind, die Produktion den Erfordernissen entsprechend ertragreich zu gestalten.

In der ersten Zeit kannten wir nur das „trocken" arbeitende, stoßende Bohren und gingen dann auf das Schlagbohren mit Spülung über. Im Förderbetrieb war zuerst nur das Schöpfen üblich, danach ein primitiver Pumpbetrieb mit Schwengelpumpwerk, dem Vorgänger des heutigen Pumpenbocks. Der Antrieb erfolgte meistens für mehrere dieser bis höchstens zu 800 Meter reichenden Bohrlöcher gemeinsam. Heutzutage sind ohne weiteres Bohrungen bis zu 5000 Meter Tiefe möglich.

Neuerdings entdeckte man in den USA. Felder, in denen unter hohem Lagerstättendruck gasförmige Kohlenwasserstoffe enthalten sind, die sich bei einem Druckanfall verflüssigen. Diese gasförmigen Stoffe bestehen zu 80% aus Öl und dem Rest aus Benzin, Gasolin und anderen gasartigen Produkten. Es handelt sich also um Lagerstätten, die einen verflüssigbaren, dem Öl ähnlichen Stoff liefern und nicht mit den Lagerstätten des viel leichteren „nassen" Gases zu verwechseln sind. Bei der Ausbeutung dieser „Destillat"-Felder müssen wir mit allen zur Verfügung stehenden Mitteln versuchen, den Lagerstättendruck hochzuhalten, da die Produktion des gasförmigen Öls eine wesentlich größere ist und die Verflüssigung über Tage leicht durch die in der Chemie schon seit längerem bekannte „Retrograde-Kondensation" erfolgen kann. Läßt dagegen der Lagerstättendruck vorzeitig nach, verflüssigen sich die gasförmigen Bestandteile bereits in der Lagerstätte und die Gewinnung ist prozentual eine beträchtlich geringere.

Durch die in der Praxis und mit Hilfe der Wissenschaft gemachten Fortschritte sind uns jetzt die Vorgänge in der Lagerstätte bekannt, und wir können daraus weitere Erkenntnisse für eine rationelle Gewinnung ableiten.

Um eine weitgehende Entölung der Lagerstätte zu erreichen, ist die genaue Auswahl der Förderverfahren notwendig. Dies wieder kann nur durch eine enge Zusammenarbeit des Ingenieurs mit dem Geologen ermöglicht werden, da die Schichtenbildung sowie die Eigenart des Schichtenaufbaus besonders zu beachten sind. Weiterhin ist diese Zusammenarbeit beim Wiederauffrischen in der Produktion nachlassender Ölfelder durch künstliche Nachhilfe unumgänglich. Grundsatz der Zusammenarbeit muß es sein, die volle Lagerstättenenergie von Anfang an zu halten, denn ein verdorbenes Feld können wir nur sehr schwer wieder in Ordnung bringen.

Das Gas ist der lebendige Energieträger der Lagerstätte, teilweise ist es im Öl gelöst, setzt seine Viskosität herunter und treibt es dem Bohrloch zu. Deshalb hat es das oberste Gesetz eines jeden Unternehmers zu sein, ein Höchstmaß an Öl mit einem Mindestmaß an Gas zu fördern. Dies erfordert, nur so viel Gas aus der Bohrung herauszulassen, wie unbedingt notwendig ist, das geförderte Gas vollständig zu erfassen und soweit als möglich der Lagerstätte wieder zuzuführen, sowie rechtzeitig für ausreichende Mengen an Fremdgas aus anderen Gashorizonten oder reinen Gaslagerstätten zum evtl. weiteren Einpressen in die Lagerstätte sicherzustellen, d. h. mit einem möglichst niedrigen Gas/Ölverhältnis zu arbeiten und auf diese Weise eine größere prozentuale Ausbeute zu erzielen.

Diese grundlegenden Erkenntnisse gewannen wir durch weitreichende wissenschaftliche Forschungen, die in der Hauptsache die großen internationalen Gesellschaften durchführten. Den Zeitpunkt, wo die Produktion eines Jahres größer ist als die in dem gleichen Zeitraum erschlossenen neuen Ölgebiete, haben wir bereits erreicht. Schon zehren wir von den Vorräten, zu denen wohl noch laufend neue hinzukommen werden. Doch die bis jetzt ständig angestiegene Vorratsmenge nimmt nunmehr langsam aber sicher ab. Je kleiner das Verhältnis der neu entdeckten Felder zu der jeweils produzierten Ölmenge wird, desto mehr gewinnt die Bedeutung einer Förderplanung Raum. Je früher wir dies erkennen und die Konsequenzen daraus ziehen, desto größer ist der Gewinn. Deshalb kommt es darauf an, die Ölfelder so auszubeuten, daß der Ertrag ein möglichst großer ist.

Mittels der mechanischen Fördermethoden können wir bis zu 40 und mit Hilfe der sekundären Gewinnungsmethoden schon jetzt teilweise bis zu 70% des Lagerstättenvorrats gewinnen. Wenn es nun gelingt, den Förderertrag auf insgesamt 70 oder gar 80 bis 90% zu steigern, so würde dies eine große Umwälzung für die gesamte ölgewinnende Industrie bedeuten. Deshalb stehen wir heute an einem Wendepunkt. Die Zeiten rein praktischen Arbeitens sind vorbei. Zu der Praxis gesellt sich in immer steigenderem Maße die Wissenschaft. Zu beiden muß noch die Erkenntnis treten, daß ein gemeinschaftliches Arbeiten nur allen von Nutzen sein kann.

Es soll daher das Bestreben dahin gehen an Hand der uns zur Verfügung stehenden Meßverfahren die Verhältnisse, unter denen sich das Öl in der Lagerstätte befindet, und zwar den Druck, die Temperatur und den Gasgehalt, genauestens zu studieren. Hinzu kommen noch die geologischen Faktoren der Gesteinsbildung, des Erkennens des strukturellen Typs der Lagerstätte und der Sättigung des Gesteins mit Öl, Gas und Wasser. Weiterhin noch die treibenden und hemmenden Kräfte. Die planvolle Entwicklung eines Feldes ist sodann noch abhängig von der

Reihenfolge und Anzahl der Bohrungen, der Erhaltung des Lagerstättendrucks auf lange Sicht, Drosselung der Bohrungen bei Eruption, sowie dem rechtzeitigen Einsetzen sekundärer Gewinnungsmethoden. Die bisher nur auf den Augenblickserfolg abgestellte Förderung müssen wir durch eine Planung auf weite Sicht ersetzen.

LAGERUNG UND TRANSPORT

VOM PFERDEWAGEN BIS ZUR PIPELINE

Als die ersten Bohrversuche in Nordamerika von Erfolg gekrönt waren, gruben die Arbeiter Dämme um die Bohrungen und fingen damit das aus der Erde quillende Öl auf. Sodann schöpften sie es mit Eimern in Holzfässer und verluden diese auf einspännige Pferdewägelchen, die es in die Raffinerien oder direkt zu den Verbrauchern beförderten. Waren die Bohrungen nahe an Flüssen gelegen, verfrachteten sie die Holzfässer mit Flößen oder Schiffen. Auf die gleiche Weise wurden die Destillate den Verbrauchern zugeführt. Kurze Zeit darauf gingen die Unternehmer dazu über, an den Bohrungen Eisenbehälter aufzustellen und das Petroleum direkt vom Bohrloch dort hineinzupumpen.

In den siebziger Jahren des vorigen Jahrhunderts zogen oft lange Züge von einigen 100 dieser kleinen Pferdewägelchen über die nordamerikanischen Landstraßen. Besonders im Winter, wenn die Flüsse zugefroren waren, bildete dies die einzige Transportmöglichkeit. Die „teamsters", so nannte man die Fuhrleute im Volksmunde, fühlten sich auf Grund dieser Tatsachen als die Herren der Landstraße und waren ihrer Macht so sicher, daß sie in kurzen Zeitabständen die Transportkosten erheblich erhöhten. In den Jahren 1861/62 verlangten sie schließlich für einen Transport über eine Entfernung von 60 bis 65 Kilometer 4 Dollar pro Faß, also eine beträchtliche Summe, wenn wir bedenken, daß zu damaliger Zeit für ein Faß schon nicht mehr 10, sondern nur noch 6 bis 8 Dollar bezahlt wurden. So sahen sich die Unternehmer gezwungenermaßen nach anderen Transportmöglichkeiten um und kamen auf die Idee, das Öl durch Stahlrohre zu befördern.

Den ersten Versuch unternahm ein kleiner Petroleumhändler. Er baute im Jahre 1862 eine Rohrleitung von nur einigen 100 Metern Länge, die das Öl von den Bohrlöchern zu seiner nahe dabei gelegenen Raffinerie beförderte. Da die Leitung etwas bergab führte, floß das Petroleum, durch die eigene Schwerkraft getrieben, von allein. Dieser Bau erwies sich als sehr zweckmäßig und die Kosten hierfür waren, auf längere Zeit gesehen, wesentlich geringer, als wenn das Öl weiterhin durch die „teamsters" verfrachtet worden wäre.

Hierdurch angespornt, verlegte der aus Holland stammende Mechaniker van Syckle etwas später eine größere Leitung, die erste „pipe-line". Sie war über 7 Kilometer lang und kostete insgesamt 150 000 Dollar. Hatte van Syckle vorher wöchentlich annähernd 12 000 Dollar für den Transport von 6000 Faß Öl an die Fuhrleute zahlen müssen, so waren die Baukosten schon in etwas über 3 Monaten eingespart. Als die „teamsters" ihre Verdienstmöglichkeiten schwinden sahen, begannen sie gegen die Rohrleitung einen erbitterten Kampf. Sie zerstörten sie an mehreren Stellen, indem sie Löcher in die Rohre bohrten und das ausfließende Öl in Brand steckten. Hierdurch hofften sie, die plötzliche Konkurrenz beseitigen zu können, doch der Holländer wußte sich auch in diesem Fall zu helfen. Er engagierte 20 bis 30 handfeste Männer zu einem Sicherheitsdienst, rüstete sie mit Gewehren aus und ließ seine Leitung bei Tag und Nacht bewachen. Nunmehr konnte das Öl wieder ungehindert hindurchfließen.

Einige Zeit später, als ab 1865 die Eisenbahnen, und zwar als erste die durch Titusville führende Atlantic Great Western Railway, anfingen, die Beförderung der Holzfässer zu wesentlich billigeren Frachtsätzen als die „teamsters" durchzuführen, beschränkte sich der Transport mit den Pferdewägelchen zunächst nur noch auf den Weg von den Bohrstellen zu den Bahnstationen, um dann nach und nach ganz aufzuhören und ab Anfang der siebziger Jahre begann man das Petroleum statt in Holzfässern in Kesseln, die auf den Eisenbahnwagen mit Holzgestellen befestigt waren, in die Verarbeitungsstätten zu befördern. Diese Wagen waren die Vorgänger unserer heutigen Kesselwagen.

Wenn auch die Eisenbahnen das Petroleum zu einem wesentlich günstigeren Tarif als die Fuhrleute transportierten, so wurden sie in den größeren Produktionsländern doch nicht das Hauptbeförderungsmittel. Einmal hätten die Kesselwagen, und dies trifft ganz besonders für die USA. zu, nicht den Transport der dauernd ansteigenden Produktion allein bewältigen können, und zum anderen war auch hier die Preisfrage das ausschlaggebende Moment. Das weitaus billigste Landtransportmittel war und blieb die Pipeline. Wenn die Verlegungskosten auch bedeutend sind, so ist die Rentabilität, auf den längeren Zeitraum betrachtet, doch wesentlich günstiger. Ist eine Rohrleitung für die Dauer von 15 bis 20 Jahren in Betrieb, betragen die Transportkosten nur etwa ein Sechstel von denen der Eisenbahnfracht. Diesen entscheidenden Faktor hat Rockefeller seinerzeit als erster richtig erkannt und vor allem auch verstanden ihn auszunutzen. Nur so war es ihm möglich gewesen, die unumschränkte Macht in der Ölindustrie Nordamerikas zu erringen.

Bereits anderthalb Jahrzehnt nach dem Fündigwerden der ersten Bohrungen wurde in Amerika von der Pennsylvania Transport Company die erste große Pipeline in Betrieb genommen. Sie war über eine Entfernung von 90 Kilometer verlegt worden und beförderte das Öl aus dem pennsylvanischen Gebiet nach Pittsburg. Der Erbauer dieser Leitung war ebenfalls ein Holländer namens Jacob Vandergrift, der zum beschleunigten Durchfluß des Öls acht Pumpstationen in ziemlich gleichmäßigen Abständen einbaute. Auf diesem Wege wurden täglich 1100 Tonnen Petroleum befördert.

Die Rentabilität dieser Leitung war für viele andere Unternehmer der Anlaß, gleichartige Pipelines zu bauen, und um 1881 erfolgte der Anschluß der pennsylvanischen Felder an die Küste des Atlantischen Ozeans. So ging die Entwicklung auch auf diesem Gebiet trotz aller Hemmnisse äußerst rasch voran, und es erstreckte sich bald ein Rohrleitungsnetz von einigen Tausend Kilometern über das nordamerikanische Land.

Diese Verlegungen waren aber nur unter den schwierigsten Verhältnissen möglich gewesen, denn für eine jede Rohrleitung mußten erst nach dem Fertigstellen des Planes die Konzessionen der jeweiligen Grundstückseigentümer, über deren Grund und Boden die Rohre verlegt werden sollten, eingeholt werden. Das war damals noch nicht so einfach wie heutzutage, wo wir an Hand der Grundbücher den jeweiligen Eigentümer leicht ermitteln können. Nicht selten fanden die Beauftragten der Unternehmer Gebiete vor, deren Eigentümer den Behörden bisher noch unbekannt waren und die aufzufinden allerhand Zeit in Anspruch nahm; oder es mußten umfangreiche Aktionen zum Ermitteln von Erben eingeleitet werden, wenn sich herausstellte, daß die Besitzer schon vor fünfzig oder noch mehr Jahren verstorben waren. Dazu kamen die teilweise langwierigen Verhandlungen mit den Grundstücksbesitzern bezüglich der zu zahlenden Entschädigungen.

All dies war aber noch leicht gegenüber dem Konkurrenzkampf, den die Ölfirmen gegeneinander austrugen, falls von mehreren Unternehmungen Leitungen über die gleiche Strecke verlegt werden sollten. Wie aus der Ölchronik zu ersehen ist, sind in der ersten Zeit derartige Streitigkeiten sogar zu kleinen „Schlachten" ausgeartet, bei denen es Verwundete und Tote gab.

Waren die Vorbedingungen alle erfüllt, begann das eigentliche Verlegen der Rohrleitungen, das je nach Richtung und Gelände sowohl über Bergketten und Hochflächen als auch durch Täler und Flüsse erfolgte. Heute ist das alles bedeutend einfacher und die Arbeit wird von spezialisierten Rohrlegekolonnen durchgeführt. Eine derartige Kolonne besteht aus 50 bis 60 Arbeitern, die für die verschiedenen Arbeiten, wie das Ausheben der Gräben, das Heranschaffen der Rohre und das Aneinanderschweißen derselben genau eingeteilt sind. Außerdem stehen zwecks Beschleunigung und Erleichterung der Arbeiten, zum Aufbuddeln des Geländes und der Umwicklung der Rohre mit Isolierstoffen moderne Maschinen zur Verfügung.

Das Öl und das Gas sind die einzigen Produkte, die außer den üblichen Wasser- und Landtransportmitteln mittels Pipe-lines befördert werden können. Mit der Eisenbahn verglichen, stellt dieses Transportsystem zugleich die Fahrbahn und das Transportmittel dar. Die Lokomotive ersetzen in diesem Fall die Pumpanlagen. Ein weiterer Vorteil gegenüber der Schienenbeförderung ist, daß der Transport ohne Handarbeit und Verpackung erfolgt, kein Rücktransport von Leerwagen entsteht und die Unterhaltungs- und Betriebskosten niedriger sind. Betrachten wir nun einmal näher, was alles bei dem Verlegen einer Ölfernleitung zu berücksichtigen ist:

Das Röhrensystem besteht aus den Zubringer- und Sammelleitungen, den „gathering-lines", und den Hauptleitungen, den „trune-lines". Die Zubringerleitungen sind meistenteils über der Erde verlegt und haben natürliches Gefälle, daher erübrigen sich hierbei vielfach die Pumpanlagen. Der Querschnitt dieser Rohrleitungen beträgt gewöhnlich 2 bis 5 Zoll. Die Sammelstation ist je nach dem Anfall des weiterzupumpenden Öls mit mehr oder weniger großen Sammelbehältern ausgestattet, in denen das Öl erst aufgespeichert wird. Diese Behälter sind entweder Stahlblechtanks oder bestehen aus Mauerwerk bzw. Eisenbeton, teilweise sind sie auch in die Erde verlegt. Von hier aus gehen dann die Hauptleitungen zu den Schiffsverladeplätzen oder den Raffinerien.

Aus Gründen der Wirtschaftlichkeit müssen wir die Rohrleitungen, insbesondere die Wandstärke der Rohre, genauestens berechnen, da bei den sich über Tausende von Kilometern erstreckenden Rohrleitungen schon ein Mehr von einem Millimeter einen Gewichtsunterschied von Tausenden Tonnen Stahl ausmacht. Beispielsweise beträgt der Unterschied bei einer Pipeline über 1000 Kilometer Länge mit einem Durchmesser von 300 Milimeter und einer Wandstärke von 9 statt 8 Millimeter 7400 Tonnen. Dies ist nicht nur ein erheblich größerer Materialaufwand, hauptausschlaggebend ist die Kostenfrage. Ein weiterer Faktor zur Vermeidung unnötiger Kosten ist die Berechnung des Druckabfalls. Der Höchstdruck hinter den Pumpen fällt allmählich bis auf ein Geringes vor dem Eintritt in den Sammeltank der nächsten Pumpstation ab.

Die Lebensdauer einer Pipeline beträgt durchschnittlich 15 bis 20 Jahre. Diese kurze Zeit verwundert allgemein, doch ist der Hauptgrund hierfür die Korrosion, die nicht nur durch Oxydationseinwirkungen, sondern auch infolge elektrolytischer Vorgänge, die sich im Erdboden zwischen der Rohroberfläche und der umgebenden Erde abspielen, entsteht. Sie hängt im wesentlichen von der Bodenart und nicht von dem eingebauten Rohrwerkstoff ab. Eingehende Bodenuntersuchungen sind jedoch in vielen Fällen teuerer als eine sofort vorgenommene gute Umhüllung der Leitung. Auch ist eine Auskleidung schlechten Bodens mit neutraler Erde, wie Sand oder Ton, zwecklos. Verhindern können wir die Korrosion nur, indem wir von einer Kraftquelle Strom in die Leitung schicken, und zwar derart, daß die bisherige anodische Zerstörungsstelle kathodisch wird.

Ein guter Umhüllungsschutz erfordert vollkommene Wasserdichtheit, hohen elektrischen Widerstand und genügend mechanische Festigkeit gegen Beschädigungen. Bituminöse Schutzhüllen sind besser als solche aus Metall, Gummi oder Beton. In nicht gerade hochkorrosivem Boden, wie Moor oder Schlamm, genügt es, wenn zuerst ein Grundanstrich aus leichtflüssigem Bitumen erfolgt, dann eine Schutzmasse aus Heißasphalt oder Kohlenteerpech darüber gelegt und zum Schluß das Rohr eine Umwicklung mit einer in Bitumen getränkten Binde aus Wollfilzpappe oder Asbestfilz erfährt. Diese Umhüllung wird maschinell auf die Rohre durch eine Zugmaschine mit Ausleger, an dem ein motorbetriebener Reiniger mit einer Vorrichtung für den Grundanstrich, dem Gefäß zum Aufbringen der Schutzmasse und die Binde-Wickelmaschine befestigt ist, angebracht. In trockenem Sand oder Lehmboden genügt manchmal schon der Grundanstrich mit einer darüber gelegten verstärkten Asphaltschicht ohne Umwicklung, während allerdings in Mooren oder mit Salzwasser getränkten Marschböden mehrere Umwicklungen erforderlich sind.

Die Arbeiten werden fast nur maschinell durchgeführt und sowohl das Aufbringen der Schutzmasse als auch die Umwicklung an Ort und Stelle vorgenommen, um Beschädigungen während des Antransportes zu vermeiden. Bei günstigen Arbeitsbedingungen ist eine Verlegung von 2 bis 3 Kilometer pro Tag möglich.

Zur schnelleren Beförderung des Öls setzen sich die Rohrleitungen fast immer aus Rohren verschiedenen Durchmessers zusammen. Die Abstufung erfolgt im allgemeinen von 12 auf 10 oder von 10 auf 8 Zoll. Die Rohre mit dem kleineren Durchmesser kommen direkt hinter der Pumpe, und die größere Rohrkolonne nach etwa ein Viertel der Entfernung bis zur nächsten Pumpstation zum Einbau. Bei zu überwindenden Höhenunterschieden verwenden wir Rohre mit kleinerem Rohrdurchmesser. Vom Ausgangspunkt, der Sammelstation, wandert das Petroleum abschnittsweise von Pumpstation zu Pumpstation, um je nach der Länge der Leitung nach mehreren Tagen in der Endstation einzutreffen. Auf jeden Fall muß die Leitung so tief in die Erde verlegt sein, daß sie bei kalter Jahreszeit nicht von dem Gefrierpunkt erfaßt werden kann. Da es bei den in den Erdboden verlegten Hauptleitungen schwer, ja fast unmöglich ist, Undichtigkeiten lediglich durch eine Begehung der Strecke zu finden, setzen wir neuerdings Suchgeräte ein. Zuerst ermitteln wir mittels Prüfung des Leitungsdrucks in den Pumpstationen den Abschnitt, in dem sich die Undichtigkeit befindet und tasten sodann den Teilabschnitt planmäßig mit dem elektrischen Suchgerät ab. Anderweitige Störungen können wir aus eingebauten und genau anzeigenden Registriermanometern sofort ersehen.

Die Pumpstationen der großen Ölfernleitungen sind meist kleine Siedlungen, die neben dem Pumpenhaus aus Lager- und Werkstättengebäuden, Verpflegungs- und Unterkunftshäusern für die Ingenieure und Arbeiter, einer eigenen Stromerzeugungsanlage, Fernsprech- und Telegrapheneinrichtungen, Vorrichtungen für den Feuerschutz, Wagenpark, einer Wachmannschaft usw. bestehen. Meist sind die Bauten aus festem Mauerwerk oder Beton errichtet, in tropischen Gegenden herrscht dagegen der Stahlskelett- und Wellblechbau vor. Zudem ist die Pumpstation in den einsameren Gegenden vielfach auf eine eigene Wasserversorgung angewiesen.

Die wichtigste Anlage einer jeden Pumpstation ist das Pumpenhaus mit den Antriebsmaschinen und Pumpen. Je nach ihrer Stärke werden 3 bis 4 Pumpen eingesetzt, die abwechselnd im Tag- und Nachtbetrieb arbeiten. In Amerika verwendet man meistens Kreiselpumpen, die gegenüber den in Rußland, Rumänien und den anderen kleineren europäischen Ölgebieten eingebauten Kolbenpumpen manche Vorteile haben. Sie sind leichter und bequemer im Transport und erlauben in besonderen Fällen das Weiterpumpen des Öls von Station zu Station ohne Sammeltank, wodurch eine direkte Verbindung zwischen der Druckleitung der Abgabestation und der Ansaugleitung der Empfangsstation hergestellt wird. Von Nachteil ist bei der Verwendung der Kreiselpumpen der niedrige Wirkungsgrad und die durch die Zähigkeit des Öls begrenzte Anwendungsmöglichkeit.

Das weiterzubefördernde Öl leitet man in den meisten Pumpstationen erst in den Empfangsbehälter, von dort wird es neu angesaugt und der nächsten Pumpstation zugeführt. Um bei Betriebsstörungen ohne Unterbrechung bis zur Behebung derselben weiterzupumpen, muß der bei jeder Station errichtete Lagerbehälter eine bestimmte Ölmenge fassen können. Früher wurden meistens zwei bis drei Reservoire mit einem Fassungsvermögen von insgesamt 12 000 bis 15 000 Tonnen aufgestellt. Heute kommen wir fast immer mit einem Lagerbehälter bis zu 5000 Tonnen Fassungsraum aus, denn bei einer Rohrleitung mit einem Stundensoll von 300 Tonnen können wir noch über 15 Stunden weiterpumpen. Während dieser Zeit ist aber eine Betriebsstörung meistenteils behoben. Auf der Anfangs- oder Sammelstation muß dagegen der Tankraum bedeutend größer sein, da hier das aus den Zubringerleitungen zusammenströmende Öl aufgespeichert werden muß. Das gleiche trifft für die Endstationen zu, von wo es den Raffinerien bzw. der Verschiffung zugeleitet wird. Der Fassungsraum beträgt auf der Sammelstation etwa 100 000 Tonnen und in der Endstation bis zu 250 000 Tonnen. Die Zwischenstationen sind alle 70 bis 80 Kilometer eingebaut. In Gebieten mit kühlerem Klima sorgen besondere Heizanlagen dafür, daß das Öl nicht erstarrt und somit keine Stockungen im Transport eintreten. Haben wir stark paraffinhaltiges Öl zu befördern, sind die Pumpstationen vielfach schon alle 30 bis 40 Kilometer eingeschaltet, um das Öl öfters erwärmen und auch neu unter Druck setzen zu können.

Die neueste Entwicklung geht dahin, den bis jetzt fast immer noch verwendeten einen Sammeltank auf den Zwischenstationen auszuschalten. In den USA. ist dies mittels des Kreiselpumpenantriebs infolge der elastischen Arbeitsweise durch die direkte Hintereinanderschaltung der Pumpen leicht möglich. Bei der Verwendung von Kolbenpumpen kann dagegen der Zwischenbehälter nicht fortfallen, jedoch so eingeschränkt werden, daß er fast nur noch als Lagerbehälter anzusprechen ist. Zu diesem Zweck bauen wir in die Behälter-Fülleitung ein Sonder-Druckregelgerät ein, das das ankommende Öl veranlaßt, direkt durch die Saugleitungen den Hauptpumpen zuzuströmen. Der Sammeltank dient also nur noch zum Ausgleich der Überschuß- bzw. Fehlmengen.

Das aufgespeicherte Petroleum gibt die Endstation dann fallweise an die Raffinerien, Tankschiffe oder Kesselwagen ab. In den See-Verladestationen fließt es durch Seeleitungen zu den Schiffsanlegeplätzen und von dort mittels Schlauchleitungen in die Tanker. Normalerweise sind hier mehrere Leitungen in einem Abstand von einigen 100 Metern verlegt, die teilweise bis zu einem Kilometer oder noch mehr in das Meer hinausreichen, so daß mehrere Tankschiffe zu gleicher Zeit laden können. Das Anfüllen der Schiffe erfolgt von einem Umschlag-Pumpenhaus aus.

Die Verlegungskosten sind ziemlich hoch. Sie betragen für eine Pipeline mit einem durchschnittlichen Rohrdurchmesser von 200 Millimeter und einer Stundenleistung von 125 Tonnen etwa 50 000 DM pro Kilometer. In dieser Summe sind auch die Kosten für Pumpstationen und sonstigen Anlagen mit enthalten. Die Jahreskapazität einer solchen Leitung beträgt etwa 900 000 Tonnen. Die Kosten für eine 250 Millimeter-Leitung mit einer Stundenleistung von 195 Tonnen sowie einer Leitung mit einem Querschnitt von 300 Millimeter und einer Kapazität von 280 Tonnen je Stunde werden auf 70 000 bzw. 110 000 DM für den Kilometer veranschlagt. Dagegen beläuft sich eine Rohrleitung mit einer Nennweite von 500 Millimeter und einer Stundenleistung von 780 Tonnen auf nur etwa 135 000 DM für den Kilometer.

Eine der bekanntesten Pipelines ist die von der Irak Petroleum Company im Jahre 1934 erbaute, die in einer Doppelleitung von Kirkuk im

Irak nach dem rund 260 Kilometer entfernten Städtchen Haditha führt und sich dort in zwei Arme trennt, von denen der südliche, englische Arm, die unfruchtbare Ebene von Transjordanien durchschneidet und zu dem palästinensischen Hafen Haifa führt. Die französische Leitung durchquert dagegen weiter nördlich die Wüste, führt an der Oase Palmyra vorbei, gelangt dann zum Libanongebirge und von dort nach der Hafenstadt Tripolis in Syrien. Insgesamt erstreckt sich diese Rohrleitung über eine Entfernung von 1879 Kilometer, überquert vier Landesgrenzen und die drei großen Ströme Euphrat, Tigris und Jordan. Zu dem Bau der Leitung, die ursprünglich 4 Millionen Tonnen Petroleum jährlich beförderte und deren Leistungsfähigkeit neuerdings auf 6 Millionen Tonnen pro Jahr gesteigert werden soll, waren 123 000 Tonnen Stahlrohre mit einem Durchmesser von 33 Zentimeter erforderlich, außerdem noch große Mengen an Material für die Pumpstationen und sonstigen Einrichtungen. In Anbetracht des schwierigen Geländes, in dem diese Rohrleitung verlegt wurde, stellt sie eine Höchstleistung moderner, technischer Organisation dar.

Infolge der ständig steigenden Förderung in den südpersischen Ölfeldern und um den weiten Schiffsweg um die arabische Halbinsel mit der kostspieligen Durchfahrt durch den Suez-Kanal zu sparen, für ein Faß Öl werden 16 Cents Gebühren erhoben, ist eine neue fast 1800 Kilometer lange Pipeline, die von Dharan und Koweit quer durch die Wüste nach dem Libanon führen soll in Angriff genommen worden. Außerdem wird noch ein dritter Ölleitungsstrang von Kirkuk nach Haifa verlegt. Auch hier werden die Arbeiten trotz der derzeitigen Unruhen in Palästina mit großer Intensität vorangetrieben.

Heute sind große Ölgewinnungsgebiete ohne Pipe-lines nicht mehr denkbar. Neben den USA. hat dies auch Rußland rechtzeitig erkannt und einige große Rohrleitungen verlegt, wenn auch bei weitem nicht in dem Außmaße wie die Amerikaner. Nachdem zu Anfang das Bakuer Öl in Lederschläuchen auf zweirädrigen Karren oder Kamelen befördert worden war, erfolgte 1887 die erste Verlegung einer Rohrleitung von einem Ölfeld zum Anschluß der nächsten Eisenbahnlinie. Die größten russischen Ölleitungen sind die von 1890 bis 1896 gebaute und später zur Doppelleitung erweiterte Pipeline von Baku am Kaspischen Meer nach dem Verschiffungshafen Batum am Schwarzen Meer mit einer jährlichen Kapazität von insgesamt 2,7 Millionen Tonnen; dann die beiden Leitungen von Grosny nach Tuapse über 620 Kilometer und einer jährlichen Leistung von 1,7, sowie in die Ukraine nach Dnjepropetrowsk und Woronesch mit einer Transportmöglichkeit von 1,65 Millionen Tonnen pro Jahr.

Andere bekannte Pipelines führen von den südpersischen Ölfeldern nach Abadan am Persischen Golf, von Yenangyang am Irawadi zu dem

450 Kilometer entfernten Rangoon, von Hurghada am Roten Meer nach Suez. Im Kongogebiet von Leopoldville nach dem 400 Kilometer weitabgelegenen Ango Ango, in Venezuela von dem Mene-Grandefeld an die Küste, in Kolumbien von Barranca Bermeja nach Mamonal bei Cartagena und vom Ebanofeld in Mexiko zu der Hafenstadt Tampico. In Europa sind die größten Leitungen, die in Rumänien von Baicoi nach Constanza am Schwarzen Meer über 350 Kilometer und die von dem Ölfeld Campina-Ploesti nach Giurgiu an der Donau verlegten. Die weitaus meisten Pipe-lines sind in den USA. gebaut worden. Im Jahre 1938 durchzog ein Rohrleitungsnetz von 190 000 Kilometer das nordamerikanische Land. Diese Leitungen beförderten in dem gleichen Jahre 150 Millionen Tonnen Öle und Derivate. Weiterhin wurden in der gleichen Zeitspanne durch Tankschiffe von der West- und Golf- zur Ostküste 50, und mittels Flußtankern 45 Millionen Tonnen Petroleum verfrachtet. Außerdem transportierten die Kesselwagen noch 7 Millionen Tonnen Öl. Statt der normalen Kesselwagen kommen neuerdings in Nordamerika geschlossene Güterwagen zum Einsatz, in die 4 Stahltanks für Öl oder Benzin eingebaut sind. Die Kapazität dieser Wagen ist größer als die der bisher gebräuchlichen Kesselwagen. Aus den vorstehenden Zahlen ersehen wir am besten die den Rohrleitungen zukommende ungeheure Bedeutung.

Während des letzten Krieges wurden allein in den USA. rund 25 neue große Pipelines gebaut. Jetzt hat das Ölleitungsnetz dieses Landes eine Länge von annähernd 220 000 Kilometer erreicht. Daneben gibt es aber noch Erdgasleitungen über 300 000 Kilometer Gesamtlänge!

TANKANLAGEN UND ÖLHÄFEN

Die Lagerung des Petroleums und seiner Destillate erfolgt in ober- und unterirdischen, stehenden oder liegenden, meist zylindrisch geformten Behältern, die mit flachem Boden und einem gewölbten oder kegelförmigen Dach gebaut werden. Der seitliche Mantel besteht aus starken, meist zusammengenieteten Eisenblechen, deren Stärke nach oben zu etwas abnimmt. Als Untergrund dient ein Betonfundament, denn ein jeder Lagertank muß gut verankert sein, da sonst in einem leeren Behälter die vorhandenen Gas-Luftgemische bei einem Temperaturanstieg und der damit verbundenen Ausdehnung infolge des entstehenden Überdrucks gefährlich werden können.

Der Außenanstrich dient als Rostschutz, nur wählen wir die Farbe so, daß die Sonnenstrahlen zurückgeworfen werden und ein Temperaturanstieg sowie eine dadurch hervorgerufene erhöhte Verdunstung soweit als möglich fortfällt. Ebenso wie die Außenwände sind die Innenseiten der Tanks gegen die verschiedensten, insbesondere chemischen Einflüsse zu schützen. Hierfür stehen uns entweder Zementmilch oder ein dünner Zementbrei zur Verfügung, der auf die Eisenbleche aufgespritzt und anschließend mittels einer wasserglasähnlichen Masse erhärtet wird. Auf diese Weise erhalten wir einen festen und benzin- sowie korrosionsbeständigen Wandschutz.

Die Hauptursache der Verdunstung besteht darin, daß bei der Lagerung der Öle sich über der Flüssigkeitsoberfläche ein mit Luft angefüllter Raum befindet. Die Luft sättigt sich mit Flüssigkeitsdämpfen und dieses sich so gebildete Luft-Flüssigkeits-Dampfgemisch tritt aus, wenn beim Füllen des Reservoirs die Flüssigkeitsoberfläche steigt oder sich das Gemisch bei einer Temperaturerhöhung ausdehnt. Der durchschnittliche Verdampfungsverlust schwankt zwischen 1 und 3,5%. In unserem gemäßigten Klima beträgt er bei sorgfältiger Lagerung fast nie mehr als 1,5 Anteile. Die Verdunstung steigt zusammen mit der Temperatur der Verdunstungsfläche und der Ungesättigkeit der Luft über der eingelagerten Flüssigkeit an. Teilweise ist dies durch einen hellen Farbanstrich auf der Außenseite des Lagertanks zu vermindern. Am günstigsten wirken Zinkweiß, Weißlack, Aluminiumfarbe und Hellgrau.

Zwecks Senkung der Innentemperatur versehen wir die Lagerbehälter auch mit Berieselungsanlagen, die das Dach und die Seitenwände bei wärmerer Jahreszeit ununterbrochen mit einer dünnnen Wasserschicht bespülen. Eine derartige Anlage kann auch bei etwa auftretenden Bränden in Nachbaranlagen den Tank vor Brand- und Explosionsgefahr infolge Funkenflugs oder übergroßer Hitze schützen. Ein anderes Verfahren ist, das mit einem Rand versehene Dach dauernd mit einer Wasserschicht bedeckt zu halten. Dies ist aber wiederum von Nachteil bei Undichtigkeiten, die schwer festzustellen sind, da der entstehende Wasserverlust ebenso durch Verdunstung eingetreten sein kann.

Um nun die Verdunstung auf ein Minimum zu beschränken, sind in den USA. seit ungefähr 20 Jahren die „schwimmenden Dächer“, auch mit dem Fachwort „floaters“ bezeichnet, eingeführt worden, wodurch man eine Absperrung der Flüssigkeitsoberfläche erreicht. Die eingelagerte Masse trägt die Decke mittels Schwimmpontons. Zwischen der Abdichtung und der Decke verbleibt nur ein ganz minimaler Zwischenraum, so daß die Verdunstungsverluste zu drei Viertel geringer als bei normaler Bauweise sind. Die Abdichtung zwischen Mantel und Decke ist hermetisch und durch federnde Metallschuhe gesichert, die fest an der Innenseite des Behältermantels anliegen. Die Entwässerung des zeitweilig tiefer als die Seitenwände schwimmenden Daches erfolgt mittels einer durch das Innere des Tanks geleiteten Rohrleitung. Um ein vollständiges Absinken der Decke zu verhindern, ist auf dem Behälterboden eine entsprechende Vorrichtung eingebaut.

Neben den schwimmenden gibt es noch die „atmenden" Dächer oder „breather-roofs", die imstande sind, sich in eine untere oder obere Lage einzustellen, bei einem Temperaturanstieg also dem Gasdruck nachzugeben und sich nach erfolgter Abkühlung wieder zusammenzuziehen. Die Decke, die aus einem auf Gitterwerk liegenden Stahlblech besteht, ruht lose auf innerhalb des Behälters errichteten Tragsäulen.

Im allgemeinen hört die Verdunstung auf, wenn die Lagerung der Öle unter einem Druck erfolgt, der höher als der Dampfdruck ist. Aus diesem Grunde gehen die Bestrebungen dahin, Vorrichtungen zu schaffen, die solche Druckerhöhungen ermöglichen. Dies trifft wohl bei der konisch gebauten Radialdecke zu, doch muß der Behälter an sich so gebaut sein, daß er den höchsten auftretenden Dampfspannungen standhält. Da jedoch bei den bisher fast nur üblichen zylinderförmigen Tanks der Druck der Flüssigkeiten lediglich durch die Seitenwände ausgeglichen wird, während das Dach nur geringe Kräfte aufnehmen kann, wurde nach einer neuen Behälterform gesucht, bei der sämtliche Teile zur Kraftaufnahme mit beitragen.

Die idealste Form wäre die Kugel, doch ist sie im Bau zu teuer. Sehr gut eignet sich für die gestellten Anforderungen auch die Sphäroid-Form. Die hiernach in Amerika bereits gebauten Tanks, die unter dem Namen „Hortonsphäroid" eingeführt worden sind, können Drücken bis zu 1,5 atü standhalten. Eine andere, billigere Ausführung ist der „Hemisphäroid", der eine Mittellösung zwischen dem Hortonsphäroid und der zylindrischen Bauweise darstellt. Er läßt allerdings nur Drücke bis zu 0,3 atü zu.

Schwere Teeröle, Heizöle, sowie die paraffinhaltigen Rückstände der Destillation besitzen einen hohen Stockpunkt und werden besonders bei Kälte derart dickflüssig, daß sie erst nach einer besonderen Erwärmung dem Tank entnommen werden können. Daher ist der Einbau guter Heizvorrichtungen von Wichtigkeit. Diese Vorrichtungen richten sich insbesondere nach der dem Behälter jeweils zu entnehmenden Menge, der Temperatur, um die die Ölmenge zu erwärmen ist, sowie der Größe und Bauart des Lagerbehälters. Die Anwärmung des Öls kann durch Heizschlangen, ferner mittels Anlagen, die nur eine bestimmte Teilmenge anheizen, oder Isolierungen und der damit verbundenen Verringerung des Wärmeverlustes, erfolgen.

Eine Isolierung kommt nur dann in Frage, wenn das Öl bereits angeheizt in den Behälter eintritt und dort unter hoher Temperatur gehalten werden muß, wie dies öfters in Verarbeitungswerken der Fall ist. Bei normalen Lagerverhältnissen ist diese Methode schon der hohen Verdunstungsverluste wegen unzweckmäßig. Zur Isolierung nehmen wir zweckmäßigerweise Isoliermatten aus Mineralwolle, die eine bessere

Ausdehnungsfähigkeit als eine plastische Masse haben und demzufolge so leicht keine Risse entstehen können.

Um bei der Entnahme kleinerer Ölmengen nicht immer den ganzen Tankinhalt anwärmen zu müssen, bauen wir in den Behälter eine Heizhaube ein, bei der nur das Ölentnahmerohr von Heizschlangen umgeben ist. Da die untere Ölmenge von der Heizhaube bedeckt wird, kann sie sich nicht so leicht mit dem anderen Öl mischen, was weniger Zeit und Kosten erfordert.

Gebaut werden die Lagerbehälter in Größen von 50 bis 10000 m^3. Die Errichtungskosten belaufen sich normalerweise für einen Tankbehälter von 1000 m^3 auf 21000 DM, das Gewicht beträgt 35 Tonnen. Ein 5000 m^3-Behälter kostet durchschnittlich 75000 DM und ein solcher von 10000 m^3 140000 DM. Letzterer hat eine Schwere von etwa 30 Tonnen.

Bei der Errichtung von Tankanlagen oder Tankfarmen, d. h. mehreren nebeneinander aufgestellten Lagerbehältern, müssen wir aus Sicherheitsgründen bestimmte Abstände beachten. Außerdem umgeben wir meistenteils einen jeden Behälter mit einer Mauer oder einem Erdwall. Oft bauen wir derartige Tankanlagen auch in geschützte Niederungen. Diese Vorsichtsmaßnahmen sind erforderlich, damit im Falle eines Brandes das Feuer nicht so leicht von einem Lagerbehälter auf den anderen überspringen kann.

Infolge der Entwicklung des Flugzeugbaues und der dadurch in Kriegen gegebenen Angriffsmöglichkeiten auf die Versorgungs- und Nachschubgebiete des Hinterlandes legt man seit einer Reihe von Jahren größere Tankanlagen auch unterirdisch in Wäldern oder sonstigen, schwach besiedelten Gegenden an. Diese Anlagen sind nach oben durch eine mehrere Meter dicke Eisenbetonschicht gesichert. Bei der unterirdischen Bauweise wird vielfach die stehende, zylindrische Bauform angestrebt, bei der eine Betonhülle alle äußeren Kräfte, die durch den Erddruck und das Eigengewicht der Decke entstehen, aufnimmt. Teilweise sind auch stillgelegte Bergwerksschächte zu unterirdischen Tankanlagen mit einem Fassungsvermögen von über 100000 Tonnen Öl oder Treibstoff ausgebaut worden.

Die Verladung der Ölprodukte muß gemäß Regierungsbestimmungen in allen Ländern an abgelegenen Plätzen, den Ölhäfen, erfolgen. Hier stehen die riesigen Lagerbehälter, gefüllt mit Rohpetroleum, Benzinen, Leucht-, Gas- und Schmierölen, in langen Reihen und zwischen ihnen verläuft ein Gewirr von Rohrleitungen und Schienensträngen. Zudem sind noch große Heizölbunker zur Brennstoffversorgung der Schiffe errichtet. Auf spitzen Landzungen oder breit gebauten, weit in das Meer hinausreichenden Piers, an denen die Tankschiffe anlegen, hat man die

Pumpvorrichtungen angebracht, von wo die Schiffe den flüssigen Stoff übernehmen.

An stürmigen oder flachen Küsten, wie beispielsweise an der Ostküste Patagoniens, sind große Bojen weit draußen im Meer verankert, an denen die Überseetanker anlegen. Das Öl kommt mittels auf dem Meeresgrund verlegter Leitungen zu den Bojen und von dort in die Schiffsrümpfe. Das Übernehmen des Petroleums oder der Destillate geschieht innerhalb kurzer Zeit. In einer Stunde können bis zu 9500 Barrels (1 Barrel = 158,98 Liter) getankt werden. Ein mittleres Tankschiff ist in zehn, ein großer Tanker längstens in fünfzehn Stunden voll geladen und kann den Hafen wieder verlassen.

DER TANKERVERKEHR

Seit der Erbauung des ersten Tankschiffs sind jetzt über 75 Jahre vergangen. Es war dies das ständig zwischen den westeuropäischen Häfen und Amerika unter belgischer Flagge fahrende Schiff „Charles". Als neueste Errungenschaft hatte man besondere Behälter in dieses Schiff eingebaut, und zwar im Unterschiff und Zwischendeck in je zwei Reihen insgesamt 59 kleine Lagertanks, die frei nebeneinander standen und von denen jeder gesondert gefüllt und entleert werden mußte. Der Laderaum faßte etwa 700 Tonnen, für heutige Verhältnisse eine ganz geringfügige Menge. Dieses erste Schiff verkehrte von 1869 bis 1872 und brannte dann aus.

Vordem wurde das Öl in Fässern mittels Segelschiffen von Amerika nach Europa geschafft. Es war dies sehr umständlich, dauerte doch allein das Be- und Entladen der Ölsegler zehn bis zwölf Tage, da wegen des Seeganges ein jedes Faß gut verstaut werden mußte. Trotzdem wurden aber oft Fässer leck, etwa ein Sechstel der Ladung ging durchschnittlich verloren. Einige Zeit später entsann man sich, daß die Chinesen seit Jahrtausenden Wasser in Tanks beförderten. Diese alte Methode kam dann auch für das Petroleum zur Anwendung, und ab 1865 befuhren zuerst in dem pennsylvanischen Ölgebiet hölzerne Boote den Alleghany-Fluß, die schon 200 bis 300 Tonnen Öl zu laden vermochten. Auch auf dem Kaspischen Meer wurden bald kleinere Tankschiffe eingeführt. Später erhielten sie durch den Einbau von Längs- und Querschotten eine größere Sicherheit, man verband die Behälter selbst durch Rohre miteinander, und so konnten bald schon 2400 Tonnen Öl in drei Tagen geladen werden.

Danach wurden die Schiffswände als Behälter mitverwendet, die Antriebsmaschinen ganz achtern angebracht und durch einen mit Wasser gefüllten Sperrdamm von den Ölbehältern getrennt. Den übrigen Laderaum trennte man dann noch durch ein Mittelschott in zwei Längsteile und diese wieder durch weitere Querschotten in je sieben Räume. Den ersten derartigen Tanker erbaute eine englische Werft in Newcastle 1886 für deutsche Rechnung. Nachdem sich diese neue Bauart gut bewährt hatte, folgte eine serienweise Herstellung. So erzielten wir in den letzten 75 Jahren im Tankerbau einen bedeutenden Fortschritt in bezug auf Ladefähigkeit, Geschwindigkeit, Verkehrssicherheit und Korrosionsfestigkeit.

Von den wenigen 100 Tonnen im Jahre 1870 stieg die Welttankertonnage bis 1914 auf 1½ Millionen BRT und bis 1919, trotz der Versenkungen im ersten Weltkrieg, auf 2¾ Millionen BRT und 625 Tankschiffe an. Zu Beginn des Jahre 1930 betrug sie 7 Millionen und stieg weiter an, bis sie Ende 1939 fast 11½ Millionen BRT erreichte, wovon allein auf die großen internationalen Konzerne und ihre Tochtergesellschaften 50% entfielen. Zu diesem Zeitpunkt waren 1731 Überseetanker im Dienst. In diesen Zahlen sind nur Tankschiffe von mindestens 1000 BRT enthalten, die etwa je zur Hälfte aus Dampfern oder Motorschiffen bestanden. Die Welthandelstonnage betrug zu gleicher Zeit 68,5 Millionen BRT und ist bis heute durch die gewaltigen Neubauten der USA. während des letzten Krieges auf 77 Millionen BRT angestiegen. Die Tankschiffe hatten also bei Kriegsbeginn einen Anteil von 16,65%. Neuerdings werden in den USA. zur besseren Eigenversorgung des Landes Supertanker mit einer Ladefähigkeit von 30 000 bis 32 000 Tonnen gebaut.

Die Welttankerflotte wird heute um etwa 40% höher als 1939 geschätzt und soll im kommenden Jahr auf Grund der besonders in den USA. lebhaften Neubautätigkeit 20 Millionen Tonnen erreichen. Die Welttankschiffflotte kann also zur Zeit bei einer Fahrt pro Schiff 23 bis 24 Millionen Tonnen Petroleum bzw. Öldestillate befördern. Bei ungefähr sieben Fahrten pro Schiff im Jahr wären dies etwa 165 Millionen Tonnen verschiffbaren Treibstoffes.

Norwegen, die Niederlande und Panama benötigen für ihre eigene Versorgung nur sehr wenig Öl. Ihre Tankflotten zusammen waren in 1939 stärker als die der USA. und fast so groß wie die Englands und seiner Dominien. Da diese drei Länder das Öl in der Hauptsache für andere Nationen verschiffen, werden sie auch als die „Ölspediteure" bezeichnet.

Wie wir sehen, durchqueren unaufhörlich riesige Tankflotten die Weltmeere und bringen die Öle und Treibstoffe von den Produzenten zu den Verbrauchern. Die Versorgung Englands und fast seines ganzen Empire, Frankreichs einschließlich seiner Kolonien, Deutschlands, der Skandinavischen Länder, Spaniens, Portugals, Italiens, Griechenlands, ganz Afrikas, Chinas, Australiens und all der anderen kleineren Länder sowie seit diesem Jahr eines Teils des USA.-Bedarfs erfolgt fast ausschließlich auf dem Seewege. Ölüberschuß- bzw. -abgabeländer sind lediglich Venezuela, Kolumbien, Trinidad, Peru, Mexiko, Irak, Iran, Saudi Arabien, die Bahreininseln, Rumänien, Österreich, Ungarn und demnächst wahrscheinlich wieder Niederländisch-Indien. Dadurch fällt dem Tankerverkehr eine außerordentlich wichtige Bedeutung zu.

Fast 70 000 Seeleute sind dauernd unterwegs zwischen Willemstad auf Curaçao, Cartagena, Tampico, Port of Spain, Batum, Haifa, Abadan, Bahrein, Bayton, Antwerpen, Plymouth, Dünkirchen, Marseille, Hamburg, Genua und vielen anderen Hafenstädten. Sie leben und schlafen auf Schiffen, deren Inhalt viel gefährlicher als das tobende Meer ist, welches sie durchkreuzen. Ihr Dasein gleicht dem Leben auf einem schlummernden Vulkan.

Die kennzeichnende Form des Tankschiffes ist, daß die Brücke vorn und das Kastell für die Maschinen auf dem hinteren Schiffsteil angebracht sind, den einzigen Aufbauten, die bei schwerer See noch sichtbar bleiben. Der Rumpf der Schiffe wird besonders stark gebaut und geschottet, so daß er als „unsinkbar" gilt. Auch die Abdichtung der einzelnen Ölbehälter gegeneinander, die saubere Pumpeninstallation und die sorgfältige Feuersicherung sind Eigenarten der Tankschiffe.

Auf diesen Schiffen herrschen strenge Sicherheitsvorschriften und Verhaltungsmaßregeln für die so gering wie möglich bemessenen Mannschaften. Ganz besonders ist an Bord das Rauchen und Tragen von Nagelschuhen verboten und es darf sich die Besatzung des Schiffes nur an bestimmten Plätzen aufhalten und bewegen. Große Ventilatoren arbeiten Tag und Nacht, um die leichtexplodierenden Öl- oder Benzingase abzusaugen und frische Luft zuzuführen. Sämtliche Luken und Türen sind mit Asbest abgedichtet. Werkzeuge, wie Hammer usw., dürfen nicht aus Eisen, sondern müssen zwecks Vermeidung von Funkenbildung bei den Arbeiten aus Blei, Kupfer oder Bronze hergestellt sein.

Auf Grund der Sicherheitsmaßnahmen ist die Zahl der Unglücksfälle beträchtlich zurückgegangen. Ganz vermeiden werden sie sich nie lassen. Und schließlich, wo kommen keine Unglücksfälle vor?

Die Dienstzeit für ein Tankschiff beträgt im allgemeinen 20 Jahre. In den ersten 6 bis 8 Jahren fährt es meist Benzine oder raffinierte Öle, später Rohpetroleum, da durch die langjährigen chemischen Einflüsse der Benzine und Destillate die Wände der Schiffslagerräume teilweise zerfressen und angeätzt sind.

Die während des letzten Krieges versenkten Schiffe konnten inzwischen durch forciertes Arbeiten auf den alliierten Werften längst wieder neu gebaut werden, und die Welttankertonnage steigt ständig wieder an. Das Größenverhältnis in den Ländern hat sich inzwischen insofern verändert, als Japan und Deutschland so gut wie keine eigene

Tankerflotte mehr besitzen. Die Spitze haben die USA. übernommen und werden sie auch sicher behalten, gefolgt von England, Norwegen und den Niederlanden.

DIE AUFBEREITUNG

ERSTE VEREDELUNGSVERSUCHE

In dem zutage geförderten Petroleum sind viele Verunreinigungen, Gase, Salzwasser u. a. m. enthalten. Aus diesem Grunde ist eine direkte Verwertung nicht möglich, wir müssen das Öl erst veredeln oder aufbereiten.

In früherer Zeit, als man es noch aus Teerkulen schöpfte oder an ölgetränkten Stellen nach ihm grub und es dann eimerweise gewann, wurde es viel zu Beleuchtungszwecken benutzt. Um es in Petroleumlampen brennen zu können, mußte das Rohprodukt jedoch erst „gereinigt“ werden, nur waren die damaligen rudimentären Verarbeitungsmethoden noch sehr primitiv.

Blättern wir in der Chronik des Petroleums zurück, so ersehen wir aus den erhalten gebliebenen Aufzeichnungen, daß die Chinesen bereits vor annähernd 3000 Jahren beim Bohren nach Salz auch verschiedentlich auf Öl stießen. Sie erfanden bald einen Raffinationsprozeß und hatten so mittels kleiner Öllampen eine bessere Beleuchtung als vordem mit den Tranlampen. Nach einiger Zeit versiegte jedoch das Petroleum und der Vorfall geriet in Vergessenheit.

Etwa zwei Jahrtausende später, um das Jahr 800 n. Chr., wurde in Baku von dem dort herrschenden Khan wiederum ein Veredelungsverfahren ausgearbeitet und Leuchtpetroleum gewonnen. Der Khan erhielt von seinem Vorgesetzen, dem persischen Schah, die Genehmigung zur alleinigen Ausbeute des Bakuer Öls. Geschäftstüchtig wie er war, ließ er die eigens konstruierte Anlage vergrößern, lieferte Leuchtpetroleum in alle benachbarten Gegenden und verdiente viel Geld damit. Als später die Russen dieses kaukasische Gebiet eroberten, zerstörten sie den Betrieb und das Verfahren wurde, wie seinerzeit bei den Chinesen, vergessen.

Dann hörte man wiederum längere Zeit nichts von irgendwelchen Verarbeitungsmethoden. Erst gegen Ende des 18. Jahrhunderts verwendeten die Rumänen das gewonnene Petroleum ebenfalls zu Leuchtzwecken, nachdem es vorher einer Destillation unterzogen worden war. Es ist aber durchaus möglich, daß in den zwischen den vorgenannten Verfahren liegenden Zeitabschnitten noch andere Methoden der Veredelung, insbesondere auch in überseeischen Ländern, angewandt wurden, doch liegen darüber keine genaueren Aufzeichnungen vor.

In Rußland errichteten im Jahre 1823 die Brüder Budinin eine Destillationsanlage in dem kleinen nordkaukasischen Ort Mosdok, nahe bei der heute noch durch ihre Ölfelder bekannten Stadt Grosny, und trieben mit dem selbsterzeugten Leuchtpetroleum einen regen Handel.

Einige Jahre später, um 1830, empfahl der Chemiker Reichenbach in Deutschland selbstdestilliertes Petroleum. Über die Qualität dieses Öls ist aus den erhalten gebliebenen Unterlagen nichts zu ersehen. Dann ersann in Polen der Pharmazeut Ignaz Lukasiewitz 1852 eine schon bessere Verarbeitungsmethode. Ein Jahr später beleuchtete er mit eigens konstruierten Lampen das Städtische Krankenhaus in Krakau, und kurze Zeit darauf belieferte er Wien und die österreichischen Eisenbahnen mit Leuchtpetroleum.

Eigentliche Raffinerien erstanden erst 1861. Man legte mehrere Stahlkessel nebeneinander, verband sie durch Rohre, beheizte die Kessel mit verschiedenen Temperaturen und gewann auf diese Weise ein Leuchtöl. Die leichteren Bestandteile des Öls waren zu jener Zeit noch Nebenprodukte und wertlos.

Einige Monate nach der Errichtung solch einer Destillationsanlage trat an einem Kessel eine Verstopfung am Ablauf ein. Den Arbeitern war dies entgangen und so entstand durch die erhöhte Hitze und den größeren Druck nur wenig Leuchtöl, dafür aber viel leichte Bestandteile, das Benzin, mit dem man noch nichts anzufangen wußte. So blieb der erste Spaltprozeß unausgewertet. Erst nach der schnellen Entwicklung des Kraftwagenverkehrs erinnerte sich ein findiger Ingenieur dieses Vorfalls und meldete Patente auf ein solches Verfahren an.

DIE DESTILLATION

Die Aufbereitung des Petroleums erfolgt heutzutage in Raffinerien nach verschiedenen Methoden, je nachdem wir in der Hauptsache Leicht-, Mittel- oder Schweröle gewinnen wollen. Die großen Verarbeitungswerke sehen auf den ersten Blick wie riesige chemische, unter dem freien Himmel errichtete Laboratorien aus. Hochaufragende Behälter in verschiedenen Größen und Formen, sowie unzählige Rohrleitungen geben ihnen das Gepräge und bilden ein sinnverwirrendes Durcheinander. Tatsächlich ist hier der im kleinen arbeitende Laboratoriumsbetrieb in das Große übertragen worden.

Nachdem das Rohöl mittels Tankschiffe, Rohrleitungen oder Kesselwagen zu den Veredelungsstätten transportiert wurde, pumpen wir es in die großen Vorratsbehälter. Zuerst entfernen wir die Verunreinigungen und die beigemengten Salzwasser. Dies geschieht auf mehrere Arten, deren einfachste die des Absetzens in Behältern unter Erwärmung ist.

Da aber der Absetzprozeß verhältnismäßig lange dauert, sind wir zu anderen, schneller vor sich gehenden Methoden, übergegangen. Entweder leiten wir elektrische Ströme von über 10 000 Volt Stärke durch das Petroleum, die eine rasche Abscheidung des Wassers erwirken, oder wir zentrifugieren das Öl in besonderen Gefäßen, die eine Drehgeschwindigkeit von annähernd 1700 Umdrehungen in der Minute haben.

Die eigentliche Aufbereitung beginnt erst nach der Reinigung. Das älteste Verfahren ist die fraktionierte Destillation, die eine einfache Zerlegung des Öls in seine Bestandteile darstellt, also eine rein physikalische Zerlegungsmethode ist. Hierdurch gewinnen wir hauptsächlich Schmieröl, ferner viel Diesel- und Leuchtöl, das bis zu Anfang dieses Jahrhunderts in beträchtlichen Mengen für Beleuchtungszwecke benötigt wurde, und nur verhältnismäßig wenig Benzin.

Ursprünglich erhitzte man es in Kesseln unter Luftabschluß bis zu einer festgesetzten Temperatur, wodurch zunächst die flüchtigsten Bestandteile verdampften, die durch Rohrleitungen in Kühlbehälter geleitet wurden, in denen sie sich wieder zu einer Flüssigkeit verdichteten. Den im Kessel verbliebenen, nicht verdampften Ölrest erhitzte man dann in einem zweiten Arbeitsgang auf eine höhere Temperatur, wodurch wieder ein Teil des Öls verdampfte. Die verflüchtigten Stoffe leitete man wiederum in die Kühlbehälter, fing sie dort auf und kühlte sie ab. Dies wiederholte sich mehrere Male, bis ein zähes Restprodukt übrigblieb. Auf diese Weise gewannen wir Benzin, Leuchtöl, Gasöl, Schmieröl, und aus dem Rückstand noch Paraffin, Vaseline oder Asphalt, je nachdem Paraffin- oder Asphaltöle destilliert wurden, sowie Petroleumkoks. Die nicht verwertbaren, restlichen Stoffe verwendete man zu Heizzwecken.

Die weitere Entwicklung der Destillation wurde durch zwei Faktoren besonders beeinflußt, und zwar durch die immer höher gestellten Anforderungen an die Trennschärfe bei der Zerlegung und die Notwendigkeit, laufend größere Mengen Petroleum in der gleichen Zeit zu verarbeiten. Im Zuge weiterer Verbesserungen ging man dann von der Destillation in Kesseln auf die Röhrendestillation über. Oft werden die Destillate auch noch einer Redestillation unterworfen, um bei Temperaturen von annähernd 200° C eine Befreiung der Benzine von mitgerissenen Gasteilchen zu erzielen und so die für den Antrieb von Verbrennnungsmethoden benötigten reinen Qualitätsprodukte herzustellen. In Amerika wurden bereits kurz nach dem ersten Weltkrieg einige sehr brauchbare Anlagen geschaffen. Demgegenüber war die Entwicklung in Europa und besonders in Deutschland zunächst wenig erfreulich. Dies zeigte sich besonders kraß bei der Errichtung zweier nebeneinander erbauter Anlagen in Baku, und zwar einer amerikanischen und einer deutschen. Die technische Überlegenheit der Amerikaner war damals sehr groß und fiel schon rein äußerlich auf. So kam es auch, daß zu jener Zeit vielfach europäische Raffineriebauten an amerikanische Firmen übertragen oder der Bau wenigstens nach deren Entwürfen erfolgte.

Die einzelnen Phasen der Destillation sind jetzt so vervollkommnet und miteinander verbunden, daß in vielen Raffinerien die in die Lagerbehälter abgeleiteten Produkte ohne nochmalige Redestillation auf den Markt gebracht werden können. Auf Grund der so verbesserten Verfahren gewinnen wir durchschnittlich an Benzin 10 bis 20, Leuchtöl 15 bis 20, Gasöl 10 bis 15, Schmieröl 35 bis 45 und an Paraffin, Asphalt oder Petroleumkoks 10 bis 15%. Es fallen also weitaus mehr Schmier-, Leucht- und Gasöle als Benzin an.

Ein besonderes Augenmerk richtet sich seit der Jahrhundertwende auf die Herstellung und Verbesserung der Schmieröle. Das von dem Amerikaner Everest um 1900 erfundene Herstellungsverfahren eines mineralischen Schmieröls zur Schmierung von Lokomotivzylindern, die bis dahin nur mit tierischen Fetten oder Ölen behandelt werden konnten, gab den Anstoß für eine schnellere, weitere Entwicklung der Schmieröltechnik. Die unermüdlichen Forschungsarbeiten der Ölchemiker und -physiker haben es ermöglicht, die Schmieröle jetzt jeder Art von Maschine anzupassen, angefangen von den langsam laufenden Werkzeugmaschinen bis zu den Flugzeugpropellern und den sich mit rasender Geschwindigkeit umdrehenden Schwungrädern der Dynamomaschinen. Teilweise war dies nur durch Vermischung besonders dafür geeigneter Ölsorten aus den verschiedenen Produktionsgebieten möglich. Ohne die Entwicklung der Schmieröltechnik wäre auch nicht die Maschinentechnik so rasch vorwärtsgeschritten.

Infolge der an und für sich niedrigen Temperatur, bei der wir die Schmieröle jetzt destillieren, ist es dank einiger Neuerungen in den Produktionsmöglichkeiten, die Raffination mit Schwefelsäure wurde durch die Methoden mit selektiven Lösungsmitteln abgelöst, zudem kamen neue Verfahren wie die Behandlung mit elektrischem Strom hinzu, möglich geworden, qualitätsmäßig gute Schmieröle aus verhältnismäßig schlechten Ölsorten herzustellen.

An der Verbesserung der mineralischen Schmieröle wird ununterbrochen weitergearbeitet, denn es gilt die Schmieröltechnik weiterhin zu vervollkommnen, um neue, bessere und modernere Maschinen bauen zu können. Besonders kommt es darauf an, daß sich niemals, und sei die Reibungsgeschwindigkeit noch so groß, Metall an Metall reiben kann, sondern die Schmierschicht immer erhalten bleibt.

DIE HYDRIERUNG

Beim Hydrierverfahren lassen wir in Kontaktöfen unter großer Hitze und hohem Druck neu zugeführte Mengen an Wasserstoff auf das gereinigte und mittels Destillation vom Benzin befreite Öl einwirken. Voraussetzung für die Anwendung dieser Verarbeitungsmethode ist die ausreichende Beschaffung von Wasserstoff, den wir entweder auf elektrolytischem Wege oder aus dem bei der Braunkohlenschwelung anfallenden Braunkohlenschwelkoks gewinnen. Im günstigsten Falle läßt sich die Hydrierung so durchführen, daß 90% Benzin und 10% Gas erzeugt werden und keine festen Rückstände verbleiben, was also einen weiteren Fortschritt auf dem Gebiete der Benzinerzeugung bedeutet. Ausgehend von der gleichen Ölmenge können wir an Benzin ein Mehrfaches wie bei der Destillation herstellen. Ein weiterer Vorteil der Hydrierung besteht darin, daß sie leicht auf eine anteilmäßige Mehrgewinnung von Leucht-, Diesel- oder Schmieröl umgestellt werden kann, also eine Vielzahl von Verarbeitungsmöglichkeiten besitzt.

In den Hochdrucköfen verflüchtigen wir das Öl bei einer Temperatur von 450° C und einem Druck von etwa 200 Atmosphären und gewinnen so Schwer- und Mittelöle. Diese Öle werden dann getrennt weiter behandelt, erneut erhitzt und unter Zuführung von Wasserstoff zerlegt. Durch die weitere Einwirkung von Katalysatoren gewinnen wir Benzin, Öl oder Treibgas.

Ist die Druckhydrierung auf die Herstellung von Benzin und Leuchtöl abgestellt, so beträgt das Gewinnungsverhältnis 60 Anteile Benzin, 33 Anteile Leuchtöl und der Rest von 7 Anteilen Gas. Wollen wir statt des Leuchtöls Schmieröl erhalten, ist die Ausbeute an Benzin noch größer, die Anteile betragen dann: Benzin 73, Schmieröl 15 und Gas 12. Wird schließlich die Gewinnung nur auf Benzin eingestellt, erhalten wir 90 Anteile Benzin und 10 Anteile Gas. Die Arbeitsweise ist fast die gleiche wie bei der Kohlehydrierung.

DAS CRACKVERFAHREN

Infolge der schnellen Entwicklung der Automobilindustrie stieg die Nachfrage nach Benzin unaufhörlich. Aus diesem Grunde war man schon seit langem bemüht, aus dem Öl einen möglichst hohen Prozentsatz an Benzin zu gewinnen. Im Jahre 1910 entsann sich ein Ingenieur des Vorfalls von 1861 und baute weitere Versuche auf dem damaligen Mißgeschick auf. Nach und nach wurde die Hitze auf 450° C und der Druck auf 150 Atmosphären erhöht und auf diese Weise statt bisher durch die Destillation 17, nunmehr annähernd 40% Benzin gewonnen.

Die erste Spaltanlage erstand 1913 in Whiting im Staate Indiana gerade zu dem Zeitpunkt, als der Benzinbedarf infolge des Aufschwungs der Kraftwagenindustrie gewaltig anwuchs. Während im Jahre 1900 in den USA. erst 10 000 Automobile in Betrieb waren, hatte sich der Kraftfahrzeugbestand bis 1910 schon auf 500 000 und bis 1920 auf 9 Millionen erhöht. Diese Zahlen veranschaulichen am besten den ständig steigenden Benzinbedarf. Neben den dauernd geforderten größeren Benzinmengen stiegen aber auch die qualitativen Ansprüche, insbesondere in bezug auf die Klopffestigkeit, ganz bedeutend.

Bei dem Spalten zerlegen wir das Petroleum nun nicht, wie bei dem Destillationsverfahren, in seine einzelnen Bestandteile, sondern ein Teil der Stoffe erfährt eine chemische, molekulare Veränderung. Die in dem Öl vorhandenen schweren Kohlenwasserstoffe werden in leichtere, wasserstoffreiche Verbindungen umgewandelt, die schweren Öle in leichte, hochwertige Benzine gespalten bzw. gecrackt. Deshalb sprechen wir beim Spaltverfahren auch von einem „Zerbrechen der Ölmoleküle".

Im einzelnen handelt es sich um Abbaureaktionen, das eigentliche Spalten, Umwandlungsreaktionen im Sinne von Isomerisationen und Aufbaureaktionen, wie die thermische Polymerisation und Kondensation, die sich bei Temperaturen von 400 bis 600° C abspielen und deren Gesamtheit wir mit „cracken" oder spalten bezeichnen.

Schwere, paraffinarme Öle ergeben beim Spalten Produkte von hohem spezifischen Gewicht mit reichlich zyklischen Kohlenwasserstoffen und daher auch klopffesten Benzinen, während sich aus leichten paraffinösen Ölen Spaltbenzine von niedrigem spezifischem Gewicht bilden, die ärmer an Naphthenen und Aromaten sind und demzufolge auch eine geringe Klopffestigkeit aufweisen. Solche Benzine können wir aber zur Verbesserung ihrer Eigenschaften mit Erfolg reformieren.

Das Spalten bildet somit eine Summe von Einzelreaktionen des Ausgangsöles, sowie von bestimmten primären Spaltreaktionsprodukten, die zum Teil getrennt und verschieden stark durchgespalten werden. Wir unterscheiden sie nach Spalten in flüssiger und dampfförmiger Phase, sowie in Gegenwart von Katalysatoren.

Setzt man die Benzine nach dem eigentlichen Spalten unter geeigneten Bedingungen einem weiteren Prozeß aus, so gelingt es, allerdings unter einem Ausbeuteverlust infolge von Gas- und Rückstandsbildung, ein reformiertes Benzin zu gewinnen, welches das Ausgangsbenzin an Klopffestigkeit wesentlich übertrifft.

Die Spaltbenzine enthalten nun einen gewissen Prozentsatz an ungesättigten Kohlenwasserstoffen, den Olefinen, die besonders in den leichten Fraktionen angereichert sind, dagegen in schwereren unter gleichzeitiger Anreicherung von Naphthenen und Aromaten abnehmen. Während die Monoolefine wegen ihrer relativen Klopffestigkeit und Beständigkeit eine geschätzte Komponente darstellen, verursachen die Diolefine bei der Lagerung eine Harzbildung. Zudem sind die in den rohen Spaltdestillaten fast stets vorhandenen Schwefel-, Stickstoff-, und Sauerstoffverbindungen die Ursache gelber Farbe oder zumindest einer Farbunstabilität der höher siedenden Fraktionen. Schließlich bewirken die Schwefel- und Stickstoffverbindungen einen unangenehmen Geruch des rohen Spaltdestillats. Zur Erzielung eines harz-stabilen, wasserklaren und mild riechenden Produkts raffinieren wir es nochmals. Diese anschließende Raffination ist jedoch um so schwieriger, je höher siedend der Spaltgrundstoff war, da der Sauerstoff-, Stickstoff- und Schwefelgehalt mit zunehmendem Molekulargewicht in den Rohöl-Fraktionen ansteigt und nur in den Rückstandsfraktionen ein Minimum erreicht.

Die älteste und heute noch zu diesem Zweck am weitesten verbreitete Raffinationsmethode ist die Schwefelsäure-Raffination. Ihr muß wegen der Einwirkung der Schwefelsäure auf die Olefine unter Bildung öllöslicher, dunkelgefärbter Reaktionsprodukte noch eine Redestillation nachfolgen, wodurch wir erst ein verkaufsfähiges Spaltbenzin erzielen. Das unraffinierte Produkt bezeichnen wir deshalb auch nur mit „Spaltdestillat" (pressure destillate), während das Redestillat erst den Namen „Spaltbenzin" führt. Neben der Schwefelsäure-Raffination können wir auch die Dampfphasen-Raffination mit Phosphorsäure anwenden, bei der wir die Spaltbenzindämpfe über einen mit Phosphorsäure imprägnierten und damit berieselten Koksturm leiten.

Anfangs hatte das Spaltverfahren einige Nachteile. Es ließen sich nur bestimmte Gasölarten spalten und das gewonnene Benzin war in seiner Qualität schlechter als das durch die Destillation erzeugte. Dies deshalb, da infolge der gesteigerten Hitze und des größeren Drucks bedeutende Mengen an Wasserstoff aus dem Öl abgespalten wurden. Durch weitere Versuche wurde der Spaltprozeß einschließlich seiner Nebenverfahren immer weiter vervollkommnet. Nachdem in den USA. für den Spaltprozeß ein Verfahren gefunden wurde, das statt nur mit Wärme und Druck auch mit Katalysatoren arbeitet und somit viel leistungsfähigere Resulate erzielt, können wir sämtliche Petroleumarten nach vorheriger Abdestillationen der leichten Benzinbestandteile spalten und zum größten Teil auf Benzin verarbeiten, so daß wir heute wesentlich mehr und qualitativ bedeutend besseres Benzin als zu Anfang erzeugen und das sich durch größere Klopffestigkeit auszeichnet.

Bei der Hydierung und dem Spaltverfahren bilden wir schwere Öle in leichtere Kohlenwasserstoffe um. Den entgegengesetzten Weg nimmt das Verfahren, das aus den gasförmigen Kohlenwasserstoffen der Erdgase Benzin gewinnt. Es ist dies

DER PHILIPPS-PROZESS.

Diese Umwandlungsmethode ist die jüngte der einzelnen Aufbereitungsarten und wurde erst im Jahre 1934 näher bekannt.

Die zusammen mit dem Öl gewonnenen Erd- oder Naturgase, welche von den in den Gasanstalten erzeugten Kohlengasen zu unterscheiden sind, enthalten einen gewissen Prozentsatz Benzin. Diese gasförmigen Kohlenwasserstoffe werden nun bei dem Philipps-Prozeß unter Einwirkung von Hitze, Druck, Katalysatoren und unter Abspaltung von Wasserstoff polymerisiert, d. h. zwei oder mehrere gleichartige Moleküle zur Bildung von Großmolekülen vereinigt. In diesem Fall also die Gasmoleküle des Erdgases, damit sich schwerere, flüssige Kohlenwasserstoffe bilden.

Außer den Erdgasen können auch, wie wir bereits beim Crackverfahren gesehen haben, die bei den anderen Aufbereitungsmethoden als Gase entweichenden flüchtigen Stoffe auf diese Art wieder in Benzin Verwandlung finden. Die durch dieses neue Verfahren zusätzlich gewonnene Menge Benzin wird auf jährlich 4 bis 4½ Millionen Tonnen geschätzt. Das entspricht einer Ersparnis von durchschnittlich 5 bis 6 Millionen Tonnen Rohöl im Jahr.

In dem Erdgas sind außer dem Benzin noch Flüssiggase enthalten. Es sind dies in der Hauptsache die bei geringem Überdruck und normaler Temperatur verflüssigbaren Kohlenwasserstoffe Propan und Butan. Weiterhin sind noch Methan, Äthan und Äthylen in Mengen bis zu 5% vorhanden.

Wirtschaftlich gestaltet hat sich bisher die Gewinnung von Propan und Butan nur in Amerika, da das Verfahren bei einem Gehalt von weniger als 50 Gramm Flüssiggasen bzw. 20 Gramm Benzin pro Kubikmeter seine Rentabilität verliert. In den USA. werden jährlich etwa 60 Milliarden Kubikmeter Erdgas gewonnen, der Flüssiggasgehalt ist ungefähr 14 Prozent, das wären also etwa 17 Millionen Tonnen.

Zur Gewinnung verdichten wir das Erdgas durch einen Waschturm, wobei sich die flüssigen Anteile des Erdgases loslösen. Durch das Ablassen des angereicherten Waschöls in einem Auslauftank, der jedoch nur noch unter einem Druck von 14 atü steht, entweicht ein Großteil der in dem Benzin gelösten und unerwünschten Gase, vor allem das Methan und Äthan. Anschließend gelangt das Waschöl noch einmal in einen weiteren Auslaufbehälter, wo es wiederum gewaschen wird und wobei weiteres Gas entweicht. Jetzt steht es nur noch unter einem Druck von 4 bis 5 atü. Danach leiten wir es durch einen Wärmeaustauscher und anschließend unter gleichbleibendem Druck zur Stabilisierungskolonne, wo es stabilisiert wird. Hierunter verstehen wir das „toppen“ oder abtreiben der leichtest siedenden Anteile, so daß ein Benzin mit vorher festgelegtem Siedepunkt übrigbleibt. Wollen wir die in dem Gas noch enthaltenen Kohlenwasserstoffe, Propan und Butan, einzeln abscheiden, trennen wir sie durch Destillation ab und unterwerfen sie in besonderen Kolonnen einer nochmaligen Fraktionierung unter hohem Druck.

Bisher wurden die schwersten der gasförmigen Kohlenwasserstoffe, Propan und Butan, fast nur von der umliegenden Industrie zum Antrieb von stationären Motoren ausgenutzt, und erst in den letzten 10 bis 15 Jahren hat sich der Naturgasverbrauch auch auf die Privathaushaltungen der größeren Städte ausgedehnt. Besonders in den USA. wurden zur Verwertung der Gase große Fernleitungen gebaut. Die durchschnittliche Entfernung von der Quelle zum Verbraucher beträgt 500, im äußersten Falle annähernd 2000 Kilometer. Insgesamt sind in Nordamerika fast 300 000 Kilometer an Erdgasleitungen verlegt. Alle 70 bis 80 Kilometer hat man Kompressoranlagen zwischengeschaltet, die das Gas ansaugen und weiter drücken. Mittels dieser Leitungen werden zu 45% industrielle Anlagen und zu 25% Haushaltungen versorgt, die restlichen 30% sind Verdunstungsverluste und Selbstverbrauch, was unter der Berücksichtigung der gewaltigen Enfernungen erklärlich ist. Das Verhältnis der Naturgas- zur Kohleversorgung beträgt infolge der hohen Erdgasproduktion in den USA. 4:1. Zum Vergleich der amerikanischen Verhältnisse sei das 2000 Kilometer lange Ferngasleitungsnetz des Ruhrkohlenbergbaues in Deutschland angeführt, in dem die bisher bei der Kohleveredelung anfallenden Kohlengase weiterer industrieller und privater Verwertung zugeführt wurden.

Auch auf Abgasen aufbauend arbeitet die Alkylierung, bei der Paraffin und Olefinmoleküle zu Benzinmolekülen umgewandelt werden. Dieser Prozeß, bei dem man ebenfalls klopffeste Benzine gewinnt, beginnt infolge seiner größeren Rentabilität bereits die Polymerisation zu verdrängen.

Aus der Entwicklung der einzelnen Aufbereitungsarten ist ein Bestreben nach einer möglichst großen Benzingewinnung festzustellen, um den riesigen Bedarf der Kraftwagen- und Flugzeugindustrie in ausreichendem Maße sicherstellen zu können. Gleichzeitig ist man aber bemüht, das Anwendungsgebiet der Dieselmotore weitestgehend auszubauen, dies schon darum, weil neben der geringen Feuergefährlichkeit des Dieselöls und der erhöhten Betriebssicherheit auch die Preisfrage eine entscheidende Rolle mitspielt. Das Dieselöl ist billiger als die hochwertigen Markenbenzine, weiterhin hat es noch den Vorteil des geringeren Verbrauchs bei gleicher Leistung. Die Gewichtsersparnis überwiegt jedoch wegen des Mehrgewichts der Dieselmotore nur bei längeren Fahrten, ist also besonders für Schiffe geeignet. Bei ortsfesten Motoren spielt dieser Umstand keine Rolle.

VERWENDUNGSGEBIETE

Auf unserem Erdball gibt es über 1100 Raffinerien und Spaltanlagen, davon allein in Nordamerika nach der Zusammenlegung von über 150 Werken zur Steigerung der Leistungsfähigkeit noch 400, in Europa einschließlich Rußland ebenfalls 400; ferner befinden sich in Süd- und Mittelamerika sowie in Asien und Ozeanien etwa je 50 Verarbeitungswerke. Nach Ländern unterteilt haben die USA. 370, die Sowjetunion 170, Rumänien und Kanada etwa in 50 Anlagen. Die restlichen verteilen sich auf die übrigen Länder. Während in Europa und dem Fernen Osten zahlreiche Anlagen zerstört sind, hat sich die Kapazität der amerikanischen Anlagen gegenüber 1939 um 22% auf 280 Millionen Tonnen erhöht, wogegen der Durchsatz, die tatsächlich verarbeitete Menge, um fast 60% zunahm. Das Raffinerieleistungsvermögen aller Länder übertraf 1939 den Durchsatz um etwa ein Viertel, heute dagegen fehlen für 60 Millionen Tonnen Öl die Verarbeitungsanlagen, und trotz den in Angriff genommenen und geplanten Raffinerieneubauten werden wir von den 1950/1951 zur Förderung vorgesehenen 600 Millionen Tonnen Öl bei rationellster Ausnutzung aller zur Verfügung stehenden Verarbeitungsstätten nur 520 Millionen Tonnen verarbeiten lassen können, da keine weitere Kapazität vorhanden ist.

Die größte Raffinerie der Welt ist die der Anglo-Iranian-Oil Company in Abadan mit einer Jahreskapazität von etwa 14 Millionen Tonnen, danach folgen die Anlagen der Lago Oil and Transport Co. in der Nähe von St. Nicolas auf Aruba und die der N. V. Curaçaosche Petroleum Ind. Mij. in Willemstad auf Curaçao mit einem Verarbeitungsvermögen von etwa 12 Millionen Tonnen jährlich. Weitere große, moderne und auch fast selbsttätig arbeitende Anlagen liegen in Tampico, North Mexiko, in Soengi-Gerong auf Sumatra, Balik Papan auf Ost Borneo, Manama auf den Bahrein-Inseln, ferner in Haifa, Tripolis, Suez, Ardrossan, Llandarcy, Baku, Batum, Orsk, Ploesti, Rotterdam, Wien, Hamburg und nicht zu vergessen die zahlreichen großen nordamerikanischen Werke.

Durch die verschiedenen Arten der Aufbereitung erhalten wir eine Vielzahl an Fertigprodukten. Die wichtigsten seien hier aufgeführt:

Benzin:	Brennstoff für Verbrennungsmotore, Reinigungs-, Lösungs- und Entfettungsmittel.
Leuchtöl:	Beleuchtungsmittel, Antriebsmittel für Traktoren.
Gasöl:	Antriebsstoff für Diesel- und ähnliche Motore, Brennstoff für offene Feuerung und Zentralheizungen.
Schmieröl:	Schmiermittel für Kraft- und Arbeitsmaschinen.

Vaseline:	Für technische, pharmazeutische und kosmetische Zwecke.
Paraffin:	Herstellung von Kerzen und wasserdichten Geweben.
Asphalt:	Straßenbau und Dachbedeckung, Schutz gegen Rost, Isoliermittel.
Petroleumkoks:	Herstellung von Elektroden, Heizzwecke.
Petroleumäther:	Betäubungs- und Lösungsmittel, Verwendung zur Erreichung niedriger Temperaturen.

Erstaunlich groß ist außerdem die Zahl der aus dem Petroleum gewonnenen industriellen Öle und Fette. Für einen jeden Zweck gibt es Spezialpräparate, so unter anderem Schleif-, Zieh-, Härte-, Textil-, Kompressoren-, Transformatoren-, Schalt- und Zylinderöle; ferner Maschinen- und Getriebefette aller Art. Alle Öle und Fette unterliegen dauernden chemischen Überprüfungen. Dies sind aber noch nicht alle Verwendungsmöglichkeiten. Das Öl ist auch das Ausgangsprodukt für zahlreiche chemische Synthesen. Damit hat es aufgehört, nur das Ausgangsmittel für einige Hauptproduktionsarten zu sein. Es beginnt in neuerer Zeit eine ähnliche Entwicklung wie die der Steinkohlenchemie vor etwa 100 Jahren. Beispielsweise liefert es, nachdem bereits im Jahre 1909 Professor Hofmann der grundliegende Versuch zur Gewinnung von synthetischem Gummi durch die Polymerisation von Butadien und Isopren zu einer kautschukartigen Masse gelungen war, für die synthetische Gummierzeugung mehrere wichtige Ausgangsprodukte und den Ruß zur Beimischung, wodurch die Haltbarkeit der Autoreifen um das fünffache gestiegen ist. Die Zahl der synthetischen Verbindungen, die hauptsächlich aus Erdgasen hergestellt werden, ist besonders groß. Sie wird schon jetzt auf 200 geschätzt, darunter Alkohole, Säuren, Äther und anderes mehr, ebenso sind zur synthetischen Glyzerinherstellung Stoffe des Öls erforderlich und die beim Crackverfahren verflüchtigten Gase verwendet man teilweise zur Herstellung von Kunstharzstoffen. Dies ist aber nur ein ganz kleiner Ausschnitt aus dem neuen Verwendungsgebiet, den das Öl gefunden hat. Da die meisten der neuen Verwendungsmöglichkeiten sich noch im Anfangs- oder erst im Versuchsstadium befinden, bleibt eine ausführliche Schilderung dieses Gebiets einem späteren Zeitpunkt vorbehalten.

Bislang verhindert die ausreichende Kapazität die weitere Entfaltung der Ölchemie. Dieser derzeitige Engpaß wird sich in den europäischen Ländern dahingehend auswirken, die noch zerstörten Raffinerien schnell wiederaufzubauen und darüber hinaus neue Verarbeitungsstätten zu schaffen. Dies wird noch dadurch unterstützt, daß die inländische Verarbeitung über ein Viertel des Devisenaufwandes für die sonst importierten Derivate erspart, der Frachtraum durch die jetzt restlose Verarbeitung des Rohprodukts nicht zusätzlich belastet wird und die Errichtung der Raffinerien in den industrialisierten Ländern Europas schneller und rentabler durchzuführen ist als in den noch unerschlossenen Gebieten des mittleren Ostens und anderen abgelegenen Ölzentren.

Von der Weltproduktion an Petroleum werden zu Benzin 35 bis 40, Gas- und Heizölen 40 bis 45, Leuchtöl 5 bis 10, Schmieröl 2 bis 5 und zu sonstigen Ölen, Fetten, Asphalt oder Petroleumkoks die restlichen etwa 10% verarbeitet.

Seit dem Bau der ersten Raffinerie sind über 85 Jahre vergangen. Unvergleichliches wurde in dieser Zeit geleistet. Erfindungen folgten auf Erfindungen und die Entwicklung eines jeden Industriezweiges ist rasend schnell vorangeschritten. Bedenken wir aber, daß ohne die Ölveredelungsindustrie unsere ganzen anderen Industrien, ohne Ausnahme, niemals den heutigen hohen, technischen Stand erreicht, wir nicht den gewaltigen Siegeszug des Autos und des Flugzeugs erlebt hätten.

Besonders verdanken wir dies den großen Ölkonzernen, denn sie unterstützten die wissenschaftliche Forschung in vorbildlicher Weise und nur so war die schnelle Verbesserung der einzelnen Erzeugnisse möglich. Durch den Erfahrungsaustausch ihrer über den ganzen Erdball verbreiteten Niederlassungen wurden diese Arbeiten wesentlich gefördert. Nur so war es möglich, Spezialschmieröle aus besonders geeigneten Ölsorten der Produktionsgebiete verschiedener Länder herzustellen. Erst wenn wir überlegen, welche hohen Anforderungen heutzutage an jedes einzelne Produkt gestellt werden, können wir die geleistete Arbeit einigermaßen ermessen.

DIE SYNTHETISCHE TREIBSTOFFERZEUGUNG

Sowohl das Phantom des Versiegens der Ölquellen als auch die ungleichmäßige Verteilung der Ölvorkommen veranlaßte die Chemiker schon seit längerer Zeit zur Suche nach neuen Möglichkeiten der Gewinnung von flüssigen Brennstoffen.

In den Gasanstalten und Steinkohlenkokereien werden bereits seit einigen Jahrzehnten größere Mengen an Treibstoff gewonnen, außerdem fallen bei der Braunkohlenschwelung Gasöle für den Antrieb der Dieselmotore an. Die hierbei erzeugten flüssigen Brennstoffe sind aber lediglich bei der Herstellung von Gas und Koks mitanfallende Nebenprodukte und demzufolge ist eine prozentual nur geringe Gewinnung möglich. Das in den Kokereien erzeugte Benzol beträgt 1% der verarbeiteten Steinkohle und das Dieselöl einige wenige Prozent der verschwelten Braunkohle.

Daher versuchten die Chemiker Verfahren zu entwickeln, bei denen die flüssigen Brennstoffe nicht Neben- sondern Hauptprodukte sind und verfolgten die Idee, die Kohle wie das Petroleum zu zersetzen und ihm andere Stoffe zuzufügen, um auf diesem Wege dem Öl ähnliche Bestandteile zu erzeugen. Dabei gingen sie von dem Grundgedanken aus, der Unterschied zwischen der Kohle und dem Öl bestehe nur darin, daß die Natur bei der Kohle das unterließ, was sie bei dem Petroleum vollendete, die Umwandlung in Kohlenwasserstoffe; denn bei einer Lagerung der Kohle in Wasser unter Ausschaltung des Stickstoffeinflusses der Luft hätte sie, ähnlich dem Öl, auch zu flüssigen Bestandteilen werden müssen.

Diesem Gedanken widmeten sich besonders die an Kohlevorkommen reichen Länder England und Deutschland. In England mag auch zu einem großen Teil der Wunsch mitgesprochen haben, neue Absatzgebiete für die Kohle zu finden, da der Bedarf durch die Umstellung der Handels- und Kriegsflotten von Kohlen- auf Ölfeuerung beträchtlich gesunken war. Die Laboratoriumsversuche gestalteten sich aber schwer und langwierig, doch sie führten zum Erfolg.

Heute gibt es mehrere Methoden zur Treibstoffgewinnung aus der Kohle. Die bekanntesten sind:

1. Die Entgasung der Steinkohle,
2. die Braunkohlenschwelung,
3. die Kohlehydrierung,
4. die Synthese.

Das älteste der vorgenannten Verfahren ist das der

Entgasung der Steinkohle.

Die ersten Gasanstalten wurden zu Anfang des vorigen Jahrhunderts errichtet. Zuerst führte London im Jahre 1813 die Gasbeleuchtung ein, nachdem ihr Erfinder, der schottische Ingenieur William Murdok, sein Haus schon 21 Jahre lang mit Kohlengas beleuchtet hatte. Er war im Jahre 1792 einmal zu einem Abendessen eingeladen, konnte aber die Laterne, die jeder bei seinen abendlichen Gängen mit sich führte, nicht finden. Da er wußte, daß bei dem Kesselwerk der Dampfmaschinenfabrik, in der er tätig war, oft Gase aufsteigen, die sich von Zeit zu Zeit selbst entzündeten, nahm er eine Schweinsblase und füllte sie mit diesem Gas. Dann steckte er die Mündung seiner Tabakpfeife in die Blase, band sie sorgsam zu, entzündete das ausströmende Gas und machte mit der ersten brennenden Gaslampe seinen abendlichen Besuch. Danach arbeitete er die Erfindung des Augenblicks aus, sammelte das Gas in großen Behältern und baute die erste Gasanstalt. Trotzdem ihn zu Anfang Napoleon und Walter Scott verlachten, die Ärzte einwandten, die Straßenbeleuchtung würde zum Ausgehen verleiten, aber die Nacht sei ungesund, und die Geistlichen ihn der Blasphemie ziehen, weil Gott Tag und Nacht schied und die Nacht nicht künstlich erhellt werden dürfte, setzte er sich durch.

Dem Londoner Beispiel folgte 2 Jahre später Paris. In Deutschland übernahm zuerst Hannover 1824 die Neuerung, danach Berlin und Dresden.

Fast das gleiche Arbeitsverfahren der Gasanstalten wird auch in den Kokereien angewendet, um aus der Steinkohle Koks für Hüttenzwecke zu gewinnen. Der Unterschied zwischen den beiden Methoden besteht darin, daß in den Gasanstalten der Koks und in den Kokereien die Gase die Nebenerzeugnisse sind, die in den Betrieben teilweise zur Erhitzung und Dampferzeugung Verwendung finden.

Um das Gas zu gewinnen, erhitzt man die Steinkohle in aus Schamottesteinen gebauten Kammeröfen oder in feuerfesten Retorten unter Luftabschluß auf 1000 bis 1200° C. Hierbei verflüchtigen die gasförmigen Stoffe, werden abgeleitet und in Kühlapparaten wieder aufgefangen. Anschließend kommen sie zum Waschen bzw. Reinigen. Bei diesem Vorgang scheiden das Benzol, der Rohteer, das Ammoniak und der Schwefel aus.

In ölarmen Ländern, wie Deutschland, wurde das Benzol als Motortreibstoff verwandt. In Amerika dagegen, wo die Benzinpreise an sich niedriger sind, unterließ man bisher diese Gewinnungsart wegen der zu hohen Gestehungskosten.

Der Rohteer setzt sich aus verschiedenen Stoffen zusammen, die durch die Destillation getrennt werden. In mehreren Arbeitsgängen erhalten wir so Leicht-, Mittel- und Schweröle als Treibstoffe für Verbrennungsmotore, sowie Schmier- und Heizöle. Das zurückbleibende Pech vereinigt man wieder mit Teerölen bestimmter Qualität, das dann zur Herstellung von Dachpappe, dem Isolieren von Rohrleitungen und elektrischen Kabeln sowie zur Herstellung von Teerstraßen Verwendung findet, die gegenüber den aus Petroleumrückständen gebauten Asphaltstraßen den Vorteil haben, daß sie bei Regenwetter nicht schlüpfrig sind.

Im Steinkohlenteer sind über 300 verschiedene chemische Verbindungen enthalten. Aus ihnen gewinnen wir neben den einzelnen Ölsorten noch unter anderem Teerfarben, Arzneistoffe, Desinfektionsmittel und Explosivstoffe.

Das zweite Verfahren der Treibstoffgewinnung aus der Kohle ist

die Braunkohlenschwelung.

Sie stellt eine trockene Destillation bei einer Temperatur bis zu 550° C dar. Hierbei bildet sich ein Teergemisch, das ungefähr die gleiche Zusammensetzung wie das Öl hat. Eingeführt wurde das Schwelverfahren von Riebeck. Während seiner Tätigkeit in einer Braunkohlengrube fand er, daß die Kohle viel zuwenig ausgenützt wird. Im Jahre 1858 pachtete er eine kleine Braunkohlenschwelerei, der bislang nur geringe Versuche zur Nutzbarmachung der Braunkohle gelungen waren. Zwei Jahre später ging dieser Betrieb in seinen Besitz über. Das Haupterzeugnis bildete zuerst die Paraffingewinnung zur Herstellung von Kerzen. Im Laufe der nächsten Jahre wurde dann das Schwelverfahren von Riebeck immer weiter ausgebaut und vervollkommnet.

Nunmehr dient es in der Hauptsache der Gewinnung von Teer, aus dem mehrere Ölsorten, insbesondere Gasöl, erzeugt werden. Daneben fallen noch die geringwertigeren Produkte Schwelgas und Halbkoks an. Das Schwelgas hat einen zu hohen Gehalt an Kohlensäure. Der Absatz des Halbkokses, der zu etwa ⅓ der Schwelmasse anfällt, bereitete ursprünglich Schwierigkeiten. Jetzt vergast man ihn teilweise in Generatoren zur Gewinnung von Wasserstoff, der als Zuführmittel bei der Öl- und Kohlehydrierung benötigt wird, indem man Wasserdampf durch die glühende Koksmasse bläst. Hierdurch entsteht Wasserstoff und Sauerstoff. Der letztere verbindet sich mit der Kohle zu Kohlenmonoxyd. Das Wassergas ist somit ein Produkt der beiden gasförmigen Stoffe Wasserstoff und Kohlenmonoxyd. Dieses letztere Verfahren kommt besonders in den Gasanstalten Nordamerikas zur restlichen Verarbeitung des anfallenden Kokses zur Anwendung.

Andere Teile des Halbkokses verbraucht man zur Dampferzeugung in den Schwelereien selbst. Nur läßt er sich der geringen Festigkeit wegen nicht wie Steinkohlenkoks oder Kohle verbrennen. Deshalb zermahlt man ihn erst zu Kohlenstaub und verheizt ihn dann in Kohlenstaubfeuerungsanlagen. Bei entsprechender Luftzufuhr verbrennt er genau so intensiv wie Gas. Lediglich ist besondere Vorsicht wegen der leichten Selbstentzündbarkeit geboten.

Während bei den ersten Verfahren, der Entgasung der Steinkohle und der Braunkohlenschwelung, flüssige Treibstoffe nur in ganz geringem Verhältnis zur verarbeiteten Kohle anfallen, sind bei der Hydrierung und der Synthese Benzin und Öl die Hauptprodukte.

Die Kohlehydrierung

Durch die Hydrierung erfährt die Kohle selbst, und nicht wie bei dem Schwelverfahren nur der Teer, eine Umwandlung. Die Versuche bauten auf den Erfahrungen, die bis dahin bei den Destillations- und Crackverfahren gewonnen worden waren, auf. Man wußte, daß in den beiden Stoffen, dem Öl als auch der Kohle, Kohlenwasserstoffe vorkommen. Weiter stand fest, daß das Petroleum 10 bis 14 Anteile Wasserstoff enthält, dagegen die Steinkohle nur 5,5 und die Braunkohle 6 Anteile. Im Benzin finden wir aber über 14 Anteile Wasserstoff. Wollen wir nun aus der

Kohle eine größere Menge an flüssigen Brennstoffen als bisher erzeugen, muß uns mehr Wasserstoff zur Verfügung stehen. Aus der Kohle selbst ist, anteilmäßig gesehen, eine Mehrgewinnung nicht möglich.

Der deutsche Chemiker Friedrich Bergius, der die Versuche Berthelots aus dem Jahre 1871 fortsetzte, fand schließlich im Sommer 1913, daß die Kohle sich in einen ölähnlichen Stoff verwandelt, wenn bei einer Temperatur von annähernd 450° C und einem Druck von 200 Atmosphären Wasserstoff zugeführt wird. Mithin war es möglich geworden, im Kontaktverfahren den Kohlenwasserstoffen der Kohle neu zugeführte Wasserstoffe anzugliedern und so neue Stoffe aufzubauen, die die gleichen Eigenschaften wie das Öl haben.

So wurde versucht, zuerst den Kohlenstoff und Wasserstoff der Kohle zu entziehen und dann diese beiden Stoffe unter Zuführung einer gewissen Menge gesondert hergestellten Wasserstoffs neu aufzubauen, um so Moleküle zu erhalten, die dem Öl ähnlich sind. Außerdem war in der Kohle enthaltener Schwefel, Sauerstoff und Stickstoff abzusondern. Die Schwierigkeit dieser Versuche lag fast nur in der Zuführung des Wasserstoffs und in der Beschaffung desselben.

Die gewonnenen neuen Erkenntnisse waren jedoch erst laboratoriumsreif. Fabrikationsmäßig entwickelt war das neue Verfahren 1925, aber noch hieß es, die riesigen Apparaturen zu konstruieren und zu bauen.

Zwischendurch galt es nicht nur technische, sondern auch finanzielle Schwierigkeiten zu meistern. Als die deutsche Industrie zuerst kein Verständnis für diese Erfindung zeigte, finanzierte England die Versuche weiter. Nachdem dieses sich aber einige Zeit später auch zurückzog, sah es bedenklich um die Auswertung aus. Zu diesem Zeitpunkt glaubte die Industrie noch auf die Verflüssigung der Kohle verzichten zu können. „Warum synthetisches Benzin, wo uns ausreichend natürlicher Treibstoff zur Verfügung steht“, war die meist vertretene Ansicht, die auch heute wieder vorherrschend ist.

Schließlich übernahm die I.G. Farben die Patente und baute bei Leuna, im Zentrum des mitteldeutschen Braunkohlengebiets, ein großes Verarbeitungswerk. Ende 1933 war die Anlage fertiggestellt. Zwei Jahre später lieferte sie schon 30000 Tonnen Treibstoff monatlich.

Die im Tagebau gewonnene Braunkohle bringen wir zuerst in große Brecher und zermahlen sie dort zu feinstem Kohlenstaub. Anschließend füllen wir ihn in Mischbehälter und verbinden ihn mit einem aus der Kohle erzeugten Schweröl, wodurch ein dicker Brei entsteht. Diesen setzen wir dann der Einwirkung von Wolfram- und Molybdän-Katalysatoren aus und führen in Hochdrucköfen bei einer Temperatur von 450° und unter Druck von 200 bis 300 Atmosphären Wasserstoff zu. Bei diesem Druckprozeß erhalten wir ein Mittelöl, das später in anderen

Drucköfen unter Einwirkung neuer Katalysatoren weiter in Benzin umgewandelt werden kann. Je nach der Einstellung der Vorgänge erhalten wir in der Hauptsache Benzin oder Schmieröl.

Das neue Verfahren der Wasserstoffanlagerung wurde auch bei der Ölaufbereitung angewandt. Wie wir im vorigen Kapitel bereits gesehen haben, konnte die Benzin- und Ölgewinnung mittels der Hydrierung eine weitere Steigerung erfahren.

Die Synthese

Bei der Synthese wird dagegen die Kohle nicht direkt umgesetzt, sondern zuerst in Hoch- oder Tieftemperaturkoks verwandelt, der anschließend in Vergasungsanlagen in Wassergas übergeführt und dann erst durch katalytische Behandlung eine Umwandlung in Kohlenwasserstoffe erfährt. Die Kohlenbestandteile werden also vollständig zu dem Element Kohlenstoff abgebaut und anschließend zu verschiedenen neuen Kohlenwasserstoffen wieder aufgebaut. Diesen neuen Aufbau von Verbindungen aus den Elementen bezeichnen wir erst mit Synthese und erhalten so Kohlenwasserstoffe rein aliphatischen Charakters, deren Benzinbestandteile allerdings nicht so klopffest wie die im Hochdruckverfahren gewonnenen sind.

Da die Synthese gegenüber der Hydrierung den Vorteil hat, auch in kleinen Betrieben wirtschaftlich zu sein, wogegen die Kohlehydrierung nur in Anlagen größten Ausmaßes verhältnismäßig rentabel arbeiten kann, wollen wir uns die Vorgänge bei dem Syntheseverfahren eingehender betrachten.

Das Verfahren beruht auf Versuchen von Geheimrat Franz Fischer, dem damaligen Leiter des Kaiser-Wilhelm-Instituts, und seinem Mitarbeiter Hans Tropsch, denen es im Jahre 1923 gelang, aus der Kohle Benzin ohne Druck, nur mittels Einwirkung von Katalysatoren zu erzeugen, nachdem der Kohlenstoff und Wasserstoff vorher von Schwefelwasserstoffen und organischen Schwefelverbindungen gereinigt worden war. Infolge der katalytischen Behandlung mit Wassergas unter Druck an Kontakten hatten sie ein Gemisch von höheren Alkoholen erhalten, das sie Synthol nannten. Bei weiteren Versuchen mit dem Synthol stellten sie fest, daß bei fallendem Druck größere Mengen als sonst anfielen. Um zudem mit möglichst niedrigen Temperaturen arbeiten zu können, verwendeten sie besonders aktive Katalysatoren. Hierdurch gelang es, die Umwandlung zwischen Kohlenoxyd und Wasserstoff so zu lenken, daß größere Mengen von Kohlenwasserstoffen des Benzin- oder Paraffincharakters ohne nennenswerte sauerstoffhaltige Verbindungen entstanden. Zudem kam noch, daß in nur geringem Maße Methan anfiel.

Die wichtigsten Verarbeitungsstätten eines Synthesewerkes sind die Gaserzeugung mit den erforderlichen Vorratsbehältern, die verschiedenen Reinigungsvorrichungen, die eigentliche Synthesenanlage und die Nachverarbeitung, in der die erzeugten Kohlenwasserstoffe durch die Destillation in die einzelnen Rohprodukte übergeführt werden. Außerdem gibt es dann noch die Anlagen für die Weiterverarbeitung der Rohprodukte auf Alkohole, Schmieröle und Treibstoffe. Ferner ausreichende Lagerbehälter für die Fertigfabrikate.

Die Gaserzeugungsanlage besteht aus mehreren Generatoren, die den Koks verarbeiten, der Zündkammer, dem Abhitzekessel und der Gaswäsche. Den Koks bringen wir mittels Einblasen von Luft auf die in der Gaseperiode zum Zusetzen des Wasserdampfs erforderliche Temperatur. Die kohlenoxydhaltigen Blasegase verbrennen in der Zündkammer unter Zuführung von Sekundärluft. Die hierbei erzeugte Wärme wird an die hinter die Zündkammer geschalteten Abhitzekessel abgegeben. Das in der Gaswäsche abgekühlte Synthesegas leiten wir zur Entfernung von Flugstaub vor dem Ablassen in die Gasbehälter durch Desintegratoren. Auf diese Weise erhalten wir ein Gas, das zu 90% aus einem Kohlenoxyd-Wasserstoffgemisch besteht. Die restlichen 10% setzen sich hauptsächlich aus Kohlensäure und Stickstoff zusammen.

Das Wichtigste für die Synthese ist die Zusammensetzung des Gases, das Kohlenoxyd und Wasserstoff im Verhältnis 1 : 2 enthalten soll. Das Wassergas, das wir im Generator gewinnen, enthält Kohlenoxyd und Wasserstoff im Verhältnis 1 : 1. Den für die Synthese erforderlichen erhöhten Wasserstoffgehalt müssen wir folglich durch besondere Behandlung erzeugen. Dies können wir auf verschiedene Arten erzielen. Entweder verwandeln wir von einem Teil des Wassergases das Kohlenoxyd in einer Konvertierungsanlage bei einer Temperatur von über 400° C durch Behandlung mit Eisenkontakten und Wasserdampf in Kohlensäure, die dann in einer drucklosen Alkazitwäsche wieder ausgewaschen wird, oder wir benutzen zur Anreicherung des Wasserstoffs das Koksofengas, welches 60% Wasserstoff und außerdem 25% Methan enthält, das durch Aufstapelung mit Wasserdampf in eine Mischung von Kohlenoxyd : Wasserstoff im Verhältnis 1 : 3 umgesetzt werden kann.

Wollen wir unter Verwandlung des Koksofengases ein derartiges Synthesegas im Generator erzeugen, so müssen wir das Koksofengas unmittelbar nach der Blaseperiode zusammen mit Wasserdampf durch den auf hohe Temperatur gebrachten glühenden Koks jagen. Je nach der leicht im Generator zu regelnden Temperatur wird die Zersetzung des Methans mehr oder weniger bewerkstelligt. Bei der direkten Synthesegaserzeugung im Generator ist der Vorteil einer höheren Gasleistung als ohne Zufuhr von Koksofengas gegeben.

Nachteilig wirkt sich aus, daß bei der Koksgasspaltung im Generator das Methan nicht restlos aufgespalten werden kann und eine Entfernung des organischen Schwefels in der Heißreinigung große Schwierigkeiten bereitet. Deswegen erfolgt die Spaltung des Koksofengases vielfach getrennt. Dies kann einmal durch die katalytische Spaltung unter Verwendung von Nickel-Katalysatoren erfolgen. In diesem Fall müssen wir das Koksofengas vorher noch einer besonderen Reinigung unterwerfen. Statt dessen können wir auch die thermische Spaltung anwenden, bei der das Methan bei einer Temperatur bis zu 1300° C und unter Einwirkung von Wasserdampf fast restlos zu Kohlenoxyd und Wasserstoff aufgespalten wird. Vor der thermischen Spaltung ist eine besondere Reinigung des Gases nicht erforderlich.
Ehe wir das Synthesegas in die Kontaktöfen leiten, bedarf es einer vollkommenen Reinigung von den Schwefelverbindungen, da die Kontakte sonst nach kurzer Zeit in ihrer umbildenden Wirkung nachlassen würden. Den Schwefelwasserstoff entfernen wir in der gleichen Weise wie bei der Reinigung des Koksofengases oder des Stadtgases. Die organischen Schwefelverbindungen, wie Schwefelkohlenstoff, Kohlenoxydsulfit oder den an die Kohlenwasserstoffreste gebundenen Schwefel spalten wir bei erhöhten Temperaturen mittels eines Kontaktes auf und entfernen den Schwefel in Form von Schwefelwasserstoff. Zur Anreicherung verwenden wir meist Raseneisenerz oder eine Luxmasse, die beide bis über 50% Schwefel annehmen können. Nach der Aufspaltung des Koksofengases im Generator ist noch eine weitere Vorreinigung, die in einer Aktiv-Kohleanlage erfolgt, notwendig, bevor die Synthesegase in die Heiß- oder Feinreinigung kommen. Dort leiten wir die Gase nach einer Vorwärmung auf 200 bis 300° C über neue Kontaktmassen, wodurch wir eine fast 100prozentige Entfernung der noch in dem Gas enthaltenen restlichen organischen Schwefelverbindungen erzielen. Der hernach noch im Synthesegas enthaltene Schwefel beträgt höchstens 0,2 Gramm auf 100 Kubikmeter.

Hat das Gas die erforderliche Zusammensetzung und Reinheit erreicht, kommt es mit einer Temperatur von etwa 180 bis 200° C zur eigentlichen Synthesebehandlung in die Kontaktöfen, von denen mehrere hintereinander geschaltet sind. Die hier eingebauten Kontakte enthalten in der Hauptsache Kobalt, ferner geringere Mengen an Thorium. Als Trägersubstanz findet Kieselgur Verwendung. Die Gase werden von oben in die Kontaktöfen eingelassen und durchlaufen sie in vertikaler Richtung. Die hochsiedenden Bestandteile kondensieren, die schwerer siedenden trennen wir durch direkte Wasserabkühlung in einer anschließenden Scheideanlage, wobei sich das angefallene Öl infolge seines geringeren spezifischen Gewichts von dem Wasser scheidet. Das Öl leiten wir sodann in Tanklager weiter, das Wasser kommt zur Kühlanlage.

Die bei der Umwandlung von Kohlenoxyd und Wasserstoff in Kohlenwasserstoffe auftretende Hitze müssen wir schnell abführen, da bei einer Überhitzung der Kontakte leicht wieder nicht verflüssigbare Kohlenwasserstoffe vom Typ des Methans entstehen. Die Vorgänge, die sich in den Kontakten abspielen, sind noch nicht restlos geklärt. Man vermutet, daß sich aus dem Kobalt und dem Kohlenoxyd zunächst ein Kobaltkarbid bildet und dieses anschließend durch den Wasserstoff zur Methylengruppe hydriert wird. Infolge der polymerisierenden Eigenschaften der Kontakte vereinigen sich dann die Methylengruppen zu verschiedenen höheren Kohlenwasserstoffen, den Olefinen. In einem weiteren Prozeß erfolgt noch die Aufhydrierung der Olefine zu gesättigten Verbindungen. Die ganzen Vorgänge spielen sich unter Druck und bei Temperaturen bis zu 200° C ab.

Zur Temperaturminderung haben wir in die Kontaktöfen große Rohrleitungen eingebaut, in denen abgekühltes Wasser kreist. Zwecks Erreichung einer schnellen Abkühlung sind in geringen Abständen zwischen die Kontakte Verbindungsrohre zu den Kühlrohren angebracht, die die Ableitung der entstehenden Übertemperatur zu den Rohrleitungen beschleunigen. Die für den Umwandlungsprozeß erforderliche Temperatur ist durch eine Regelung des Dampfdrucks und des Wasserzuflusses genau einzuhalten.

Beim Austreten aus dem Kontaktofen leiten wir die in dem Gas noch verbliebenen niedrig siedenden Bestandteile in eine weitere Aktivkohleanlage, deren Absorber eine besonders präparierte Kohle enthalten, wodurch die auch bei normaler Temperatur nicht verflüssigbaren Stoffe wie Propan und Butan zurückbleiben. Nach dem Verlassen der Aktivkohleanlage wird das noch nicht umgewandelte Synthesegas zur restlosen Umsetzung 1 bis 2 weiteren Kontaktöfen zugeleitet, bis die Bestandteile fast restlos in Kohlenwasserstoffe übergeführt sind. Die Vorgänge sind hierbei die gleichen wie in dem ersten Kontaktofen. Das nicht verflüssigbare Restgas findet zu Heizzwecken in dem gleichen Werk, benachbarten Kokereien oder als Stadtgas Verwendung. Ebenfalls wird die in den Kontaktöfen anfallende Hitze zur Dampferzeugung benutzt und naheliegenden Werken als Heißdampf geliefert.

Die durch die Synthese gewonnenen Stoffe sind hauptsächlich hochsiedende Öle und Benzine. Die Benzine reinigen wir mittels Druckdestillation von noch anhaftenden Bestandteilen und sodann sind sie verkaufsfähig. Die Öle trennen wir ebenfalls im Destillationsverfahren nach den einzelnen Siedebereichen und spalten sie, sofern eine weitere Umwandlung in Benzin erfolgen soll, ähnlich wie bei dem Crackverfahren, bei einer Temperatur von 500° C und hohem Druck auf. Hierdurch erhalten die Benzine eine höhere Klopffestigkeit. Mittels der Synthese erzeugen wir etwa an Benzin 62, Diesel- und anderen Ölen 26, Paraffin 2 und Heizgas 10%, sofern die Verarbeitung rein auf die Gewinnung von Treibstoffen abgestellt ist.

Von dem Antransport des Kokses bis zur Verladung der Fertigprodukte erfolgen die einzelnen Arbeitsvorgänge, bei denen nur Gase befördert und umgewandelt werden, fast automatisch, ohne nennenswerte Handarbeit.

Es wurden schon Versuche eingeleitet, die Kohle direkt mit Sauerstoff unter Druck zu vergasen. Dies wäre von großer Bedeutung, denn dadurch würde der Einsatz an Kohle verringert und mithin das ganze Verfahren wirtschaftlicher.

Sowohl die Kohlehydrierung als auch die Synthese haben schon eine ziemliche Verbreitung gefunden. Große Anlagen dieser Art wurden bereits in mehreren Ländern errichtet, so bei Billingham in England durch die Imperial Chemical, wo jährlich 150 000 Tonnen Treibstoff erzeugt werden können. Weitere Anlagen stehen in Frankreich, Italien, Spanien, der Türkei, Südafrika und in den USA., wo vor kurzem erst auf Reparationskonto gelieferte deutsche Maschinen zur Herstellung von Synthesebenzin in einer Anlage in Louisiana aufgestellt wurden. Darüber hinaus sind in den USA. Pläne zur Errichtung großer Fischer-Tropsch-Anlagen ausgearbeitet worden, die den bereits eingetretenen Mangel an Erdöl mit beheben helfen sollen.

Deutschland, das bei Ausbruch des letzten Krieges die synthetische Treibstofferzeugung in noch nie dagewesener Weise gesteigert hatte, ist diese Herstellungsart in nur ganz beschränktem Umfange gestattet. In den Westzonen befinden sich insgesamt 6 Synthesewerke, von denen zwei, das Krupp-Treibstoffwerk in Wanne-Eickel und die Gewerkschaft Victor in Castrop-Rauxel, den Betrieb in kleinem Umfange wieder aufnehmen durften. In der Ostzone wurden die großen Anlagen in Schwarzheide auf Anordnung der Sowjetischen Militärregierung auch wieder in Betrieb genommen.

Da bei der Synthese neben dem Treibstoff vor allem auch wichtige Produkte für die Seifen-, Wasch- und Reinigungs- sowie Schuh- und Lederindustrie, ferner unerläßliche Grundstoffe für chemische Industrien, Fettsäuren, Textilhilfsmittel und Schädlingsbekämpfungsstoffe anfallen, ist die Inganghaltung dieser und die Wiederinbetriebnahme weiterer Werke von großer Bedeutung für die deutsche Wirtschaft. Da in den meisten Fällen Deutschland die entsprechenden Naturprodukte nicht hat, müßten sonst kostspielige Devisen aufgewandt werden, diese einzuführen. Zudem kommt, daß die Fettsäure-Rohstoffe neben der Verwendung zu technischen Zwecken auch zur Schließung der deutschen Ernährungslücke mit beitragen, denn an der Bekömmlichkeit dieser Produkte ist nicht mehr zu zweifeln. Wertmäßig läßt sich durch die restlose Ausnutzung der eingesetzten Rohstoffe ein 8- bis 10facher Erlös erzielen.

Durch die Forschungsarbeiten der Chemiker steht uns schon heute ein fast 100prozentiger Ersatzstoff für das Petroleum zur Verfügung. Öl gibt es allerdings noch für Jahrzehnte, wenn nicht gar für Jahrhunderte, Kohle aber noch für Jahrtausende. Die USA. besitzen Kohlenvorräte von über 2000, das asiatische Rußland über 1000, Deutschland 300 und England 200 Milliarden Tonnen. Die vier vorgenannten Länder können allein den derzeitigen Weltverbrauch auf über 2000 Jahre decken.

Wenn der Zeitpunkt einmal kommt, wo die natürlichen Quellen versiegen, nimmt der synthetische Treibstoff die Stelle des Öls ein. Ganz unmerklich, ohne irgendeine große Umstellung, wird dies erfolgen. Bis dahin treten die Kohleverflüssigungsverfahren wieder hinter die der natürlichen Ölaufbereitung zurück. Solange uns die Natur das Öl schenkt, nehmen wir es dankbar entgegen. Die Synthese soll die Naturprodukte nicht, wie es teilweise von ölarmen Ländern in den letzten Jahren geplant war, verdrängen, sondern sie nur erforderlichenfalls ergänzen und erst bei gänzlichem Ausfall ersetzen.

Teil II

DAS PETROLEUM IN GESCHICHTE UND LEGENDE

DIE VERWENDUNGSARTEN IM ALTERTUM

Aus den uns erhalten gebliebenen Aufzeichnungen ersehen wir, daß das Petroleum schon vor annähernd 4 Jahrtausenden nicht nur bekannt, sondern bereits ausgebeutet und den damaligen Verhältnissen entsprechend verwertet wurde. Auf Grund dieser Tatsachen ist auch die Vielzahl der sich um das Öl drehenden Sagen und Legenden verständlich.

Die Menschen früherer Zeiten hatten eine große Verehrung für die Naturelemente, insbesondere das Feuer und Wasser. Für sie bedeutete das Feuer den Inbegriff von Wärme und Licht, und das Öl sowie das Erdgas sahen sie nun einmal wegen ihrer äußerst leichten Brennbarkeit als einen Teil des Naturelements Feuer an. Beides betrachteten sie als ein Geschenk der Götter und hatten die aus der Erde schießenden Feuerquellen, die nichts weiter als brennende, frei eruptierende Öl- oder Erdgasausbrüche waren, in vielen Fällen zu Wallfahrtsorten oder Kultstätten erhoben.

Wenn man das Petroleum schon im grauen Altertum zu allen möglichen Zwecken verwendete, so finden wir nur ganz vereinzelt Anhaltspunkte, die darauf schließen lassen, daß zu jener Zeit bereits im Vorderen Orient, von dem uns die meisten Aufzeichnungen überliefert sind, die vorhandenen Quellen erweitert oder gar einer erhöhten Ausbeute unterzogen wurden, von Schürfarbeiten oder Neubohrungen ganz zu schweigen.

Denken wir an die primitiven Seilbohrverfahren, mit denen man in China schon vor annähernd 3000 Jahren nach Wasser bohrte, so ist es um so erstaunlicher, wenn sich sowohl die ganzen vorderasiatischen Völker, wie die Babylonier, Assyrer, Israeliten, Perser, Meder und Inder, als auch die Bewohner Europas und Amerikas, bis über das Mittelalter hinaus mit den vorhandenen, von selbst zu Tage getretenen Ölschätzen begnügten, sie wohl verbrauchten und, soweit sie im Überfluß vorhanden waren, auch im Tauschwege verhandelten.

Die Chinesen arbeiteten seinerzeit mit einem in Bewegung gesetzten Schwungbaum, an dem ein handgeflochtenes Bambusseil mit einem 100 bis 200 Kilogramm schweren Meißel hing. Auf diese Weise erbohrten sie bis zu einer Tiefe von 1200 Meter die zur Bewässerung ihrer Reisfelder erforderlichen Wasserbrunnen. Die Förderung erfolgte mit einem

Schöpflöffel aus Bambusrohr. Für das Auf- und Abwinden der aus Bambussegmenten gefertigten Schöpfseile setzten sie vielfach Wasserbüffel ein. Diese Verfahren wendeten sie auch für die Salzgewinnung an und stießen dabei oft auf Öl, das bekanntlich am Rande von Salzstöcken anzutreffen ist. Die Verwertung des aufgefundenen Öls erfolgte jeweils so lange, wie dieses vorreichte. Diese alten und primitiven Bohr- und Gewinnungsmethoden finden wir noch heutzutage in abgelegenen Gegenden des industriell noch nicht völlig erschlossenen Landes vor.

Der Gedanke, woher das Petroleum stammen mag, beschäftigte die Menschen seit frühester Zeit, nur fehlten die richtigen Vorstellungen. Vielfach schrieben sie die Vorkommen auch unterirdischen Dämonen zu.

Interessant ist jedenfalls schon die Unterscheidung des Petroleums in Vorkommen festen, flüssigen oder gasförmigen Charakters. Wegen der vielen verschiedenen Bezeichnungen für ein und dasselbe Produkt, wie Petroleum, Steinöl, Naphtha, Maltha, Pissasphalton, Bitumen usw., ist dies allerdings nur aus der jeweils näheren Beschreibung festzustellen.

Betrachten wir nun einmal näher, was aus den Überlieferungen der Geschichtsschreiber damaliger Zeit über die Auffindung und in einzelnen Fällen sogar über eine Veredelung zu ersehen ist:

Herodot, der Vater der Geschichte, schreibt in seinem Buch I/79 über die Bauten von Babylon: „Sie nahmen zum Mörtel heißes Erdharz und zwischen je 30 Ziegelsteine stopften sie Schilfrohr." An anderer Stelle finden wir über die gleiche Stätte folgende Angaben: „Daselbst ist ein kleiner Fluß, der Is heißt und sich in den Euphrat ergießt (heute Ait, der bei Hit in den Euphrat mündet). Er führt viele Klumpen von Erdharz mit sich und aus ihm holen die Bewohner das Erdharz für den Bau Babylons."

In einem späteren Werk (III/5) erwähnt er den See Sirbonis, der infolge seines Asphaltreichtums Aufsehen erregte. Dieses Gewässer soll ein Strandsee des Mittelländischen Meeres gewesen sein und sich östlich von der im Deltagebiet des Nils gelegenen Stadt Pelusium entlang der Küste nach Osten zu erstreckt haben. In seinem Band V/119 schildert er die Gewinnung des Petroleums mit Pumpen folgendermaßen: „Dareios wies den Eritreern ihren Wohnsitz bei Susa im Lande Kissia an, nahe dem Brunnen, aus dem Harz und Öl gewonnen wird. Am Brunnenschwengel haben sie statt eines Eimers einen Schlauch befestigt, ziehen mit dem das Petroleum herauf und gießen es dann in einen Behälter. Das harzige Öl gerinnt bald und sammelt sich oben an. Es hat eine schwarze Farbe, einen scharfen Geruch und wird von den Persern Radinake genannt." Im Buch IX/92 führt er noch die Nymphaionquelle zu Apollonia, südlich von Epidamus in Epirus an.

Weitere Angaben über die Bauten von Babel entnehmen wir den Schilderungen des griechischen Geschichtsschreibers Ktesias', der sich daselbst längere Zeit in Kriegsgefangenschaft befand. Die nach seiner Rückkehr von ihm verfaßten Erinnerungen sind leider nur wenig zuverlässig. Er schreibt über Babel wie folgt: „Der Umfang der Mauer der Stadt, die vom Euphrat in der Mitte durchflossen wird, beträgt 360 Stadien. Die Mauer besteht aus gebrannten Ziegeln und Asphalt, wird von dicht aufeinanderfolgenden Türmen unterbrochen und hat eine Höhe von 50 Orygien (1 Orygie = 1,774 m). An den Ufern des Flusses läuft eine zweite Mauer von etwa gleicher Stärke wie die Stadtmauer. Sie hat eine Länge von 160 Stadien."

Wenn die Angaben auch etwas übertrieben sein sollten, so steht allerdings fest, daß die bei Hillah vorgefundenen Reste dieser Mauer, die von den Griechen auch die „Medische Mauer" genannt wurde, gewaltig sind. Ihre Länge kann ohne weiteres 60 bis 80 Kilometer betragen haben, denn dem weitblickenden König Nebukadnezar II. genügte der alleinige Schutz der beiden großen Ströme Euphrat und Tigris nicht. Er baute deshalb als Querverbindung seine riesige „Mauer der aufgehenden Sonne". Sie sollte nach seinen Plänen so stark werden, daß weder Belagerungsstürme noch Mauerbrecher ihr Gefahr bringen konnten und ihre Zinnen auch nicht mit Steigleitern zu erklimmen waren. Nach anderen Quellen erstreckte sich diese Schutzmauer, die 37 Kilometer nördlich von dem heutigen Bagdad errichtet ward, sogar über eine Gesamtlänge von 110 Kilometern. Ihre Höhe betrug danach jedoch nur 32 und ihre Stärke 6 Meter. Zudem soll sie noch durch große Wassergräben verstärkt gewesen sein.

Wie weiter aus den Aufzeichnungen Ktesias' zu ersehen ist, war die am Fuße des iranischen Hochlandes gelegene Hauptstadt des assyrischen Reiches, Ninive, die zu jener Zeit 600000 Einwohner zählte und zu denen in Kriegszeiten noch die Bewohner des umliegenden Landes mit ihren Viehherden und der beweglichen Habe kamen, mit einer noch stärkeren, künstlichen Verteidigungsanlage versehen. Heute finden wir noch auf dem östlichen Tigrisufer, gegenüber dem jetzigen Mossul, Reste dieser alten Stadt über eine Ausdehnung von mehr als 10 Meilen. Der Assyrer-König Sargon, der die Israeliten nach Mesopotamien führte, hatte die Verteidigungsmauern um 700 v. Chr. noch auf 24 Fuß verstärkt. Zu sämtlichen Anlagen verwendeten die Baumeister Bitumen-Mörtel.

Außer den vorangeführten Beschreibungen liegen noch schriftliche Beweise von den babylonischen Königen über die Bauart und die Bauten selbst vor. So schrieb Nebukadnezar der Große, Herr von Babylon: „Nabopolassar, der Vater, der mich zeugte, hat die große Ringmauer Babylons erbaut, er hat alle Gräben ausheben lassen und ihre Ränder mit Ziegeln und Asphalt verkleidet." Eine andere Inschrift des gleichen Herrschers lautet: „Ich bin Nebukadnezar II., König von Babel, der ruhmreichste Fürst. Ich habe Imgur Bel und Ninit Bel, die großen Mauern der Umfassung Babels gebaut. Ich habe die mit Ziegeln und Asphalt verschalten Gräben hergestellt, die Straßen Babels gerade gerichtet. Ich habe an den großen Hallen eherne Tore angebracht und die Straßen Babels erweitert." Neben diesen erhalten gebliebenen, mit Keilschrift in Steinplatten eingehauenen Inschriften belehren uns die Ausgrabungen sowohl über die gewaltigen Bauten Babylons als auch über die Anlagen Ninives, das der sagenhafte syrische König Ninos, der Gemahl der Semiramis, um 2000 v. Chr. erstehen ließ. Weitere Bestätigungen über die seinerzeitige Bauweise finden wir in den Ausgrabungen der Befestigungen der alten südbabylonischen Stadt Ur, der angeblichen Heimat Abrahams, die ebenfalls Spuren von Asphaltmörtel aufweisen.

Mehrere Angaben über Auffindungsstätten von Petroleum können wir auch bei Tacitus nachlesen. In seinen historischen Erzählungen (V/16) schreibt er über das Tote Meer: „Es wird von keinem Windhauch bewegt, beherbergt weder Fische noch Wasservögel und hat einen widrigen Geruch. Des Schwimmens Unkundige werden emporgehoben. Zu bestimmten Zeiten wirft es ein Harz aus, das von Natur aus schwarz, und, nachdem es an Land gezogen und getrocknet ist mit Äxten wie Stein gespalten werden muß."

Auch erwähnt er den Untergang von Sodom und Gomorra, nachdem die beiden Städte zusammen mit 13 anderen durch vom Himmel fallendes Feuer in Schutt und Asche gelegt wurden. Diese Erzählung ist so auszulegen, daß der Boden, der die Städte getragen hat, wahrscheinlich ein großes, unterirdisches Ölfeld enthielt. Im Laufe der Zeit entstanden Erdrisse, aus denen die Bewohner das emporquellende Öl schöpften. Die geschilderte Katastrophe ist entweder auf Blitzeinwirkung, wodurch die Quellen in Brand gesetzt wurden, oder auf ein Erdbeben, auf Grund dessen sich tiefe Erdfalten bildeten, aus denen dann das Öl mit dem Erdgas ausbrach, sich entzündete und das ganze Land brennend überschwemmte, zurückzuführen.

Von Plinius dem Älteren erfahren wir etwas über die Veredelung des gewonnenen Petroleums. Demzufolge hat man das flüssige Öl mit Gefässen aus dem Wasser abgeschöpft, feste Harzklumpen an Land gezogen und mit Äxten zerkleinert. Sei das Petroleum als klebriger, zäher Stoff aufgetreten, so wäre es mit Rohrbüscheln oder Geflechten aufgesammelt worden. Das so gewonnene Öl haben die Einwohner dann zunächst gekocht und den aufsteigenden Dampf mit darübergelegten Fellen aufgefangen.

Verschiedentlich ist auch von seinem Adoptivsohn, Plinius dem Jüngeren, das Öl angeführt worden. In dem Buch I/14 ist zu lesen: „Es hat der Fluss Liparis, der bei Soli in Kilikien (Landschaft in Südost-Kleinasien) in das Meer mündet, viel Öl mitgeführt. Die darin schwimmenden oder sich waschenden Menschen erschienen nachher wie mit Öl gesalbt."

In seinem zweiten Band Seite 108 schildert er das Schöpfen von Öl mittels Gefäßen in dem zwischen Medien und Baktrien gelegenen Hochland Partien und der Gegend von Adiabene in Assyrien. Nach seinen Angaben war die Entzündung so groß, daß schon der Schein einer Flamme genügte, einen Brand zu entfachen.

In anderen Bänden finden wir eine Beschreibung der großen, sich im Toten Meere lösenden Asphaltklumpen, die infolge ihres gegenüber dem Salzwasser geringeren spezifischen Gewichtes an der Oberfläche schwammen. Ebenso führt er das Naphtha als Beleuchtungsmittel in Heiligtümern und Häusern an, wozu es wegen seiner leichten Entzündbarkeit, wie er sich ausdrückt, mit dem Pech verfälscht worden sei. Darunter ist eine Vermischung des flüssigen Naphthas mit dem zähen Pech zu verstehen. An Hand seiner Aufzeichnungen wurde das Petroleum in großen Mengen aus dem Orient auf dem Seewege nach Rom geschafft. Der große Verbrauch war zum Teil durch den Aberglauben der Römer bedingt gewesen, keine Lampe zu löschen, sondern sie ausbrennen zu lassen.

Ebenfalls erwähnt der griechische Geograph Strabo, der nach seinen vielen und weiten Reisen später in Rom lebte, das Petroleum in den uns erhalten gebliebenen 17 Büchern mehrere Male. Zunächst den See Sirbonis (I/50 und XVI/42). Das Eigenartige an seiner Darstellung ist nur, daß er den Untergang der Städte Sodom und Gomorra an diesen See verlegt, während fast alle anderen Geschichtsschreiber jener Epoche diese Katastrophenstätte als am Toten Meer gelegen schildern. Über die Verwendung des Öls gibt er (XVI/1) folgendes an: „Beleuchtet wurden neben den Straßen die Paläste, Tempel und Wohnräume." Weiter soll in Babylonien das Öl auch im Herd statt Holz verbrannt worden sein.

Bezüglich der Handlungen der Feueranbeter und Magier, die mit dem „Schweiß des Teufels", wie sie das Öl nannten, umzugehen verstanden, erfahren wir von Strabo nachstehendes: „In der Mitte steht ein Altar, auf dem viel Asche liegt. Auf diesem unterhalten die Magier das unauslöschliche Feuer. Täglich gehen sie hin und singen vor ihm, indem sie Ruten in den Händen halten."

In Persien fand man früher fast überall Tempel, in denen die Feueranbeter, es waren die Parsen, die Anhänger Zoroasters, ihre „ewigen Feuer" unterhielten. Als die Araber im 7. Jahrhundert das Perserreich eroberten, erging es ihnen schlecht. Die Gefügigen ließen sich zum Islam bekehren, die Widerspenstigen wurden rücksichtslos ausgerottet. Ein Teil von ihnen wanderte nach Indien, andere nach Norden in die Gegend von Aserbeidschan. Dort gab es infolge der zahlreichen brennenden Erdgasquellen genug neue Kultstätten, die, wie beispielsweise auf der Halbinsel Apscheron, noch jahrhundertelang brannten.

In der Nähe der Siedlung Surachany stehen noch jetzt die verfallenen Mauern des einst weit über die Grenzen des Landes hinaus bekannten Klosters „Zum ewigen Feuer". Zu ihm pilgerten vor Jahrhunderten die Verehrer Zoroasters aus Persien, den arabischen Ländern und Indien, um das Wunder zu betrachten. Durch ein mit alten Tierzeichen und geheimnisvollen Inschriften versehenes Tor gelangt man in den fünfeckigen Klosterhof, in dessen Mitte das Heiligtum, ein offener, viereckiger Säulenbau mit einer niedrigen Kuppel, stand. Hier brannte das, wie die Überlieferung berichtet, nie von Menschenhand genährte Feuer. In den achtziger Jahren des vorigen Jahrhunderts erließ dann die russische Regierung ein Verbot gegen diese Sekte, doch leben in Indien heute noch 100000 Anhänger Zoroasters.

In Plutarchs Lebensbeschreibung Alexanders des Großen sind gleichfalls einige Petroleumgebiete erwähnt. Im Kapitel 98 schreibt er: „Auf seinem Zug nach Babylon bewunderte der große Mazedonier den berühmten Erdschlund bei Ekbatana (heute Hamadan) in Medien, aus dem ständig Feuer sprudelte und dessen Naphthastrom unweit der Erdöffnung einen Teich bildete. Um den Eroberer von der leichten Brennbarkeit des Öls zu überzeugen, beträufelten die Barbaren die nach seinem Quartier führende Straße leicht mit Öl und zündeten es nach Eintritt der Dunkelheit an einem Ende der Straße an, die durch das laufende Feuer im Augenblick in Flammen stand." Dieser Erdschlund war nichts anderes als ein riesiger, frei eruptierender Springer, dessen Spuren heute noch anzutreffen sind. Im Kapitel 144 schildert er, wie Alexander später auf eine weiter östlich gelegene Quelle am Fluß Oxus, dem jetzigen Darja, stieß, die von dem Aufseher des königlichen Tisch- und Bettgeräts beim Aussuchen eines geeigneten Platzes für das königliche Zelt entdeckt wurde und welche nach dem Abschöpfen der Oberschicht reines, helles Öl, gleich dem des Ölbaums, spendete. An anderer Stelle treffen wir noch folgende Beschreibung an: „Die Gegend von Babylon ist mit Feuer durchtränkt. Man könnte sagen, daß die Erde dort dauernd von unterirdischen, brennenden Strömen erschüttert wird, als hätte sie einen Pulsschlag, der die Oberfläche immerfort erzittern läßt. Bei starker Hitze müssen die Einwohner in großen, flachen, mit Wasser gefüllten Amphoren schlafen."

Außer für Bauten verwendete man das Öl zur Herstellung von Straßen, als Dichtungsmaterial und bei der Verlegung von Wasserleitungen, so z. B. der von Bursabu nach Babel. Ferner spielte es eine große Rolle bei Schiffsbauten, und hierbei nicht nur als Binde-, sondern auch als Anstrichmittel. Homer bezeichnete diese Fahrzeuge schon als „Schwarze Schiffe". Auch Strabo hat sie in der gleichen Weise erwähnt.

Trotz der primitiven Gewinnungsmethoden verbrauchten die damaligen Herrscher gewaltige Mengen für die riesenhaften Palastanlagen, Tempel und all die anderen Bauten der orientalischen Residenzen und Kultstätten. Denken wir nur an den Turmbau zu Babel oder die Aufbauten der hängenden Gärten „Semiramis“, die nach der gleichnamigen Göttin benannt sind und deren Terrassen auf einer wasserundurchlässigen Asphaltschicht die Humusdecke trugen, aus der exotische Bäume und Pflanzen in tropischer Üppigkeit wuchsen. Diese Anlage, die Nebukadnezar für sein Weib schuf, das sich Anpflanzungen von Gewächsen ihrer medischen Heimat wünschte, ist auch unter dem Namen „Paradeisos“ bekannt. Sie maß an jeder Seite 400 Fuß, hatte einen bergartigen Anstieg und mehrere Stockwerke übereinander. Die Mauern waren 22 Fuß stark, die Kuppen der Gewölbe mit Steinplatten gedeckt. Damit die Feuchtigkeit nicht in die Mauern dringen konnte, lagen zuunterst Schilfpflanzen mit Asphalt, dann kam ein doppelte Lage von Ziegeln, mit Gips verbunden, und darüber noch ein Überzug aus Bleiplatten.

Außerdem erforderten die Illuminationen, die verschwenderische Lichtfülle bei den Schauspielen, den zirzensischen Aufführungen und Tierkämpfen, die Beleuchtung der Thermen und öffentlichen Bäder und nicht zu vergessen die ständige Straßenbeleuchtung eine riesige Menge an Petroleum. Zwischendurch kamen dann noch die rauschenden Feste, bei denen die Nacht zum Tage ward, so beispielsweise in Rom die Luperkalien, Vulkanalien und Floralien, oder in Athen das Hauptfest, die Panathenäen, die in jedem dritten Olympiadenjahr Mitte August sechs Tage lang dauerten. Für diese Beleuchtungen nahm man meist das bessere Naphtha statt des Pechs.

Aus all diesen Angaben ist zu ersehen, daß das Öl als Beleuchtungsmittel in der antiken Welt keine geringere Rolle spielte als jetzt in unserem Zeitalter die Elektrizität.

Neben diesen vielseitigen Verwendungsgebieten kannten die Alten auch schon die konservierende Kraft des Petroleums und verstanden sie auszunutzen. Beweise hierfür sind die einbalsamierten und mumifizierten Leichen der ägyptischen Könige. Hierzu verwendeten sie das Erdpech der Täler Isis und Sidim, teilweise wurde auch für diese Zwecke ein besonders gut geeignetes Naphtha von Babylon nach dem Nilland eingeführt.

Auch im fernen Osten finden wir Anzeichen über die Verwendung von Asphalt als Baumaterial. So weist der im 4. Jahrhundert v. Chr. gegen den Ansturm der Hunnen erbaute chinesische Grenzwall, der unter Kaiser Tsin Schihuangti vollendet und im 5. bis 7. Jahrhundert n. Chr. ergänzt und erneuert wurde, Spuren von Asphaltmörtel auf.

In Sagen und Legenden wird das Öl ebenfalls viel erwähnt. Nach Diodor hatte es mit der Orakelstätte Nymphaion zu Apollonia folgende

Bewandtnis: „Verbrennen die mit einem Wunsch in das Feuer geworfenen Weihrauchblätter, so geht er in Erfüllung; weicht das Feuer aber aus, dann trifft das Erhoffte nicht ein. Nur darf man das Orakel nicht über Tod und Verheiratung befragen."

Die Opferflammen, die nach dem Willen der Götter oder Priester bald hoch aufloderten und bald verglimmten, jenes unauslöschliche Feuer, war nichts anderes als jahrzehntelang brennende Öl- und Erdgasquellen. Sie standen im Dienst der Priesterschaft und des Kults, die bei all ihren Handlungen die Pyrotechnik, die Kunst mit dem Feuer zu spielen, anwandte. Über die Geheimnisse und Kniffe der Priester ist nichts bekannt geworden, denn die Tempelgeheimnisse wurden streng gehütet und den Neophyten, die aus der Schule hätten plaudern können, wäre für ihren Verrat der Tod sicher gewesen.

Das gleiche trifft auch für die persischen Feueranbeter, die Orakelstätten in Delphi und Eleusis und den Altar des Vischnu zu. Auf diese Weise ist ebenfalls der Trancezustand der Priesterinnen an den Orakelstätten zu deuten, aus denen sie, nachdem sie von den ausströmenden Gasen in einen hypnotischen Zustand versetzt worden waren, ihre berühmten Weissagungen und doppelsinnigen Orakelsprüche erteilten.

Auch im Alten Testament finden wir einige Angaben über das Petroleum. So unter anderem in der Sintflutgeschichte im I. Buch Mos. 6/14, wo geschrieben steht: „Mache Dir einen Kasten von Tannenholz, und mache Kammern darin, und verpiche ihn mit Pech inwendig und auswendig." Dann über den Turmbau zu Babel ebenfalls im I. Buch Mos. 11/3: „Wohlauf, lasset uns Ziegel streichen und brennen! Und sie nahmen Ziegel zu Stein und Erdharz zu Kalk und sprachen: Wohlauf, lasset uns eine Stadt und einen Turm bauen, dessen Spitze bis an den Himmel reiche, daß wir uns einen Namen machen!"

Über den bereits erwähnten Untergang von Sodom und Gomorra steht im I. Buch Mos. 19/24 und 30: „Da ließ der Herr Schwefel und Feuer regnen von dem Herrn vom Himmel herab auf Sodom und Gomorra" und etwas später: „... und siehe, da ging ein Rauch auf vom Lande, wie ein Rauch vom Ofen" und aus der Erzählung über die Geburt Moses entnehmen wir dem II. Buch Mos. 2/3: „Und da sie ihn nicht länger verbergen konnte, machte sie ein Kästlein von Rohr, verklebte es mit Erdharz und Pech und legte das Kind darein und legte ihn in das Schilf des Wassers."

DAS „KAMPFMITTEL" PETROLEUM IM ALTERTUM UND IM MITTELALTER

Wie aus den Annalen des „Himmlischen Reiches" hervorgeht, wurde das Petroleum bei den Chinesen schon um 1000 v. Chr. vielfach als Kampfmittel verwendet. Sie setzten Blitzwagen ein, von denen aus geschickte Krieger Feuertöpfe und Feuerbälle mit brennendem Inhalt gegen den Feind schleuderten.

Die Erfahrungen der Inder, die schon in ältester Zeit mit Brandmischungen aus Naphthaprodukten gegen die feindlichen Elefanten und Reiter in die Schlacht gingen, haben die Perser, Syrer und Ägypter später übernommen. Besonders ausgewählte Krieger hatten die Aufgabe, durch Ausspritzen von Öl Verwirrung und Tod in die Reihen des Gegners zu bringen. Teilweise bedienten sie sich dabei eigenartiger Flaschen, die mit Brandmasse gefüllt, beim Aufschlagen auf Pferd oder Reiter platzten und ihren feuerflüssigen Inhalt über sie ergossen.

Im Vorderen Orient fanden diese Methoden bald gleichfalls neben den bisher üblichen Kriegsmitteln, wie Steigleitern, Sturmdächern, Sturmböcken usw., Verwendung. Daneben wurden eherne oder irdene Gefäße, die mit flüssigem Öl oder zähem Pech gefüllt waren, gegen den Feind oder die Palisaden geschleudert und die ausfließende Masse dann mit Brandpfeilen zur Entzündung gebracht.

Außerdem fand das Öl als Kriegsmittel in Verbindung mit Tieren Anwendung. Den Beginn dieser Methoden sollen die kaiserlichen Legionen Belisars 553 n. Chr. bei der Eroberung Nordafrikas im Wandalenkrieg gemacht haben, indem sie Wildschweinen den Rücken mit Erdpech einrieben und die Tiere nach dem Entzünden desselben als lebende Fackeln gegen den Feind losließen. Derartige tierquälerische Verfahren sind bis in die Neuzeit erhalten geblieben.

Einen Fortschritt stellte dann die Feuermaschine dar, die zum erstenmal die Athener im Krieg gegen die Böotier anwendeten. Die noch fehlende Kraft der Explosion ersetzte ein Blasebalg. So erzeugten sie eine große Flamme, die gegen die Holzmauern der Befestigungen schlug, ein Vorläufer des heutigen Flammenwerfers. Gleichartige Mittel fanden auch als Verteidigungswaffe Verwendung. Beispielsweise benutzten die Bewohner von Ambracia, einer Stadt in Epirus, beim Kampf gegen das Heer des sie angreifenden römischen Konsuls Fluvius derartige Feuerbrände und legten auch Minen, die sie beim Vordringen des Gegners zur Entzündung brachten. Weiterhin wurden Versuche unternommen, das Feuer nicht mehr zu werfen, sondern mittels Maschinen zu verschießen.

In der „Historia Saracenica“ erzählt Elmacius, daß bei der Belagerung Mekkas im Jahre 690 Hagiagaeus auf das Dach der Kaaba Naphthakugeln geschleudert und damit großen Schaden angerichtet hat.

Aber noch weiterhin verursachten in der Hauptsache Feuerpfeile oder mit Eisenspitzen versehene Lanzen, die mit Öl, Harz, Pech und teilweise auch Schwefel getränkt und mit Werg umwickelt waren, Brände und Verwirrung unter dem Gegner. Diese Kampfmittel gebrauchte man bis ins Mittelalter.

Seit Mitte des 7. Jahrhunderts ist dann das „Griechische Feuer" bekannt geworden, mittels dem ganze befestigte Städte, Lager, Heere und Flotten zur Übergabe gezwungen wurden. Zum erstenmal soll es von dem griechischen Architekten Kallinikos bei der Belagerung von Byzanz in den Kriegen mit den Arabern, 668 bis 773, auf folgende 3 Arten angewendet worden sein: Einmal ließen die Griechen beim Herannahen der feindlichen Flotte brennendes Petroleum auf das Wasser, dann benutzten sie eine harzige Mischung zum Füllen der Brandpfeile und zuletzt verwendeten sie es als Explosivstoff. Gemäß Graccus setzten sich die Hauptbestandteile aus Naphtha, Harz, Teer, Öl, Pflanzensäften, Metall, Eiweiß und Eigelb zusammen. Das viel zitierte Rezept aus seinem Feuerwerksbuch lautet: Nimm reinen Schwefel, Weinstein, Sorcocolla, Pech, Kochsalz, Erd- und Baumöl, lasse alles gut zusammen kochen, tränke Werg damit und zünde es an. Das Feuer ist nur mit Sand, Weinessig oder Harn zu löschen.

Nach einer anderen, jedoch nicht ganz sicheren Quelle stammt das „Griechische Feuer" von den Chinesen, und schon 330 n. Chr. wurden infolge seines Gebrauchs die Araber von Konstantin dem Großen zurückgeschlagen. Später fand es in fast ganz Europa Anwendung.

Mit der Erfindung des Schießpulvers verschwindet das Petroleum nach und nach als Kriegsmittel und findet in der späteren Zeit fast nur noch als Beleuchtungs- und Heilmittel Verwendung. Auch nahm man zu diesem Zeitpunkt die Suche nach dem Öl auf, während sich die Völker bis dahin mit den von selbst zutage getretenen Vorkommen begnügt hatten.

ÜBERLIEFERUNGEN AUS MITTELEUROPA

liegen nur sehr spärlich vor. Um 1400 suchten die Mönche des Klosters Tegernsee in Bayern eifrig nach Öl und nannten es „Quirinusöl", nach dem im Jahre 269 enthaupteten gleichnamigen Patron des Klosters. Wie sie feststellten, hatte dieses Öl mit dem bereits bekannten Naphtha das gemein, daß es sehr leicht Feuer fängt.

Am Westteil des Sees, der bei trübem Wetter oft mit öligen Flecken bedeckt war, floß in einer Schlucht ein Wasser zu Tal. Stieg man dort etwas bergan, vernahm man, gemäß den erhalten gebliebenen Aufzeichnungen, einen bituminösen Geruch. Auf dem Rücken dieses Berges trat in zwei Hauptquellen ein olivgrüner, schlüpfriger Brei zutage, der mit kupfernen Löffeln abgeschöpft oder direkt zur Aufbewahrung in die Quirinuskapelle geleitet wurde, die an der Stelle neu erstand, an der ein Teil des Klosters durch das Öl Feuer fing und abbrannte. Dieses Öl war ein gutes Mittel gegen Ohrenschmerzen, Erhärtungen und Verstopfungen, zudem verwendeten es die Bauern als Brennstoff und

Wagenschmiere. Die jährliche Gewinnung des Klosters allein betrug 30 bis 40 Maß. Zu dem kam noch, was die Bauern sich selbst abschöpften.

Etwas später, im Jahre 1491, erschien in Mainz die Schrift „Hortus Sanitas", der Garten der Gesundheit. In ihr steht geschrieben: „Das Petroleum ist das Fett der Felsen, es wird an verschiedenen Plätzen gefunden. Das Fett der Erde und die Kraft der in ihm innewohnenden Wärme verwandeln es in Feuer. Es ist in Gesteinen und sogar unter dem Boden des Meeres zu finden."

Über die seinerzeitigen Gewinnungsmethoden können wir folgende Einzelheiten dem 1556 in Basel erschienenen Bergwerksbuch von Agricola entnehmen: „Flüssiges Bitumen, das in größeren Mengen auf dem Wasser von Quellen, Bächen oder Flüssen schwimmt, wird mit Hilfe von Gansflügeln, leinenen Tüchern, Haarbüscheln, Häutchen von Binsenrohr und anderen Dingen, an denen sich Bitumen leicht anhängt, gesammelt, in großen, kupfernen oder eisernen Gefäßen gekocht und in der Wärme verdichtet. Man verwendet es für verschiedene Zwecke und manche vermischen es mit Pech, andere mit alter Wagenschmiere."

Auch in einer österreichischen Sage wird die Heilkraft des Petroleums betont. So erzählt man, daß um das Jahr 860 der Riese Haymo, der 12 Werkschuh und 4 Zoll groß war (etwa 3,90 m), auf der alten Römerstraße in das Inntal gezogen kam. Keiner war ihm an Kraft und Größe einigermaßen gewachsen als der Inntaler Bauer Thyrsus. In Leiten, zwischen Seefeld und Zirl, traf Haymo den Thyrsus schlafend an und verwundete ihn mit einem ausgerissenen Baumstamm. Der Bauer, erwachend, wehrte sich gegen den gepanzerten Ritter und floh anschließend tödlich verwundet. Mit seinem Blut tränkte er Felsen und Erde. Zusammenbrechend rief er aus: „Spritz Bluet, sei für Viech und Leut guet!" Haymo sühnte den Mord später als Eremit in Wilten. Als er einmal sein Essen gekocht hatte, fand er in der Feuergrube Öl vor. Er strich es auf eine Wunde an seiner Hand und als dieses rasch heilte, gedachte er der Worte des Thyrsus und nannte das Öl „Dürschenbluet". Das heute aus dem Seefelder Bitum-Mergel gewonnene Öl wird von den Bauern der dortigen Gegend noch so genannt. Zur Erinnerung an das Zusammentreffen der beiden Riesen ist an dem „Riesenhaus" zu Reith in Tirol, der angeblichen Geburtsstätte des Thyrsus, eine Wandmalerei aus dem Jahre 1537 über den Kampf der beiden zu sehen.

Zum Abschluß dieses Kapitels seien einige Verse des bekannten Dichters Joseph Victor Scheffel wiedergegeben, die das Petroleum zum Thema haben.

Bestreuet die Häupter mit Asche,
verhaltet die Nasen euch bang,
heut' gibt's bei trübfließender Flasche
einen bituminösen Gesang.

Schwül strahlet die Sonne der Wüste,
am Toten Meere macht's warm;
ein Derwisch spaziert an der Küste,
eine Maid aus Engeddi am Arm.

Nicht Luftzug, noch Wellenschlag kräuselt
den zähen, bleifarbenen See,
nur Naphthageruch kommt gesäuselt,
und dunstig umflort sich die Höh'.

Zwei schwarzbraune Klumpen lagen
am Ufer, faulbrenzlich und schwer;
drauf setzte mit stillem Behagen
das Paar sich und liebte sich sehr.

Doch wehe, sie saßen auf Naphtha,
und das läßt keinen mehr weg,
wer harmlos sich dreinsetzt, der haft' da
und steckt im gediegensten Pech.

Sie konnten sich nimmer erheben,
sie jammerten: „Allah ist groß!
Wir kleben, wir kleben, wir kleben!
Wir kleben und kommen nicht los!"

Umsonst hat ihr Klagen und Weinen
die schweigende Wüste durchhallt,
sie mußten zu Mumien versteinen
und wurden, ach! selbst zu Asphalt.

So geht's, wenn ein Derwisch will minnen
und hat das Terrain nicht erkannt.
O Jüngling, fleuch eiligst von hinnen,
wo Erdpech entquillet dem Land!

DIE ERSTEN AMERIKANISCHEN FUNDE

Im 16. und 17. Jahrhundert war das Petroleum nicht nur im Orient und in Europa ein schon sehr bekanntes Produkt, sondern auch in Amerika, der eigentlichen Wiege der industriellen Ölgewinnung, wird es seit geraumer Zeit als gutes Heilmittel gegen Rheumatismus, Krebs, Brustkrankheiten und Geschwüre verwendet und außerdem zu Beleuchtungszwecken benutzt. Die erste Auswertung der Vorkommen ist uns aus der Zeit nach 1600 überliefert worden. Damals sollen die Indianer

West-Pennsylvaniens einen französischen Missionar zu einem Tümpel „schwarzen Wassers" geführt haben, der es dann als Arznei verwendete. Deswegen nannte man das Petroleum in Amerika die erste Zeit „Seneca-Oil", nach dem gleichnamigen Indianerstamm, der die Heilgebräuche damit eingeführt hatte.

Die Öltheoretiker schlossen auf Grund des Fettgehalts alle möglichen Folgerungen und einer von ihnen, ein Pastor, stellte sogar die theologische Behauptung auf, nach welcher das Petroleum ein Stoff sei, der einstmals den Boden des Paradieses gedüngt habe und dieser deswegen so fruchtbar gewesen sei. Nach dem Vertreiben der ersten Menschen aus dem Paradiese habe es sich dann in die Erde zurückgezogen und komme nun wieder zum Vorschein. Das einzige, was für diese Theorie spricht, ist die Tatsache, daß auf dem wahrscheinlichen Territorium des einstigen Paradieses in der Zwischenzeit bedeutende Ölfelder gefunden wurden, die heute die Irak Petroleum Co. und die Mosul Oilfields ausbeuten.

Auch der Vater des Petroleumkönigs, Dr. William Avery Rockefeller, ein ausgewanderter Schotte, der hier einem besseren Leben als er es in seiner Heimat gefunden hatte, nachjagte, zog, je nachdem wie das Geschäft sich gerade anließ, als Pferdehändler oder reisender Apotheker und Heilarzt während der ersten Jahrzehnte des vorigen Jahrhunderts mit Musik von Ort zu Ort und verkaufte das „Wundermittel" zu hohen Preisen, den Liter zu ungefähr 1,10 Mark.

Ein weiterer unternehmungslustiger Apotheker namens Samuel Kier aus Pittsburg, vernahm von den Gebräuchen der Indianer und beschloß gleichfalls sie auszuwerten. Er gründete die „Kiers Rock Oil" und begann nach dem Öl zu suchen und zu graben. In 40 Meter Tiefe stieß er auf Petroleum und fing einen regen Handel damit an. Die Gründung einer anderen Gesellschaft erfolgte in Newhaven. Bald nahm man das Petroleum, wo man es fand; schöpfte es mit Eimern aus den Gruben.

Nach kurzer Zeit überstieg der Bedarf an Leuchtpetroleum bei weitem den der bisher angepriesenen Ölarzneien. Dies erklärt sich schon allein daraus, daß bis zu jener Zeit Rüböl als Brennstoff Verwendung fand. Wer sich dieses ziemlich kostspielige Beleuchtungsmittel nicht leisten konnte, brannte Kerzen aus tierischen Fetten, insbesondere Walfischtran.

Um diese Zeit erschien nun eine Abhandlung über den Wert des Petroleums als Beleuchtungsmittel und es kann unter diesen Umständen nicht wundern, wenn sich nunmehr das allgemeine Interesse dieser Auswertung zuwandte. Kurz darauf erfolgte die Gründung einer neuen Gesellschaft, der Pennsylvania Rock Oil Company, die in der Nähe von Titusville Bohrungen anzusetzen beabsichtigte. Im Jahre 1858 trat in diese Gesellschaft ein Mister Drake, bekannt unter dem Namen Oberst Drake, ein. Er vermutete in etwas größerer Tiefe viel Öl anzutreffen und besorgte sich die erforderlichen Geräte und Werkzeuge. Zudem suchte er sich einen geeigneten Facharbeiter, um dieses Wagnis auch mit Erfolg durchführen zu können. Im April 1859 begann er mit den Bohrarbeiten, nachdem er sich hierfür den Salzbohrer Smith verpflichtet hatte. Das erste Bohrgerät war von sehr einfacher Art. Gebohrt wurde nach dem Seilschlagverfahren. Der Turm bestand aus ein paar roh zusammengehauenen Brettern. Die Geräte setzten sich hauptsächlich aus einer alten Dampfmaschine, einer Holzwinde und mehreren Hanftauen zur Meißelführung zusammen. Die ganze Anlage, die ein jämmerliches Bild darbot, bildete das Gespött der ganzen Umgebung. Doch Drake ließ sich nicht beirren. Er bohrte unverdrossen weiter, bis er am Samstag, dem 27. August 1859, eine Tiefe von 69½ Fuß erreichte. Sonntag war Ruhetag und als er am nächsten Tage zu seiner Bohrung kam, fand er das Bohrloch fast bis zum Rand mit einer dicken, schwarzen Masse, dem Öl, angefüllt. Die Geburtsstunde der industriellen Ölgewinnung war da. Ein neues Kapitel Weltwirtschaft hatte begonnen. Während der ersten Zeit betrug die Produktion etwa 400 Gallonen (1520 Liter) am Tag, nach einigen Wochen stieg sie auf täglich 24 Faß, einer Menge von etwa 3 Tonnen entsprechend, an.

Nun setzte ein großer Run ein, begann überall die Suche nach dem grünen Gold. Innerhalb von ein paar Monaten erstand um die erste Bohrung ein Wald von Bohrtürmen. Drake verdiente viel Geld. Zehn Jahre waren vergangen und schon umgaben Tausende von Sonden die Pionierbohrung, die im Jahre 6 Millionen Barrels förderten, tausendmal soviel, als die erste Bohrung gab. Um diese Zeit waren bereits 200 Millionen Dollar in der Ölindustrie investiert. Sechzigtausend Arbeiter lebten allein im Alleghany-Gebiet von dem Öl. Während 1860 ein Barrel noch die hohe Summe von 20 Dollar kostete, ist dieser Preis bis Ende 1870 auf noch nicht einen Dollar herabgesunken.

Lange Zeit hörte man dann von dem eigentlichen Begründer der Ölindustrie nichts mehr. Er hatte sich nach einigen Jahren von dem Bohrgeschäft zurückgezogen und sein Glück an der Börse versucht, doch bald hierbei sein ganzes Vermögen verloren. Erst in den achtziger Jahren wird sein Name noch einmal genannt, als der Staat Pennsylvanien dem vollkommen verarmten Manne wegen seiner Verdienste eine kleine monatliche Rente aussetzte.

DIE INDUSTRIELLE ENTWICKLUNG

Zu ungefähr der gleichen Zeit geht die Entwicklung in Europa, wenn auch in wesentlich kleinerem Ausmaße, vor sich. Nachdem 1733 52 und 1829 schon 82 flache und primitive Brunnen von Hand in Balachani bei Baku gegraben worden waren, brachte man in Rußland die erste eigentliche Bohrung 1866 auf der Halbinsel Kertsch am Schwarzen Meer nieder und erschloß ab 1872 das große Bakuer Ölfeld. In Galizien und Rumänien beginnt die Bohrtätigkeit um 1850. Für die Hannoversche Regierung teufte Hunaeus die ersten Bohrungen 1858 in Nordwestdeutschland ab. Zu Anfang arbeitete er mit einfachen Bohrapparaten, die er von Hand antrieb. Diese Methode blieb fast 20 Jahre in Betrieb. Erst dann kam die maschinelle Tiefbohrtechnik mit frei fallenden Meißeln und Kurbelantrieb zur Anwendung.

Die Ölfelder Britisch-Indiens wurden 1889, die Niederländisch-Indiens 1893 und die Mexikos 1901 erschlossen. In Venezuela, dem derzeit zweitgrößten Produzenten, begann die Aufschlußtätigkeit erst 1923.

Die industrielle Entwicklung der Ölgewinnung läßt sich in vier Hauptphasen unterteilen:

1. Die Entfaltung des Petroleumgeschäfts in den USA. bis zur Jahrhundertwende. Das Kennzeichnende dieses Zeitabschnitts ist das freie, gewinnsüchtige und rücksichtslose Gegeneinanderarbeiten, bis sich ab Anfang der 70er Jahre die großen Gesellschaften bildeten und schließlich die Standard Oil Comp. die Führung übernahm.
2. Von der Jahrhundertwende bis zum 1. Weltkrieg. Während dieses Geschichtsabschnitts sind die Hauptmerkmale die Entwicklung des Automobils und das erste Aufflammen des Konkurrenzkampfes zwischen der Standard Oil Comp. Rockefellers und der Royal Dutch-Shell Deterdings.
3. Der Weltkrieg 1914 bis 1918, währenddem die große Bedeutung des Öls erkannt wurde, und
4. der Kampf ab 1920 um dic Vormachtstellung, dessen Ursache in der Angst vor der Erschöpfung der eigenen Felder und der daraus entstehenden unübersehbaren Folgen zu suchen ist.

Die einzelnen Punkte sind hier nur kurz gestreift, eine ausführliche Schilderung darüber finden wir in den nächsten Kapiteln.

Mit der erhöhten industriellen Gewinnung trat auch die Frage der Verwendung und damit im Zusammenhang die der Verarbeitung in das Blickfeld des Interesses. Viele Vorschläge und Versuche zu einer besseren und ergiebigeren Ausnutzung des erbohrten Öls waren festzustellen. Das erste Patent auf ein Destillationsverfahren erhielt der Chemiker Geßner zur Herstellung von Lampenöl aus bituminösem Schiefer. Das erzeugte Produkt nannte er Kerosen. Kurze Zeit darauf stellten die Chemiker Merril und Atwood diese Methode auf das eigentliche Petroleum um. Das heutzutage so kostbare Benzin fiel fast sämtlich der Vernichtung anheim, da man damals so gut wie nichts damit anzufangen wußte. In den Chemiebüchern jener Tage wurde es nur als ein gefährliches und leicht brennbares Fleckputzmittel bezeichnet.

Doch die erste schnell aufsteigende Tendenz war nur von kurzer Dauer. Als sich das Gas und die Elektrizität durchsetzten, schien es mit der Bedeutung des Petroleums wieder vorbei zu sein. Plötzlich war von der stark angestiegenen Förderung nur mehr knapp die Hälfte abzusetzen und schon sank das Interesse an diesem flüssigen Stoff. Da begann um die Jahrhundertwende die Entwicklung des Verbrennungsmotors, die erst den eigentlichen Anstoß zum weiteren, industriemäßigen Ausbau der Ölgewinnung gab.

Fast zur gleichen Zeit, als Drake seine ersten Bohrungen niederbrachte, bastelte Ford in einem kleinen Schuppen Dearborns an einer Maschine herum, die der erste selbstfahrende Kraftwagen werden sollte. Aber außer ihm waren noch andere am Werk. Siegfried Markus baute ebenfalls an einem Explosionsmotor. Die von ihm konstruierte Maschine lief zuerst mit einem Zylinder 15 Minuten. Ein verbessertes Modell zeigte er 1875 auf der Wiener Weltausstellung. Dieses erreichte bereits eine Laufzeit von 3 Stunden. Während Rockefeller seine Standard Oil Comp. gründete, zeigte Benz sein erstes Automobil in Mannheim, das mit einer Stärke von ¾ PS in der Stunde 20 Kilometer zurückzulegen vermochte.

Die ersten Versuche waren bald überwunden und um 1900 trat das Automobil seinen Siegeszug an, begann das neue Zeitalter des Verbrennungsmotors. Nachdem im Jahre 1900 erst einige tausend Kraftfahrzeuge hergestellt wurden, erzeugten die USA. 10 Jahre später 187000 Kraftwagen und weitere 4 Jahre danach waren schon insgesamt 2 Millionen Personen- und Lastkraftwagen auf unserem Erdball in Betrieb. Dieser Bestand stieg bis 1922 auf 12 Millionen an und 1926 gab es bereits 24½ Millionen Automobile. Während die Fabriken um das Jahr 1930 jährlich 6 bis 7 Millionen Fahrzeuge herstellten, schrumpfte die Produktion infolge der eintretenden Wirtschaftskrise in 1932 auf nur 2 Millionen Kraftwagen zusammen und stieg dann allmählich wieder an. Im Jahre 1933 war schon wieder ein Absatz von annähernd 3 Millionen Automobilen zu verzeichnen und 1939 hatte der Kraftfahrzeugbestand einen neuen Höchststand von über 40 Millionen erreicht. Davon liefen allein in den USA. 28 und im englischen Mutterland 2,2 Millionen Personen- und Lastkraftwagen. Trotz der erheblichen Verluste während des letzten Krieges stieg der Kraftfahrzeugbestand in den letzten Jahren um weitere 2 Millionen Fahrzeuge an.

Nunmehr diente das Petroleum nicht mehr dazu, nur noch in stinkenden Lampen zu brennen. Die Zeiten, da, wie im Jahre 1900, von einer Weltproduktion von über 20 Millionen Tonnen nur 8 Millionen zur Erzeugung von Leuchtöl verwertet werden konnten, und ein kleiner weiterer Teil lediglich als ein gefährliches Fleckenputzmittel Verwendung fand, während der Rest den Raffinerien als lästiges Nebenprodukt große Sorgen bereitete, sind überstanden.

Längst überholt ist auch die Zeit, als gegen Mitte des 19. Jahrhunderts ein russischer Gouverneur von Baku eine Probe des dortigen Öls an die Akademie der Wissenschaften in St. Petersburg sandte und daraufhin den Bescheid erhielt, daß mit dem stinkenden Stoff nichts anderes anzufangen sei, als höchstens ein Schmieren von Wagenrädern.

Das bisher nicht verwendbare Benzin wird nun zu einem der wichtigsten Stoffe der Welt. Die Produktion so gut wie aller Verarbeitungsstätten stellt sich hierauf um; die an Leuchtpetroleum tritt zurück. Bald kann nicht genug Benzin hergestellt werden.

Zu dem Benzinmotor gesellt sich noch der Rohölmotor Diesels. Beide haben den Vorteil, daß Öl leichter und billiger in Kraft umzuwandeln ist als Kohle. Während 1913 noch 90% aller Kraft der Welt aus der Kohle erzeugt wurde, sind es 1930 nur noch 70%. Der Anteil des Öls ist in dem gleichen Zeitraum von 7 auf 24% angestiegen. Die Handels- und Kriegsflotten aller Länder stellen sich fast ganz auf Öl um. Im Jahre 1914 wurden 2,5% der Welttonnage mit Ölfeuerung angetrieben, 20 Jahre später, 1934, waren es schon 46 und 1939 54%. Heute sind bereits mehr als zwei Drittel aller Schiffe auf Ölfeuerung umgestellt.

Zu Anfang dieses Zeitabschnitts hatte Amerika und mit ihm die Standard Oil Comp. die unumstrittene Führung, doch schon machte sich der spätere große Konkurrent bemerkbar, die von Deterding geleitete Koninklijke Nederlandsche Maatschappij tot Explotatie van Petroleumbronnen in Nederlandsch Indie. Bei der Bedeutung, die dem Öl nunmehr beigemessen wird, kann der zwischen diesen beiden führenden Weltkonzernen ausgetragene Konkurrenzkampf nicht verwundern und macht es verständlich, daß er die Aufmerksamkeit der interessierten Regierungen Englands und Amerikas auf sich zog.

Der Kampf zwischen Rockefeller und Deterding bzw. der Standard Oil Comp. und dem aus der Verbindung der Koninklijke mit der Shell Transport and Trading Co., London, hervorgegangenen Royal Dutch-Shell Konzern, war von Anfang an ein Kampf zwischen zwei verschiedenen Anschauungen und zwei gegensätzlichen, handelspolitischen Systemen. Zudem kam noch der Ehrgeiz zweier Menschen, von denen jeder den ersten Platz für sich beanspruchen wollte.

Er begann, nachdem die Koninklijke ihr Kapital auf 5 Millionen Gulden erhöht hatte und Rockefeller versuchte, die Mehrheit der Aktien mit Hilfe von Börsentransaktionen an sich zu bringen. Deterding wußte dem jedoch durch Herausgabe weiterer, neuer Vorzugsaktien entgegenzuwirken. Das Hauptbestreben des großen Holländers ging von Anfang an dahin, einen kurzen Frachtweg zu den Lieferländern zu haben. Deshalb war er ständig bemüht, neue Bohrplätze an allen Punkten der Welt zu suchen, um so den ganzen Erdball billig beliefern zu können. Für ihn war die Fusion mit der „Shell", die die Verfrachtung des Öls übernommen hatte, von außerordentlicher Bedeutung, denn nur an ihr scheiterten die Boykottmaßnahmen Rockefellers.

Der amerikanische Petroleumkönig fing dagegen erst nach 1900 an, sich auch außerhalb Amerikas Konzessionen zu sichern. Bis dahin hatte er nur das Öl verfrachtet, verarbeitet und dieses wiederum verkauft. Deterding aber verfrachtete, verarbeitete und verkaufte das eigens erbohrte Öl. Als Rockefeller das gleiche Ziel anstrebte, war schon ein großer Teil der Produktionsgebiete in der Hand Deterdings. Admiral Fisher sagte einmal über ihn: „Er ist ein Napoleon an Mut und Stoßkraft und ein Cromwell an Tiefe der Einsicht."

Persien, der heutige Iran, wurde als fast einziges, größeres Produktionsgebiet nicht zum eigentlichen Schauplatz des Kampfes der angloamerikanischen Konzerne. Hier hatte es England verstanden, sich auf Jahrzehnte hinaus eine alleinige Ausbeute der ergiebigen Ölfelder im Südwesten des Landes gleich zu Anfang zu sichern. Das einst so mächtige Perserreich, das sich vor der Zeitenwende von Indien bis nach Äthiopien erstreckt hatte, war um 1900 das Kampffeld der Interessengrenzen Englands und Rußlands. Das Bestreben des zaristischen Rußlands ging dahin, den englischen Ausdehnungsdrang nach Osten soweit als möglich von seinem eigenen Lande, vor allem dem Ölgebiet des Kaukasus, fernzuhalten. Aber auch England trachtete danach, den russischen Einfluß möglichst weit von seinem Verbindungsweg nach Indien zu bannen. Im Jahre 1907 trafen dann beide Mächte ein Abkommen, wonach Persien in drei Zonen aufgeteilt wurde, und zwar eine nördliche russische, eine mittlere neutrale, und eine südliche englische Einflußsphäre.

Im Jahre 1889 hatte die englische Imperial Bank of Persia eine Konzession für die Ausbeute von Petroleum erhalten. Einige Jahre später wurde diese einer englischen Privatgesellschaft übertragen, deren Aufschlußarbeiten aber erfolglos blieben. Sie verkaufte ihre verbrieften Rechte an einen Perser namens Kitabschi Chan, einen unternehmungsvollen Kaufmann. Doch großen Erfolg hatte auch er nicht. Wohl fand er eine Quelle bei Chuster und mehrere Anzeichen in der Nähe Buschirs; es war aber nur so viel, daß er von dem Erlös des verkauften Öls gerade seine Abgaben an den Schah in Höhe von 2000 Toman im Jahr zahlen, die Löhne und Materialkosten decken und selbst ein bescheidenes Dasein fristen konnte.

Ungefähr 10 Jahre nach Erteilung der persischen Ölkonzession an die Imperial Bank kam ein Mister William Knot d'Arcy, ein Kanadier französischer Herkunft, nach Persien. Vorher hatte er sich in Australien an der Ausbeute der Goldminen von Mount Morgan beteiligt und viel Geld verdient. Ihm war bekannt, daß in diesem Land jahrhundertelang die „ewigen Feuer" in den Tempeln gebrannt hatten. Wenn diese auch heute erloschen waren, so mußten seiner Ansicht nach doch noch ergiebige Ölvorkommen vorhanden sein, die auszubeuten sich lohnen würde. Er kam mit Kitabschi Chan zusammen und wurde bald mit ihm einig. Doch auch er fand in diesem Konzessionsgebiet nichts.

Nun wollte er von sich aus auch andere Gegenden untersuchen. Nachdem er das Land einige Male durchstreift hatte, machte er im Jahre 1901 die Bekanntschaft des damaligen Schahs Nasr ed Din, einem Despoten, der sein Leben nur zwischen seinen Haremsfrauen verbracht und kein Interesse an großer Arbeit hatte. Als d'Arcy ihn um eine Konzession für das gesamte persische Gebiet mit dem Begründen bat, das Land auf seine Bodenschätze hin zu untersuchen und ihm dafür eine Summe von 200 000 Francs und eine Gewinnbeteiligung von 16% versprach, glaubte der „König der Könige", der sein Leben lang keinem Europäer die Hand gegeben hatte, um nicht durch die Berührung eines Ungläubigen die strahlende Reinheit seiner Seele zu trüben, daß dies das beste Geschäft sei, das er je machen könne, und willigte ein. Nur gab er d'Arcy nicht eine Konzession für sein ganzes Land, sondern schloß die fünf der russischen Einflußzone unterstehenden Provinzen davon aus, um nicht mit seinem nördlichen Nachbarn in Konflikt zu geraten. Es verblieb d'Arcy aber immer noch ein gewaltiges Gebiet, in dem er das ausschließliche Recht auf Suche, Ausbeutung und Export von Petroleum hatte. Kitabschi, der unternehmungslustige Perser, war hierbei auch als Kontrolleur der Regierung für die Einhaltung des Vertrages, insbesondere der Abgaben bei einem Fündigwerden, beteiligt.

Danach zieht d'Arcy von dem fruchtbaren Land des Weins, der Rosen und der Zypressenhaine in die Salz- und Steinwüsten der nördlicheren Gebiete. Jahrelang sucht er nach Öl, findet aber nichts. All sein Geld ist schon vertan, da geht er, immer noch den Glauben an die Richtigkeit seiner Vermutungen habend, nach London und beschafft sich Kredite. Bohrt dann erneut weiter, bis er endlich im Jahre 1907, 150 Kilometer nördlich des Persischen Golfes, auf Ölquellen stößt, die sich als äußerst ertragreich erweisen.

Nunmehr beteiligt er die Birmah Oil Co. und überschreibt ihr eine Teilkonzession über 250 000 Quadratkilometer. Bis zu diesem Zeitpunkt hatte d'Arcy 300 000 Pfund Sterling verausgabt. Im nächsten Jahr geht er nach London zurück und überträgt all seine Rechte der neu gegründeten Anglo-Persian Oil Co. Alles in allem war die fast 10jährige Tätigkeit in Persien für ihn ein gutes Geschäft. Für den Verkauf seiner Rechte erhielt er 200 000 Pfund Sterling in bar und Aktien im Nominalwert von 900 000 Pfund Sterling, die einige Jahre nachdem schon ein Mehrfaches wert waren. Auf Grund dieses Aktienpaketes hatte er sich auch einen Verwaltungssitz in der neuen Gesellschaft erworben.

Um ihn entstand dann noch eine Legende, nach der er, von der langen Sucharbeit ermüdet, beabsichtigte, sich in seine Heimat zurückzuziehen, ohne daß die Rechte ausgenutzt werden sollten. Angeblich wollte er einen Streit um die Konzession und das damit für das ganze Land verbundene Aufschrecken aus seiner Ruhe und Beschaulichkeit vermeiden. Auf seiner Rückfahrt habe er auf dem Schiff die Bekanntschaft eines Missionars gemacht, sich mit ihm angefreundet und ihm schließlich seinen Firman, die Konzessionsurkunde, überlassen, damit dieser sie für religiöse Zwecke verwenden könne, um so statt der Ingenieure Missionare, denen die Einreise von dem strenggläubigen Schah verboten war, in das Land bringen zu können. Nach der Legende soll der neue Freund aber ein Spitzel des englischen Geheimdienstes gewesen sein und die Urkunde der englischen Regierung übergeben haben. Wer diese Geschichte aufgebracht hat ist unbekannt, jedenfalls sollte sie in der damaligen Zeit des Kampfes dazu dienen, Stimmung gegen England zu machen.

Ein Staat, der von den beiden Riesenkonzernen unabhängig blieb, ist Rußland. Die Brüder Ludwig und Robert Nobel, deren Vater von Schweden eingewandert war, errichteten im Kaukasus Bohrtürme und Raffinerien, bauten kleine Tankdampfer, mit denen sie das Öl über das Kaspische Meer nach Astrachan und von dort über die Wolga in das Innere des Landes verfrachteten.

Der älteste Sohn Ludwig Nobels, Emanuel, wurde der spätere russische Petroleumkönig. Als sein Onkel Alfred, der in seiner Jugend nach Schweden zurückgewandert war und dort das Dynamit erfunden hatte, starb, sorgte Emanuel Nobel dafür, daß das Testament seines Onkels vollstreckt und somit die 35-Millionen-Stiftung der Nobelpreise begründet wurde. Er erlebte noch das wechselvolle Schicksal Bakus und starb im Jahre 1932.

Der entbrannte erste Weltkrieg hat den Völkern so recht vor Augen geführt, welch ein wichtiges Produkt das Petroleum einschließlich seiner Destillate ist. Während dieser Kriegsjahre ruhte der Konkurrenzkampf zwischen den anglo-amerikanischen Konzernen fast ganz. Dafür übernahmen beide in geschickter Weise die Belieferung der Regierungen mit Auto- und Flugbenzin, Diesel-, Heiz- und Schmierölen.

Mehrere strategische Bewegungen verfolgten den Zweck, Ölfelder zu gewinnen oder den Gegner davon abzuschneiden. So sind die Kämpfe in Persien, Mesopotamien, Rumänien und Galizien teilweise zu erklären.

Die galizischen Ölfelder gingen den Österreichern im Jahre 1914 verloren und blieben bis zum Frühjahr 1915 in russischem Besitz. Bei der schnellen Räumung waren sie weder in der Lage gewesen, die Ölvorräte, noch das Material abzutransportieren, ja, die Verwaltungen setzten zumeist ihre Arbeit unter der russischen Besatzung fort. Bis zum Mai

1915 hatte sich ein Vorrat von 800000 Tonnen Öl angesammelt. Als die Russen dann das Gebiet wieder räumen mußten, verbrannten sie nur einen Teil des Öls und überließen den Mittelmächten weit über die Hälfte der angesammelten Vorräte.

Anders sah es in Rumänien aus. Nachdem die Türkei im Herbst 1914 die Dardanellen schloß, verlor Rumänien den größten Teil seiner westeuropäischen Abnehmer, die es bisher über das Mittelmeer belieferte, und war nun auf den Absatz an die Mittelmächte angewiesen. Im Oktober des gleichen Jahres erließ es jedoch das Ausfuhrverbot an Kriegführende. Um den Rumänen finanziell zu helfen, kauften englische und französische Firmen, obwohl keine Ausfuhrmöglichkeit bestand, die nicht absetzbaren Benzinmengen. Somit war bei dem Kriegseintritt Rumäniens ein Treibstoffvorrat von 2 Millionen Tonnen vorhanden.

Anläßlich der Eroberung Constanzas durch die Deutschen fiel ihnen allerdings nur ein Bruchteil der Vorräte, etwa 100000 Tonnen, in die Hände. Als im November 1916 die Gefahr für das Ölgebiet selbst akut wurde, drängten die Westmächte auf eine Zerstörung der Felder. Die zuerst vorgesehenen Sprengungen der Bohrlöcher mit Dynamit unterblieben, um nicht die Ölhorizonte für immer zu vernichten, und sie setzten nur die Bohrtürme, Maschinenhäuser, Tanks und Ölvorräte in Brand, vernagelten die Bohrlöcher, indem sie Meißel, Stangen, Bohrer und andere Gegenstände hineinwarfen oder die Sonden mit Zement verfüllten. Infolge dieser Zerstörungsmaßnahmen war nach der Inbesitznahme des Ölgebietes seitens der Mittelmächte eine jahrelange Arbeit erforderlich, um die Sonden wieder in Betrieb nehmen zu können. Nach zwei Jahren, im Herbst 1918, arbeiteten von den 962 Bohrlöchern wieder 432, während die restlichen immer noch stillagen. Während hier die Kämpfe um die Gewinnung des Öls geführt wurden, hing die Weiterführung des Krieges an der Westfront und damit die Entscheidung von der ausreichenden Versorgung der kämpfenden Truppe mit Treibstoff ab.

Als Ende 1917 die Franzosen nur noch über knapp 30000 Tonnen Öl verfügten, was dem Verbrauch von einem Monat ohne Großkampftage entsprach, glaubte der damalige Chef der Materialverwaltung des französischen Heeres, Bérenger, den Krieg zu verlieren. In einem letzten Versuch weist er Clemenceau auf die ungeheure Gefahr hin, in der Frankreich schwebt, und bittet ihn, alles daran zu setzen, damit von den Alliierten Öl zur Verfügung gestellt wird. Daraufhin sendet Clemenceau das berühmt gewordene Telegramm nach Washington: „Die Unmöglichkeit, unsere Benzinvorräte zu ergänzen, würde die sofortige Lahmlegung unserer gesamten Armeen zur Folge haben. Wenn die Alliierten den Krieg nicht verlieren wollen, dann dürfen sie im Augenblick der bevorstehenden deutschen Offensive nicht tatenlos zusehen, daß Frankreich ohne Öl bleibt, denn das Öl ist das Blut der Schlachten, das die Kriege gewinnt." Präsident Wilson veranlaßte nunmehr, daß sofort eine große Tankerflotte nach Frankreich auslief und es mit Öl versorgte. Um mit den Worten Lord Curcons zu sprechen, trug diese Woge von Öl die Alliierten zum Siege.

Nachdem im November 1917 Frankreich noch einen Kraftstoffvorrat für nicht ganz einen Monat hatte, verfügte das französische Heer zu Beginn der Offensive im März 1918 über 200000 Tonnen Benzin und Öl. Ein Großkampftag allein verschlang beispielsweise 12000 Tonnen Treibstoff. Während die deutschen Armeen infolge des Mangels an Brennstoffen erstarben, half dieser Kraftstoffnachschub den Alliierten zum Siege, der jedoch nicht nur mit Öl, sondern auch mit viel Blut erkämpft werden mußte.

Deterding hatte Frankreich während der Kriegsjahre über 1 Million Tonnen Heizöl und riesige Mengen an Benzin geliefert. Neben diesen Lieferungen hatte er von sich aus der französischen Regierung Kredite über annähernd 300 Millionen Francs für den Erwerb des für die Kriegsführung so wichtigen Xylol und Toluol gewährt. Die Bestandteile beider Stoffe kamen zu jener Zeit nur in den Ölen Borneos vor und die synthetische Herstellung war den Alliierten noch nicht bekannt. Von Deterding sagte Bérenger nach dem Kriege nicht zu Unrecht, er habe für Frankreich Unvergleichliches geleistet.

Während 1914 54 Millionen Tonnen Öl gefördert wurden, betrug die Weltproduktion im Jahre 1917 ungefähr 70 Millionen, wenn auch die Produktion im Kaukasus von 9,2 auf 3,7 Millionen sank und andere Gebiete, wie Rumänien und Galizien, durch die Kriegseinflüsse stark gelitten hatten. Den Ausgleich schafften die USA., die in der gleichen Zeit eine ungefähr 50prozentige Steigerung erzielen konnten. Von diesen 70 Millionen Tonnen standen der Entente 68 und den Mittelmächten in Rumänien, Galizien, Deutschland und dem Elsaß 1,7 Millionen zur Verfügung.

In den folgenden 20 Jahren spielte das Öl nicht nur bei dem Abschluß der Friedensverträge und der Neuverteilung der Besitzanteile, wie z. B. der der Irak Petroleum Co., eine große Rolle, sondern jeder der beiden großen Partner will seine Machtstellung soweit als möglich festigen und ausbauen.

Deutschland hatte sich mit der Deutschen Bank als Aktionärin und der Deutschen Erdöl AG. als Interessengruppe kurz vor Ausbruch des Krieges von 1914 bis 1918 an der Ausbeutung der damals noch zur Türkei gehörenden mesopotamischen Ölfelder beteiligt. Das türkische Staatsoberhaupt hoffte, bei den seinerzeitigen Verhandlungen mit den Engländern durch die Anwesenheit einer weiteren Macht bessere Bedingungen für sich herauszuholen und zog deshalb Deutschland zu den

Verhandlungen zu. Das Ergebnis war die Gründung der Türkisch Petroleum Company, einer englisch-türkisch-deutschen Gesellschaft. Hieran war die Türkische Nationalbank mit 50 und die Royal Dutch-Shell sowie die Deutsche Bank mit je 25% beteiligt. Zu Anfang des Jahres 1914 übernahm die Anglo-Iranien Oil Co. die Anteile der Türkischen Nationalbank, so daß die englischen Interessen mit 75% vertreten waren.

Im Frühjahr 1919 schloß England mit Frankreich einen Vertrag, wonach Frankreich den deutschen Anteil zugesprochen erhielt. Hiergegen erhoben aber die USA. Einspruch. Gleichzeitig sandten sie einen Beauftragten nach Ankara, der Besprechungen mit Kemal Pascha über die Verlegung mehrerer Bahnlinien, die Gewährung eines Staatskredites und über die Erschließung der Ölfelder führte. Zwischendurch entbrannte noch eine blutige Auseinandersetzung zwischen der Türkei und Griechenland, bei der erstere siegreich blieb. Verschiedentlich wurde behauptet, die an den Ölfeldern interessierten Mächte hätten hierbei ihre Hände im Spiele gehabt. Zwischen den Gruppen kam schließlich eine Einigung und im Jahre 1922 eine neue anteilmäßige Aufteilung zustande. Es erhielten die Anglo-Iranian, die Royal Dutch-Shell, die Standard Oil Company und die Compagnie française des Pétroles je 23,75 und ein gewisser Calouste Sarkis Gulbenkian, ein Armenier, 5%. Ein Einspruch der Türkei, die eine erneute Beteiligung gefordert hatte, blieb erfolglos, nachdem der Völkerbund diesen im Jahre 1928 ablehnte und die oben angeführte Verteilung bestätigte, denn von der Türkei trennte man das Wilajet Mossul und die Gebiete am Mittel- und Unterlauf des Euphrat und Tigris nebst den angrenzenden Steppengebieten ab, nannte dieses Stück Land Irak und unterstellte es dem Völkerbund, der dann England das Mandatsrecht übertrug. Die Engländer gaben dem Land kurz darauf seine Selbständigkeit, wandelten es in ein Königreich um und setzten einen arabischen Scheich als König Feisal I. ein.

Im Jahre 1946 erklärte England die 1922 erfolgte Kapitalsaufteilung als nicht mehr gültig, weil nach der deutschen Invasion im Jahre 1940 die französische Beteiligung unter das Gesetz über den Handel mit dem Feinde gefallen sei. Erst nach energischen Protesten der französischen Regierung kam ein neues Abkommen zustande, wonach die Kapitalsbeteiligung blieb und darüber hinaus Frankreich nicht mehr wie bisher eine der Beteiligung entsprechende Ölquote erhält, sondern der weitaus größte Teil des französischen Gesamtbedarfs nunmehr aus diesem Gebiet gedeckt wird.

Die bekanntesten Ölfelder liegen nahe der iranischen Grenze bei Kirkuk und Mossul. Sie erstrecken sich über eine Fläche von 90000 qkm. In 1926 wurde der erste Brunnen erbohrt, der innerhalb drei Tagen

36000 Tonnen Öl lieferte. Die nächsten Bohrungen waren genau so ergiebig.

Infolge des schwierigen Abtransports blieben die Sonden bis zur Verlegung der Doppelrohrleitung nach Tripolis und Haifa stark gedrosselt. Über 15000 europäische und orientalische Arbeiter waren eingesetzt. Zuerst mußten aber zur Sicherstellung der Wasserversorgung über 100 artesische Brunnen erbohrt werden. Außerdem bereitete der Abtransport des Materials von dem Ausladehafen Basra große Schwierigkeiten, so daß erst 1934/35 die Inbetriebnahme der Leitung erfolgen konnte. Von diesem Zeitpunkt ab nahm die Förderung rapide zu. Während 1933 die Förderung noch 100000 Tonnen betrug, stieg sie im darauffolgenden Jahr schon auf 1,1 und in 1935 auf 3,6 Millionen. Im Jahre 1938 produzierten nur 15 Sonden, die 4,3 Millionen Tonnen Öl lieferten. In den darauffolgenden Jahren schwankte die Förderung zwischen 3,5 und 4,5 Millionen Tonnen. Neben dem Mossul-Kirkuk-Distrikt wurde auch seitens der Basrah Petroleum Co. im Süden des Landes gebohrt. Bei einer stärkeren Erschließung ist ohne weiteres eine Förderung von jährlich 8 bis 10 Millionen Tonnen zu erreichen. Die sicheren Vorräte belaufen sich auf 1,1, die wahrscheinlichen auf 1,3 Milliarden Tonnen. Sie reichen bei gleichbleibender Förderung noch für 180 und bei gesteigerter Produktion für 90 bis 100 Jahre aus.

Von den Großmächten haben nur zwei einigermaßen ausreichende Ölvorräte im eigenen Land, und zwar sind dies die USA. und Rußland. England hat im Mutterland keine eigenen Ölvorkommen, seine Versorgung ist aber dank seiner beiden Ölriesen, der Royal Dutch-Shell und der Anglo-Iranian Oil Co., sowohl für die Insel als auch für das Weltreich gesichert. Zudem kommt noch seine große Tankerflotte.

Alle anderen Länder sind wesentlich schlechter gestellt. Frankreich erhielt nach dem ersten Weltkrieg Pechelbronn wieder zugesprochen, dessen Ertrag jedoch unbedeutend ist. So war es gezwungen, von England, Amerika, Rußland und Rumänien Öl zu kaufen. Sein jährlicher Bedarf ist erheblich größer als der der meisten anderen europäischen Länder. Seine Sicherung ist die Beteiligung an der Irak Petroleum Co. Außerdem erhielt es nach dem ersten Weltkrieg die deutschen Anteile in Rumänien zugesprochen. Auf Grund des jetzt dort herrschenden russischen Einflusses wurden die ausländischen Besitzanteile verstaatlicht. Über die Entschädigungsansprüche konnte bislang noch keine Einigung erzielt werden. Von der Produktion in Polen gehörte Frankreich bis zum Ausbruch des Krieges in 1939 70% der Förderung.

Ein wichtiger Faktor bei dem Kampf um neue Ölgebiete war in den letzten 25 Jahren die Frage: Wann geht das Öl zur Neige? Die erste öffentliche Diskussion über dieses Thema hatte Anfang der zwanziger Jahre eine katastrophale Wirkung. Mehrere Untersuchungskommissionen wurden in den USA. von der Regierung, der Standard Oil Co. und dem American Petroleum Institute eingesetzt, die alle verschiedene, teilweise sehr voneinander abweichende Ergebnisse zeitigten. Plötzlich sollte der Vorrat nur noch 6 bis 8 Jahre vorhalten, worauf ein neuer Wettlauf um die Erschließung neuer Felder begann. So war das Öl im Laufe von 50 bis 60 Jahren zum Blut der Wirtschaft geworden, bildete geballte Energie.

Infolge der teilweise sehr heftigen und unverblümt ausgetragenen Konkurrenzkämpfe kam in den kleinen Ländern, die bisher auf die Abnahme ihres Öls seitens der großen Konzerne angewiesen waren, und nun bei dem ständigen weiteren Anwachsen des Bedarfs eine eigene Absatzmöglichkeit sahen, nach und nach der Gedanke auf, die Gewinne selbst zu erzielen oder wenigstens eine größere Gewinnbeteiligung zu erreichen. Nachdem Rußland den ersten Schritt hierzu bereits im Jahre 1920 unternommen hatte, erklärte 1924 Rumänien alle Bodenschätze als Staatseigentum. In 1932 kündigte Persien den Vertrag mit der Anglo-Persian Oil Co., der jetzigen Anglo-Iranian Oil Co., und erreichte eine höhere Gewinnbeteiligung, enteignete 1938 Mexiko die ausländischen Beteiligungen und erklärte Brasilien im gleichen Jahre das Öl zum staatlichen Monopol. Kolumbien und Venezuela setzten einige Zeit später ebenfalls neue, etwas höhere Abgaben durch.

In Persien stieg die Produktion in den zwanziger Jahren besonders stark an. Während im Jahre 1913 noch 80000 Tonnen gefördert wurden, waren es 1922 schon 3,2 und 1925 bereits 5 Millionen Tonnen. Die Anglo-Persian wuchs zu einer Macht größten Ausmaßes heran. Von Anfang an hatte sie erkannt, daß der Hauptwert auf einen gesicherten Transport zu legen ist und deshalb für den Ausbau einer großen, eigenen Tankerflotte Sorge getragen.

Das 1935 in Iran umbenannte Persien ist so groß wie England, Frankreich, Italien und Deutschland zusammen, und hat nur ungefähr 10 Millionen Einwohner. Es erwachte unter seinem Schah Resah Khan aus einem langen Schlaf und begann allmählich auch einen industriellen Ausbau.

Resah Khan stieg innerhalb von 4 Jahren zum obersten Befehlshaber der persischen Armee auf, wurde dann Kriegsminister und schließlich Schah-i-Schah, Kaiser und alleiniger Herrscher über alle Perser. Unter seiner Herrschaft gedieh das Land zu neuer Blüte. Wie alle Orientalen, ging er dabei äußerst vorsichtig zu Werke. Da die von ihm erhobene Tee- und Zuckersteuer nicht ausreichte, baute er mit den Abgaben der Anglo-Persian, die ein Sechstel der gesamten Staatseinnahmen ausmachten, eine Eisenbahnlinie, um das Land vom Süden bis zum Norden zu erschließen. Diese Bahnlinie führte über eine Strecke von 1500 km und passierte schwierigstes Gelände. Beschäftigt wurden 45000 persische Arbeiter, 150 Tunnels und über 4000 Brücken waren zu bauen, als größte

Erhebung im Elbrusgebirge eine Höhe von 2100 Metern zu überwinden. Das persische Volk, welches vorher etwas Gleichartiges nie gesehen hatte, war stolz auf diese Tat und stand fest und geschlossen hinter seinem Schah. So konnte er es wagen, bereits 1928 die Vorrechte der Ausländer aufzuheben.

Auch mit der Anglo-Persian kam es bald zu Differenzen. Schlauerweise unterhielt er nicht nur Beziehungen zu England, sondern auch zu Rußland und Amerika und holte sich von dort viele Ratschläge. Nachdem bereits 1920 ein Übereinkommen bezüglich der Feststellung des jährlichen Reingewinns getroffen und bisher nur kleine Differenzen entstanden waren, warf er im Jahre 1932 der Anglo-Persian Bilanzverschleierungen vor und behauptete, daß sie in den letzten 10 Jahren nicht wie angegeben 70, sondern 200 Millionen £ verdient habe. Nach längeren Verhandlungen konnte eine Einigung erzielt, und sollte ein Zahlungsabkommen im Mai 1932 von der persischen Regierung ratifiziert werden.

Inzwischen überwies jedoch England die anteilige Summe für das Jahr 1931, die nur einen Teil des Betrages für 1930 ausmachte. Die persische Regierung weigerte sich, diese Summe anzuerkennen und kündigte schließlich Ende November 1932 den Konzessionsvertrag aus dem Jahre 1901.

Dies war nicht nur wirtschaftspolitisch, sondern auch finanziell betrachtet ein gewagter Schritt des im Vergleich zu dem britischen Empire kleinen Landes, denn wenige Industriezweige der Welt sind so kapitalintensiv wie die Ölindustrie. Allein die Erschließung neuer Bohrfelder kostet erhebliche Summen, so daß kapitalsschwache Länder eine solche Industrie bisher nicht aus eigener Kraft aufbauen konnten und auf die Hilfe der großen Ölgesellschaften angewiesen waren. Zu der sehr kostspieligen Bohrtätigkeit und Förderung kommt zudem noch die ebenso teuere Einrichtung großer Verarbeitungswerke hinzu. Als sofortige Gegenmaßnahme gegen diesen unerwarteten, in englischen diplomatischen Kreisen große Erregung hervorrufenden Schritt, kündigte England alle Kredite. Bei der Bedeutung, die der Produktion dieses Landes zukommt, ist diese Maßnahme nur zu verständlich. Kurz darauf fuhr John Baron Cadman of Silverdale, der Präsident der Anglo-Iranian, selbst nach Teheran und brachte nach anfänglichen, heftigen Debatten schließlich eine Einigung zustande. England zahlte als Entschädigung eine Summe von 1 Million £ und fortab statt der 16% eine Abgabe von 20% des Reingewinns und außerdem eine Sondersteuer von 9 Pence für eine jede geförderte Tonne Öl. Zudem kam noch eine Beschränkung des Konzessionsgebietes auf eine Fläche von 100 000 qkm. Die im Herbst 1948 zwischen der iranischen Regierung und der Anglo-Iranian Oil Co. geführten Verhandlungen sollen unter anderem eine weitere Erhöhung der Gewinnbeteiligung der Regierung im Verhältnis zur Fördersteigerung zum Ziele haben.

Von nun ab stieg die Produktion fast ununterbrochen an, 1934 waren es bereits 7,685 und 1937 10,330 Millionen Tonnen. Im Grunde genommen hat der Iran dem Engländer einiges zu verdanken. Durch sie wurde erst die Aufschließung des Landes ermöglicht, entstanden überall neue Siedlungen, wo bisher einsame Wüsten waren. Das Land wurde urbar gemacht, in vielen Werken und Fabriken arbeiten Tausende von iranischen Arbeitern und Angestellten. Der neuerdings von der iranischen Regierung aufgestellte siebenjährige Wirtschaftsplan soll vor allem dem Ausbau der Bewässerung des Landes, dem Straßenbau sowie dem Eisenbahn-, Post- und Telegrafenwesen, einer Verbreiterung der Industrie und der Reorganisation des Gesundheitswesens dienen. Die hiermit verbundenen immensen Ausgaben werden zu einem beträchtlichen Teil aus den Ölabgaben gedeckt. So wandelte sich im Laufe der letzten drei Jahrzehnte das Reich der Rose und des Weins zu einem Hauptproduzenten des Öls.

In unserem jetzigen industriellen Zeitalter, wo das Öl ein Viertel aller Kraft der Welt erzeugt, in den USA., als dem größten Produzenten und Verbraucher beträgt dieser Anteil sogar über ein Drittel, flammt der Konkurrenzkampf zwischen den beiden großen anglo-amerikanischen Gesellschaften zwischendurch immer wieder auf. Dies, obgleich die Weltölgewinnung und die Erschließung neuer Reviere beträchtliche Fortschritte gemacht und dadurch die gewisse, gespannte Stimmung, welche zu Anfang der 20er Jahre die Weltwirtschaftspolitik beherrschte, sich mehr und mehr gelegt hat und die beiden großen Konzerne bereits in einigen Gebieten friedlich mit- und nebeneinander arbeiten. Demzufolge behält der Ausspruch des Adjutanten Deterdings, Sir Elliot Alves, daß Armeen, Flotten, alles Geld der Welt und selbst ganze Völker ein Nichts sind gegen den, der das Öl beherrscht, auch weiterhin Gültigkeit.

Die Richtigkeit dieses Ausspruchs hat sich in dem soeben beendeten fast 6jährigen Ringen besonders krass gezeigt. Wiederum war die weitaus bessere Kraftstoffversorgung für den Sieg ausschlaggebend. Dies ist auch nur zu erklärlich, wenn wir folgendes bedenken: Den Vereinten Nationen standen über 90% der Weltpetroleumerzeugung zur Verfügung, während Deutschland selbst nur mit 0,2% an der Weltförderung beteiligt ist und auf Grund der Gewinnung in den von ihm besetzten Ländern diesen Anteil auf 3 bis 4% steigern konnte. Weitere etwa 4% erzeugte Japan, und die wieder vornehmlich in dem von ihm vorübergehend besetzten Niederländisch-Indien. Die eigene japanische Produktion ist genau so gering wie die Deutschlands.

Zu dem Öl kommen aber noch die ganzen anderen Rohstoffe, von denen die USA., England mit seinem Imperium, Frankreich einschließlich seiner Kolonien und Rußland allein 85% beherrschen und gleichzeitig über 62% der Erdoberfläche kontrollieren.

Durch das im vorigen Jahr ratifizierte Ölabkommen sind die Rivalitäten der beiden großen Ölgesellschaften weitgehend bereinigt worden, doch wird, solange es Petroleum gibt, weiter um seinen Besitz gerungen werden.

Wenn wir auch auf dem Wege der Atomzertrümmerung einen beachtlichen Schritt vorwärts gekommen sind, so dauert es doch noch eine geraume Zeit, bis eine diesbezügliche Wandlung in der Antriebsfrage eintritt. Und auch dann ist das Petroleum und seine Destillate für eine Vielzahl von Verwendungsgebieten nicht zu entbehren.

ROCKEFELLER, DIE STANDARD OIL CO. UND DIE VERSORGUNG DER USA.

DER WERDEGANG ROCKEFELLERS UND DIE ENTWICKLUNG DES STANDARD-KONZERNS

John Davidson Rockefeller sen., der amerikanische Petroleumkönig, wurde am 8. Juli 1839 bei Rickford im Staate New York als ältester Sohn von sieben Kindern geboren. Sein Vater hatte bereits mit Petroleum gehandelt und es als Arzneimittel verkauft. Von ihm, dem späteren Leiter mehrerer kleiner Unternehmungen, hatte er die Geschäftsmethoden erlernt, von seiner Mutter, einer Pächterstochter, den Sinn für das Sparen, Freigebigkeit und Familienleben ererbt.

Mit 15 Jahren besuchte der junge Rockefeller die Handelsschule. Nach einem Jahre glaubte er schon so weit zu sein, selbst Geld verdienen zu können und trat in ein Gemischtwarengeschäft ein. Bald stieg er zum ersten Buchhalter auf und verdiente 40 Dollar im Monat. Als Rockefeller mehr forderte und ihm dies nicht bewilligt wurde, beschloß er, an anderer Stelle sein Glück zu versuchen. Der 20jährige Sohn borgte sich von seinem Vater mehrere hundert Dollar, gründete mit einem Freund ein eigenes Gemischtwarengeschäft und verkaufte darin auch Leuchtpetroleum. Es war dies ein Jahr, nachdem Drake seine erste Bohrung niedergebracht hatte. Gesundheitlich ging es ihm währenddem nicht gut. Rockefeller litt so schwer an einer Magenkrankheit, daß ihm die Ärzte nur noch kurze Zeit gaben. Aber zäh hielt er bei Diät mit Zwieback, Milch und Butter fast zwei Jahre aus und genas.

Im Jahre 1862, also mit 23 Jahren, beschloß er, sich dem Öl zuzuwenden und beteiligte sich an der Raffinerie eines Samuel Andrews, der es verstand, einen höheren Prozentsatz Leuchtöl als die anderen zu erzeugen. Außerdem fand er als erster eine Verwendungsmöglichkeit für einen Teil der anfallenden Nebenprodukte. Dies erschien Rockefeller günstig, er steckte sein Geld in den Andrewsschen Betrieb und vergrößerte ihn.

In diese Zeit fällt auch seine Eheschließung mit Fräulein Laura Speelmann, einer Handelsschullehrerin, die an der Schule unterrichete, an der er gelernt hatte. Aus dieser Ehe gingen fünf Kinder hervor.

Die Beteiligung an dem Gemischtwarengeschäft dauerte nur 3 Jahre, dann gab Rockefeller sie auf und widmete sich seitdem nur noch dem Öl. Inzwischen war sein Vermögen schon auf 50000 Dollar angewachsen. Er arbeitete nunmehr selbst jeden Kaufvertrag aus, prüfte die Ölsendungen, gab beschädigte Fässer zurück und versuchte schon jetzt, sich günstige Frachtsätze zu sichern. Nach weiteren 2 Jahren, 1867, interessierte er einen früheren Geschäftsfreund namens Flager an dem Betrieb, der sich mit 70000 Dollar beteiligte. Hierauf errichteten beide eine zweite Raffinerie, eröffneten gleichzeitig mehrere Verkaufsfilialen in der näheren Umgebung und eine in New York. Außerdem bauten sie einige Rohrleitungen, sicherten sich rechtzeitig große Konzessionsgebiete für die spätere Verlegung weiterer Leitungen und fingen so an, ihre Konkurrenten allmählich matt zu setzen.

Von Anfang an war der Zusammenschluß einer größeren Zahl von Raffinerien eines der Hauptziele Rockefellers. Im Jahre 1870 hatte er an die 30 Verarbeitungswerke von den Vorteilen einer Vereinigung überzeugt und gründete die Standard Oil Company. Zu diesem Zeitpunkt, also mit 31 Jahren, war er schon Millionär. Die Verarbeitungskapazität der zusammengeschlossenen Werke betrug ungefähr 5% der amerikanischen Erzeugung. Mit dem Bohren befaßte er sich die ersten Jahrzehnte nicht, sondern die von ihm geleiteten Gesellschaften dienten lediglich dem Zweck, das Öl im rohen Zustand zu kaufen, zu verarbeiten und wieder zu vertreiben. Allerdings war sein Hauptaugenmerk auf den Transport gerichtet, sein ganzes Tun und Denken in dem einen Gedanken konzentriert: „Wie kann ich das Öl am billigsten vom Bohrturm zur Verarbeitungsstätte und von dort zum Verbraucher transportieren?"

Die Eisenbahngesellschaften stellten schon damals einen großen Machtfaktor dar, aus diesem Grunde mußte man nach seiner Ansicht selbst eine Macht sein. Deshalb versuchte er, den Zusammenschluß von immer mehr Gesellschaften zustande zu bringen, um so Vorzugstarife erreichen zu können. Innerhalb von drei weiteren Jahren hatte Rockefeller fast alle Raffinerien des Staates Ohio in seiner Hand vereinigt. Gleichzeitig verlegte er immer mehr Rohrleitungen über Hunderte von Kilometer. Die Kosten des mittels dieser Pipe-lines beförderten Öls beliefen sich nur auf ein Weniges des der Eisenbahnfracht. Weiterhin sicherte er sich immer ausgedehntere Konzessionsgebiete und machte es somit seinen Konkurrenten unmöglich, eigene Leitungen zu verlegen.

Nunmehr bestand auch die Möglichkeit, deren Öl zu dem von ihm diktierten Preis zu transportieren.

Wenn die Standard bis zum Jahre 1882 nur eine Vereinigung von etwa 35 selbständigen Gesellschaften darstellte, so kamen diese jetzt überein, einheitliche Preise für das Öl zu zahlen und gleichfalls für die Raffinate zu verlangen, gemeinsame Transportmittel zu benutzen, das Kapital zusammenzulegen und die Verwaltung mehreren Treuhändern zu übertragen, zu deren Vorstand man Rockefeller ernannte. Das Anfangskapital dieses Trusts betrug 70 Millionen Dollar. Jetzt bereitete es keine Schwierigkeiten mehr, Vorzugstarife zu erlangen und die kleineren, nicht angeschlossenen Werke niederzuhalten. Der Hauptverwaltungssitz war nunmehr in New Jersey, von wo ein Unternehmen geleitet wurde, dessen Bedeutung die Welt bald zu spüren bekam.

Doch ganz ungehindert sollte die Standard ihre Macht nicht entfalten können. Die Geschädigten wandten sich zwecks Hilfe und Unterstützung an den amerikanischen Staat. Daraufhin erließ die Regierung zu Beginn des Jahres 1887 ein Gesetz, das eine weitere Vertrustung verhindern sollte. Als dies nichts half, erklärte 1892 der oberste Gerichtshof die Standard für ungesetzlich und befahl ihre Auflösung. Der Trust liquidierte und die einzelnen Gesellschaften hatten nach außen wieder ihre Selbständigkeit. Im Grunde genommen blieb aber alles beim alten. Statt der Konzernbesprechungen trafen sich gelegentlich einige Privatleute und plauderten über geschäftliche Dinge. Damit hatte Rockefeller das „gentleman agreement", eine Vereinbarung von Ehrenmännern, eingeführt.

Als nach 7 Jahren die feindliche Stimmung nachgelassen hat, schließen sich die Gesellschaften wieder zusammen. Einige Jahre später, 1907, kommt jedoch der Rückschlag. Die Standard wird wegen Nichtbefolgens des Anti-Trustgesetzes zu einer Strafe von 27 Millionen Dollar verurteilt und der Richterspruch im Jahre 1911 für rechtskräftig erklärt. Das Gesellschaftskapital betrug zu jener Zeit fast 100 Millionen Dollar. Die Aktien waren in Papieren zu je 100 Dollar ausgegeben worden, deren Kurs, dem Wert der Werksanlagen entsprechend, sich auf ein Mehrfaches, etwa 700 Dollar je Stück, belief. Statt nun bei der neuen Auflösung regelrecht zu liquidieren, zahlte Rockefeller den Aktionären pro Papier den Nominalwert von 100 Dollar. Mithin hatte er nur einen Teil des tatsächlichen Wertes zurückgezahlt. Die einzelnen Werke gaben sodann von sich aus neue Aktien heraus, die zusätzliches Geld brachten, mit dem weitergearbeitet werden konnte. Auf diese Weise blieb das Machtgebäude des Standard-Konzerns nicht nur bestehen, sondern es hatte noch eine beträchtliche finanzielle Stärkung erfahren.

Rockefeller zeigte sich immer sehr freigebig und tat viel für die Armen und Kranken. Allein für wohltätige, kulturelle und wissenschaftliche

Zwecke stiftete er ¾ Milliarde Dollar. Er selbst trank keinen Wein, rauchte nicht, besuchte fast nie ein Theater, las viel Zeitungen, aber so gut wie keine Bücher, hörte viel Rundfunk und interessierte sich für Orgel- und Hausmusik. Einen großen Teil seiner Freizeit widmete er seiner Familie und der Erziehung seiner Kinder und Enkel. Zudem wandte er viel Zeit für philantropische Tätigkeit auf. Mit 60 Jahren galt Rockefeller als der reichste Mann der Welt. Sein Vermögen schätzte man auf über 2 Milliarden Dollar. Er, der mit 19 Jahren so schwer krank war, daß die Ärzte nur mehr wenig Hoffnung hatten, fühlte sich mit 90 Jahren noch sehr rüstig. Im hohen Alter entwarf er noch Pläne zum Bau eines großen Landhauses, das von einem riesigen, herrlich schön angelegten Park umgeben ist. Bis an sein Lebensende spielte er hier Golf. Eines seiner schönsten täglichen Vergnügen war, den Park mit seinen Springbrunnen und seltenen Baumgruppen bei eintretender Dunkelheit in feenhafte Beleuchtung zu versetzen. Doch er wohnte nicht allein in „Kiekut", wie er sein Besitztum getauft hatte. Mit ihm war dort ein Heer von Detektiven, das ihn vor den Gangstern beschützen mußte.

Zuletzt war sein Gesicht von tausend kleinen Fältchen durchfurcht, sein Mund immer noch schmal und hart. Nach seinem Erfolg befragt, erklärte er einmal, daß Fleiß, klares Denken, Sparsamkeit und eine gute Portion Selbstvertrauen ihm den Weg geebnet hätten, doch habe er nie von früh bis spät geschuftet, sondern sich auch zwischendurch öfters Ruhe und Erholung gegönnt. Bezüglich der Standard sagte der amerikanische Petroleumkönig, sie sei nur eine bittere Notwendigkeit gewesen, da sonst wegen der dauernd gegenseitig unterbotenen Preise einem jeden Werk der Bankerott gedroht habe.

Sein Wunsch, 100 Jahre alt zu werden, ging nicht in Erfüllung. Er starb 98jährig im Mai 1937.

Zu seinem Nachfolger war schon seit längerer Zeit Walter C. Teagle ernannt worden, der den Konzern, in dem rund 16 000 über den ganzen Erdball verteilte Unternehmen und Zweigniederlassungen vereinigt sind und dessen Kapital insgesamt etwa 2½ Millliarden Dollar beträgt, in dem gleichen Sinne weiterleitete.

DER KAMPF UM DIE VORHERRSCHAFT

Einen besonderen Platz nimmt in der Geschichte der Standard Oil Co. der Wettbewerb mit der englisch-holländischen Konkurrenz ein. Rockefeller eröffnete ihn, der sich zum größten wirtschaftlichen Konkurrenzkampf, der je zwischen zwei Gesellschaften ausgetragen wurde, entwickeln sollte, als Deterding das Aktienkapital der Koninklijke erhöhte. Nachdem der Holländer den Aufkaufversuch des Amerikaners zu verhindern wußte, begann Rockefeller den Preiskrieg zuerst in Europa. Ein jeder unterbot den anderen, die Verkaufspreise sanken weit unter die Gestehungskosten, doch Deterding gab nicht nach.

Das nächste Kampffeld war dann China. Hier ging Rockefellers großer Gegenspieler einige Jahre später von sich aus zum Angriff über. Infolge der kürzeren Anfahrtswege und der damit verbundenen geringeren Frachten war er im Vorteil. Bis dahin brannten die Chinesen in Millionen Petroleumlampen, die die Standard zur Einführung ihres Leuchtöls verschenkt hatte, nur amerikanisches Öl. Nun lieferte die Koninklijke billigeres Petroleum, folglich blieb nicht aus, daß jetzt indisches Öl die Standardlampen speiste. Auch hier setzte eine fortlaufende Unterbietung ein, bis 1911 ein Ölfrieden zustande kam. Deterding hatte sich wiederum behauptet und es erfolgte eine Aufteilung des Absatzgebietes zwischen den beiden Gesellschaften. Aber die folgende Kampfpause war nur ein Luftholen, ein Auffrischen der Reserven, denn jede Gesellschaft hatte Millionen zugesetzt.

Zum Ausgleich erhöhte Rockefeller die Ölpreise im eigenen Lande. Logischerweise protestierte das amerikanische Publikum gegen diese Maßnahme, denn mit Recht sagte sich der Bürger der USA., weshalb er für das gleiche Produkt einen höheren Preis wie die Chinesen zahlen solle. Diesen Moment nutzte Deterding aus und eines Tages landeten englische und holländische Tanker in den amerikanischen Häfen, warf die Koninklijke große Mengen Öl zu einem Preis auf den Markt, der unter dem der Standard lag.

Ein Jahr später versuchte Rockefeller seinerseits, den Kampf von Amerika nach Niederländisch-Indien, in das eigentliche Produktionsgebiet Deterdings, vorzutragen. Die American Petroleum Company, Rotterdam, eine Vertriebsgesellschaft der Standard, gründete die N.V. Nederlandsche Koloniale Petroleum Maatschappij mit dem Zweck, in Niederländisch-Indien Konzessionen zu erwerben. Dieser Plan war gut ausgedacht, doch nicht so rasch durchzuführen, denn holländisches Recht ist kein amerikanisches Recht. Hier genügt es nicht, Besitzer des Grund und Bodens zu sein, um alles ausbeuten zu können, was das Erdreich enthält. In Niederländisch-Indien sind, wie in den meisten anderen Ländern der Welt, die in dem Boden enthaltenen Vorkommen an Erzen, Metallen, Öl usw. Staatseigentum, und das Recht zur Ausbeute kann nur durch eine Regierungskonzession erworben werden. So mußte der Amerikaner auf einen günstigeren Augenblick warten, um einen diesbezüglichen Vorstoß unternehmen zu können.

Kurz nach dem 1. Weltkrieg flammte der Kampf von neuem auf. Plötzlich sollten die Ölvorräte der USA. bald versiegen. Nach pessimistischen Schätzungen betrugen sie zuerst nur noch 6 bis 8 Jahre. Dann wiesen amerikanische Geologen nach, daß die USA. nur über ein Siebentel der Weltvorräte verfügen, der Verbrauch aber doppelt so stark wie der der übrigen Welt ist; während die russischen Felder noch 150 Jahre reichen sollten, wären die Amerikas schon um das Jahre 1940 erschöpft. Diese Kampagne hatte den Zweck, eine weitere Ausdehnung Deterdings in den USA. zu verhindern. Aber auch hier wich er von dem eingenommenen Platz nicht zurück. So wurde der Kampf wieder in andere Gebiete vorgetragen.

Um das Jahr 1920 hatte die Standard neben anderen russischen Petroleumwerten auch ein großes Paket Nobel-Aktien erworben. Infolge der von den Sowjets im gleichen Jahr erklärten Enteignung sämtlicher ausländischen Kapitalien hatten sich die davon betroffenen Kreise zu mehreren Interessengruppen zusammengefunden. In 1922/23 war nun versucht worden, mit den Sowjets eine Einigung zu erzielen, die aber hauptsächlich an der Uneinigkeit der verschiedenen Interessenten scheiterte. Der hinterher vereinbarte Boykott des russischen Öls war jedoch nicht von langer Dauer. Als erster nahm der Amerikaner Sinclair, ein guter Bekannter des damaligen Präsidenten der USA., Harding, der neben großen amerikanischen und nordpersischen Konzessionen auch beträchtliche Felder in Rußland gehabt hatte, die Verbindung mit den Sowjets wieder auf. Nachdem er einsah, daß der Boykott doch ergebnislos verlaufen würde, ging er als nüchterner Geschäftsmann zum Gegner über, fuhr Ende 1923 nach London, knüpfte dort eine Verbindung mit dem russischen Geschäftsträger an und reiste kurz darauf nach Moskau. Die Russen wollten jedoch ihre Chance ausnutzen und machten, da sie von den Beziehungen Sinclairs zu den höchsten Regierungsstellen wußten, den Abschluß eines Ölvertrages von der Gewährung eines amerikanischen Staatskredits abhängig.

Kurz nach seiner Rückkehr in die Staaten kamen aber einige Bestechungen an das Tageslicht, zudem wurde er in einen Skandal verwickelt, so daß es ihm nicht gelang, einen Kredit für die Russen zu erreichen. Nun schaltete sich die Standard ein und schickte zuerst die Vacuum Oil Company vor. Diese brachte 1925 mit dem russischen Ölverkaufs-Trust „Azneft“ einen Kaufvertrag über 1,3 Millionen Tonnen Petroleum zustande, schickte dieses nach Ägypten und begann von neuem Deterding zu unterbieten. Da dieses Unternehmen von Erfolg gekrönt war, kaufte die Standard selbst weitere 500 000 Tonnen Öl und schaffte diese nach Indien. Gleichzeitig schloß sie mit den Russen einen Marktvertrag ab, in dem die gegenseitigen Absatzgebiete festgelegt wurden. Als Gegenleistung erhielten die Sowjets Bohrgeräte und Installationen geliefert. Sie bauten Rohrleitungen nach amerikanischem Muster, errichteten große Lagertanks, stellten einen weiteren Teil ihrer Bohranlagen auf Rotary um und begannen bei Baku auch Bohrungen im seichten Wasser des Kaspischen Meeres niederzubringen.

Als nach diesem zugunsten der Standard ausgegangenen Preiskrieg ein neuer Friedensabschluß erfolgte, hatte abermals jeder der beiden großen anglo-amerikanischen Konzerne Millionen verloren, die durch nachfolgende Preissteigerungen auf allen Märkten wieder eingebracht werden mußten.

STEIGENDER EINFLUSS IN SÜDAMERIKA ...

Einen beträchtlichen Einfluß erzielten die Rockefeller-Leute in Mexiko und später auch in Venezuela, dem Land, das als der größte Ölexporteur anzusprechen ist. Die USA., der bedeutendste Produzent, verbraucht nicht nur die gesamte Fördermenge zur Deckung des eigenen Inlandsbedarfs, sondern muß für die Zukunft noch Öl aus seinen ausländischen Konzessionsgebieten importieren. Der Ausfuhranteil dieses südamerikanischen Landes beläuft sich mit 60 Millionen Tonnen in 1947 auf über 90% der Fördermenge. Kein Wunder, wenn auch um diese Ölfelder ein harter Kampf entbrannte.

Die Gewinnung Venezuelas entfällt vornehmlich auf zwei Gebiete, und zwar das Maracaibo-Becken, das mit etwa 70% an der Gesamtförderung beteiligt ist und die Felder Ost-Venezuelas, die erst später in Angriff genommen wurden.

Für die Verschiffung sind die äußerst seichten Küsten des Lago del Maracaibo, an dem die Hauptfelder liegen, von großem Nachteil. Hierdurch ist es auch nur Tankschiffen mit einem Tiefgang bis zu 4 m möglich zu landen. Doch war bald Rat geschafft. Venezuela sind die westindischen Inseln Curaçao und Aruba vorgelagert, auf denen, im Gegensatz zu den sumpfigen Niederungen der venezolanischen Ölfelder, ein gutes Klima herrscht. Dort wurden nun große Raffinerieanlagen errichtet und das geförderte Öl mittels einer einheimischen Spezialtankerflotte von den 300 bis 400 Kilometer entfernten Gewinnungszentren herangeschafft.

Maracaibo, der Verschiffungshafen, ist eine interessante und für venezolanische Verhältnisse typische Stadt. Über ihr liegt tagein, tagaus der Ölgeruch, zahlreiche Pipe-lines durchziehen die Gegend. Auf den umliegenden Hügeln sind die Luxusvillen erbaut, daneben gibt es Klubhäuser, Golfplätze und was man sonst zum Zeitvertreib oder zur Erholung braucht. Alles, wie Vergnügungsstätten, Tropenpark, Palmenhaine und dergleichen ist vorhanden.

Bis vor noch nicht allzulanger Zeit gab es für die ausländischen Besucher in dieser an Gegensätzen krassen Stadt lediglich ein der Zivilisation entsprechendes Hotel. Sonst fand man außer dem Villenviertel nur noch das „einheimische“ Viertel mit Lehmhütten und Schilfdächern vor. Betten sind hier Luxus, dafür gibt es Hängematten; ebenso sind

Schränke überflüssig. Ein Nagel in der Wand genügt vollauf, um die paar Sachen, die die Einheimischen besitzen, daran zu hängen.

Dieses unermeßlich reiche Land hat noch eine Eigenart. Es besitzt zwei Hauptstädte. Eine, und das ist die offizielle, ist Caracas. Von ihr 250 km entfernt liegt Maracai, das der Präsident Gomez zur Residenz machte. Er, der reichste Mann des Landes, ließ „seine" Stadt innerhalb von einem knappen Jahr entstehen und verband beide Städte mit einer neuzeitlichen Autostraße.

In diesem Lande hatten sich nun auch die beiden anglo-amerikanischen Konzerne niedergelassen. Jeder bedacht, für sich soviel als möglich zu sichern. Den Vogel schoß dabei die Standard ab, die in den letzten Jahren allein mit ungefähr 49% an der Produktion beteiligt ist. Mit der Gulf Oil zusammen beherrschen die Amerikaner etwa 65% der Förderung. Die restlichen 35% kontrollieren die drei Royal Dutch-Gesellschaften, und zwar die Venezuela Oil Concession, die Caribean Petroleum Co. und die Colon Development. Investiert sind in den Ölfeldern ungefähr 360 Millionen Dollar, wovon 240 Millionen, also ⅔, auf die USA. entfallen, die verbleibenden 120 Millionen sind britisches Kapital.

Noch vor 30 Jahren war Venezuela als Ölproduktionsland fast gar nicht bekannt. Im Jahre 1917 betrug die Förderung 17 000 Jahrestonnen. Nach Abschaffung der hemmenden Gesetze spanischen Ursprungs und dem Erlaß eines neuen Berggesetzes im Jahre 1922 stieg die Produktion mit Riesenschritten an. Sie belief sich 1923 auf 600 000, 1924 auf 1,291, 1930 auf 19,524, 1940 auf 28,060 Millionen Tonnen und erreichte schließlich 1947 die Rekordförderung von 63,5 Millionen Tonnen.

Unter den Produktionsfeldern nimmt Lagunillas am Ufer des Maracaibo-Sees den ersten Platz ein. Das wichtigste Gebiet im Osten des Landes ist Quiriquire, neben dem Oficina aufkommt.

Der Eigenbedarf des Landes ist gering, er beträgt etwa 3 Prozent der Förderung. Im Jahre 1947 belief sich die Exportmenge auf etwa 60 Millionen Tonnen. Wertmäßig machte das exportierte Öl über 90 Prozent der Gesamtausfuhr aus. Infolge der günstigen Verkehrslage ist es der gegebene Lieferant für die ölarmen Oststaaten Nordamerikas.

Das 3 Millionen Einwohner zählende Land hatte 1920 noch 180 Millionen Bolivars Schulden und ist jetzt dank seines immensen Ölexportes als einziger südamerikanischer Staat so gut wie schuldenfrei. Im vorvorigen Jahr betrugen allein die Einnahmen an Konzessionsgebühren von den ausländischen Ölgesellschaften 150 Millionen Dollar, dies, weil die Regierung ein neues Ölgesetz erließ, gemäß dem eine Erhöhung der Abgabesteuer auf 16⅔ Prozent erfolgte. Zudem wird ab 1949 eine Sondersteuer erhoben, die Gewinne von mehr als 2 Millionen Bolivars belastet. Durch diese Abgaben und Steuern hofft die Regierung auf eine fast 50prozentige Gewinnbeteiligung an der Ölförderung zu kommen.

Außerdem ist festgelegt, daß von der Produktion 10 Millionen Tonnen im eigenen Lande zu verarbeiten sind. Nach einer weiteren Klausel verfallen Schürfrechte, sofern sie nicht innerhalb dreier Jahre ausgenützt werden. Trotz dieser vorgesehenen Eigenverarbeitung von 10 Millionen Tonnen bleiben neben dem Export von Rohpetroleum immer noch über 25 Millionen Tonnen zur Ausfuhr in die Raffinerien auf den westindischen Inseln, die eine Verarbeitungskapazität von 28 Millionen Tonnen besitzen. Außer dem venezolanischen Öl kommt hier noch ein Teil des in Columbien und Peru geförderten Öls zur Verarbeitung hinzu.

Die Lago Oil and Transport Co., ein in Kanada beheimatetes Tochterunternehmen der Standard, hat in San Nicolas auf Aruba eine große Verarbeitungsanlage mit einer täglichen Kapazität von 255 000 Faß errichtet, in der besonders die schweren Öle aus den Feldern Quiriquire, La Rosa, Lagunillas und Tia Juana zur Aufbereitung kommen. Daneben gibt es auf dieser Insel noch eine kleinere Raffinerie der Shell-Tochter Arend Petroleum Mij. in Druif Oranjestad, mit einer Tagesleistung von 25 000 Faß. Für die Shell arbeitet ferner noch das Werk der N.V. Curaçaosche Petroleum Industrie Mij. in Willemstad auf Curaçao mit einer Leistung von 235 000 Faß pro Tag, in dem allein über 12 000 Arbeiter beschäftigt sind.

Curaçao und Aruba sind holländischer Besitz. Beide Inseln traten erst mit der Entwicklung Venezuelas in das grelle Licht der Weltaufmerksamkeit. Über der Residenz des niederländischen Gouverneurs weht die rot-weiß-blaue Flagge. Bezahlt wird meistens mit US.-Dollars, die Zeitungen wiederum erscheinen größtenteils in spanischer Sprache. Weiße gibt es nicht allzuviel, in der Mehrzahl leben hier Neger, die sehr viel Wert auf Eleganz und Kleidung legen.

Curaçao hat eine Länge von 65 und eine Breite von 5 bis 12 Kilometer. Es bildet mit den Inseln Aruba und Bonaire die Gruppe der „Inseln unter dem Winde". Als Raffineriezentrum nimmt diese Inselgruppe einen bedeutenden Platz ein, da hier allein 7 bis 8 Prozent der Welterzeugung zur Verarbeitung kommt. Die Destillate werden größtenteils nach Europa und den USA. verschifft. Der Transport in die Oststaaten der Union deswegen, weil der Frachtweg von hier kürzer als von Mexiko oder der Golfküste ist. Beispielsweise beträgt der Seeweg von Maracaibo nach New York 1650 und der von Tampico nach New York über 2400 Seemeilen.

Aber nicht nur in Venezuela und auf den westindischen Inseln faßten die USA. festen Fuß. Auch in den anderen Staaten wie Kolumbien, Peru und Ekuador tätigten sie große Investitionen, so daß sich das amerikanische Kapital in den südamerikanischen Ländern nunmehr auf über 500 Millionen Dollar beläuft.

Im Jahre 1946 betrug die Produktion Südamerikas 67,9 Millionen Tonnen. Hieran waren beteiligt: Venezuela mit 56,7, Kolumbien mit 3,2, Argentinien und Trinidad mit je 3, Peru mit 1,7 und Ekuador mit 0,3 Millionen Tonnen.

Der Verbrauch der südamerikanischen Staaten beläuft sich auf 17 bis 18 Millionen, so daß ein Gesamtexportüberschuß nach Übersee von etwa 50 Millionen Tonnen vorhanden ist, von dem vor Kriegsausbruch fast die Hälfte nach Europa ging. Infolge des Krieges änderte sich dieses Bild und es erhielten seitdem die USA. die Hauptlieferungen.

Neben Venezuela ist Kolumbien das größte Erzeugerland und Fachleute vertreten die Ansicht, daß Kolumbien annähernd so ölreich ist wie Venezuela. Es besitzt mehrere Ölgebiete, von denen die reichsten an der Nordwestküste und am Magdalenenstrom liegen.

Die Erschließung des Landes nach Ölvorkommen datiert seit 1921. Die ersten Arbeiten waren wenig verheißungsvoll. Erst ab Mitte der 20er Jahre stieg die Produktion an, um 1932 2,3, 1933 wiederum nur 1,8, 1935 2,4, 1938 3,0 und 1940 3,7 Millionen Tonnen zu erreichen. Seitdem ist sie wieder um ein Geringes auf 3,2 Millionen Tonnen in 1946 abgesunken. Dies ist auf Transportschwierigkeiten und Erschöpfungserscheinungen der alten produktiven Felder von Infantas, La Cira und Petrolea zurückzuführen. Die Erschließung neuer, tiefer in den Urwäldern gelegener Vorkommen soll in Angriff genommen werden. Das Öl befördert man mittels Pipe-lines nach Mamonal bei Cartagena und Carvena, verarbeitet es dort zum kleineren Teil und verfrachtet den Rest zu den auf den westindischen Inseln gelegenen Raffinerien sowie nach Kanada und Europa.

Die amerikanischen Interessen sind durch die Standard-Gesellschaften Tropical Oil Co. und Andean National Corporation sowie durch die zur Mellon-Gruppe gehörenden Unternehmen Gulf Oil Co. und Columbian Petroleum Corporation vertreten. Die Engländer seitens der Anglo-Iranian Oil Co. und der Britisch Controlled Oilfields.

Nach Kolumbien kommt in der Förderung Trinidad, die kleine, dem Ostteil Venezuelas vorgelagerte Insel, mit einer Produktion von ungefähr 3 Millionen Tonnen und nach ihr als weiterer exportüberschüssiger Staat Peru, das eine jährlich anfallende Ölmenge von 1,8 Millionen Tonnen aufweisen kann. Während die Förderung infolge Erschöpfung der alten Felder seit 1936 sich rückläufig bewegt, konnten in letzter Zeit neue ölhöffige Gebiete entdeckt werden. Darüber hinaus wollen USA.-Geologen in dem östlichen Vorfeld der Anden große Ölvorkommen erschlossen haben, die das Land zu einem der reichsten Ölgebiete des amerikanischen Kontinents machen sollen.

In Ekuador, der kleinsten der südamerikanischen Republiken, beträgt die Förderleistung ungefähr 10 Prozent von der in Peru. Nach geologischen Untersuchungen soll allerdings auch hier mit einer beträchtlichen

Steigerung zu rechnen sein. Demzufolge hat die Standard sofort ausgedehnte Konzessionen erworben. Aber auch die Shell Co. of Ecuador konnte ihren Landbesitz an der Ostseite der Anden vergrößern. Das bislang geförderte Öl hat den Vorteil, daß es ein geringes spezifisches Gewicht und einen hohen Benzingehalt besitzt.

Neben diesen Überschußländern verbrauchen Brasilien und Argentinien weit mehr, als sie in ihren Ländern auffinden. Brasilien, der größte südamerikanische Staat, hat infolge des geringen industriellen Ausbaues — die Haupterzeugnisse sind Kaffee, Kautschuk und Baumwolle — nur einen verhältnismäßig geringen Verbrauch. Mit 1,1 Millionen Tonnen beträgt er nur 0,3 Prozent des Weltbedarfs.

Die eigene Produktion ist unbedeutend. Nachdem jahrelang nur einige Sonden bei Lobato im Staate Bahia 10 bis 15 Tagestonnen ergaben, sollen in den letzten Jahren amerikanische Geologen Ölhorizonte ermittelt haben, die den Gesamtbedarf Brasiliens decken können. Diese Meldung ist wie jede andere jedoch vorerst sehr skeptisch zu betrachten, da schon einige Male derartige Prophezeihungen ausgesprochen wurden, ohne in Erfüllung zu gehen.

Von den eingeführten Ölen nehmen die Gas- und Heizöle mit 640 000 Tonnen den größten Platz ein, dann folgen Benzine mit 340 000, Leuchtöl mit 120 000 und Schmieröl mit 42 000 Tonnen. Diese Mengen wurden durchschnittlich zu 65 Prozent aus Niederländisch-Westindien, 25 Prozent aus den USA. und 10 Prozent aus Peru bezogen.

In der Eigenversorgung ist Argentinien weitaus besser gestellt, doch ist sein Bedarf auch wesentlich größer.

Die inländische Förderung beläuft sich zur Zeit auf 3 Millionen Tonnen. Die Steigerung von 14 000 im Jahre 1937 auf die jetzige beachtliche Höhe konnte nur infolge des systematischen Arbeitens einer bereits 1912 ins Leben gerufenen staatlichen Organisation erzielt werden. Im Jahre 1923 erfolgte deren Umwandlung in die staatliche Gesellschaft Yacimientos Petroliferos Fiscales, kurz YPF genannt. Neben diesen an der Produktion am stärksten beteiligten Unternehmen arbeiten auch mehrere private in- und ausländische Gesellschaften, so die Standard Oil Co., die Diadema Argentina der Royal Dutch, die Compania Argentina de Petroleo, die Astra S.A. und andere, die sich auf die drei großen Vorkommen erstrecken und zwar je eine nördliche und mittlere Zone bei Salta Jujuy bzw. Cacheuta am Rande der Anden und eine südliche, an einem Golf des Atlantik bei Comodoro-Rivadavia gelegene, wo die Bohrungen bis weit in das Meer hinaus reichen.

Die Produktion der YPF beträgt allein über 2 Millionen Tonnen. Das erbohrte Öl kommt in eigenen, nach modernen Gesichtspunkten errichteten Raffinerien mit einer Verarbeitungskapazität von fast 5 Millionen Tonnen zur Aufbereitung. Die YPF besitzt allein acht Erzeugungsstätten mit einer Kapazität von 2,6 Millionen Tonnen. Weitere vier gehören der Standard, die annähernd 900 000 Tonnen jährlich verarbeiten können. Die meisten Werke sind am La Plata-Fluß oder in Buenos Aires gelegen. Zur Heranschaffung des Öls aus dem südlichen Gebiet und den zusätzlich importierten Mengen, die vorwiegend von Aruba und Curaçao kommen, steht eine eigene Tankerflotte von 200 000 BRT zur Verfügung.

Infolge der Kohlenarmut des Landes ist der Heizölbedarf fast doppelt so groß wie der Benzinverbrauch. Mit 1,85 kg pro Kopf der Bevölkerung steht Argentinien hinter den USA. und Kanada an dritter Stelle. Vor dem Krieg bezog es 3 Millionen Tonnen Kohle aus England, die infolge fehlender Transportmöglichkeiten während des letzten Krieges fast ganz ausfielen. So sah sich das Land gezwungen, große Mengen an Mais und Leinsaat für Brennzwecke zu verarbeiten und daraus Alkohole und Schweröle zur Teildeckung des Brennstoffbedarfs zu gewinnen. Von den insgesamt jährlich benötigten 4 Millionen Tonnen Derivaten entfallen auf Gas- und Heizöl 2,5 Millionen, Benzin 900 000, Leuchtöl 200 000, Schmieröl 90 000 und andere Erzeugnisse 300 000 Tonnen. Alles in allem kann der amerikanische Kontinent in Krisenzeiten den Gesamtbedarf fast ganz aus eigenen Quellen decken.

... UND IM VORDEREN ORIENT

Aber nicht nur in Südamerika erweiterte die Standard ihren Einfluß im Laufe der Jahre, sie dehnte ihr Machtbereich auch auf den Vorderen Orient aus, erhielt dort im Jahre 1923 die Beteiligung an der Irak-Petroleum Co. und faßte 1932 auf den Bahrein-Inseln, einer Inselgruppe im Persischen Golf, festen Fuß. Diese Inseln hatten bis 1783 den Persern gehört, die dort die Perlenbänke gefunden, die üppigen Gärten angelegt und mit der Maultierzucht begonnen hatten. Als England 1927 im Vertrag mit Ibn Saud, dem Herrscher Saudi-Arabiens, den Schutz der Bahrein-Inseln beanspruchte, legte die Regierung des wieder erstarkten Iran Protest beim Völkerbund ein, der aber abgelehnt wurde. Da sich die Engländer in der Frage der Ölausbeute dieser Inseln zurückhaltend verhielten, kamen die Amerikaner nach dort und begannen mit den Aufschlußarbeiten an dem sich bald als äußerst ergiebig erweisenden Ölhorizont.

Auf dieser 550 Quadratkilometer umfassenden Inselgruppe mit ihren 120 000 Bewohnern, die zum großen Teil in der Hauptstadt Manama leben, ist im Juni 1932 die erste Bohrung der Bahrein Petrol Co., einer Tochter der Standard of California, fündig geworden. Im gleichen Jahre betrug die Förderleistung 123 Tonnen. Zufolge der Absatzschwierigkeiten blieben die Bohrungen bis 1935 gedrosselt. Erst nachdem ein

Übereinkommen zwischen der Standard of New York, der Standard of California, der Royal Dutch-Shell und der Anglo-Iranian wegen zusätzlicher Unterbringung des gewonnenen Öls auf dem asiatischen Markt getroffen worden war, stieg die Produktion im Jahre 1936 auf 635 000 Tonnen an und erreichte im folgenden Jahr bereits 1,058 Millionen Tonnen. Auf dieser Höhe hat sich die Förderung bis jetzt gehalten.

Nach dem Ablauf des Verteilungsabkommens wurde der Vertrieb des Öls der Texas Corporation übertragen. Da in der nahe den Ölfeldern gelegenen Raffinerie vorwiegend Diesel- und Heizöle hergestellt werden können, kommen für die Belieferung der Derivate in der Hauptsache die Flottenstützpunkte Aden, Bombay, Ceylon und Port Darwin in Frage.

Neben den Konzessionen auf den Inseln übernahmen die Standardleute noch die von der Anglo-Iranian kurz vorher als aussichtslos aufgegebenen Rechte in der arabischen Provinz Hasa, die sich 1934 als sehr ergiebig erwiesen. Die Bedeutung des Öls hatte Ibn Saud schnell erkannt. Er erteilte der California Arabian Standard Oil Co. diese Konzession gegen eine Gewinnbeteiligung von 40 Prozent und eine Abgabe von 5 Shilling für eine jede geförderte Tonne Öl.

Ibn Saud, der Herrscher über zwei Drittel der arabischen Halbinsel, hat die verpflichtende Geschichte seiner Väter und den religiösen Inhalt des Islam zu neuem geistigen Wirken erweckt. Einer seiner Vorfahren, Saud der Große, hatte Anfang des 19. Jahrhunderts ein mächtiges Reich bis an die Grenzen der Türkei erobert, unter deren militärischem Übergewicht es dann jedoch zusammenbrach und auf den innerarabischen Nedschd beschränkt wurde. Den Vater Ibn Sauds vertrieb ein Stammesgegner aus seiner Hauptstadt Er Riad. Ibn selbst wuchs in der Verbannung auf. Kaum 20jährig, bringt er die Heimatstadt durch einen Handstreich wieder in seinen Besitz und gewinnt die Herrschaft über den Nedschd zurück. Sein Wunsch ist die Errichtung eines arabischen Reiches. In den Jahren 1924/25 erobert er das bisher König Hussein unterstehende Küstenland Hedschas mit den heiligen Städten Mekka und Medina. Mit England schließt er 1927 unter voller Anerkennung seiner Unabhängigkeit einen Freundschaftsvertrag ab. Im Jahre 1934 kommt es zu einem Vertrag mit dem Jemen, der die Solidarität der beiden Staaten in wirtschaftlicher und politischer Beziehung nach dem Willen Saudi-Arabiens sicherstellt. Er hat es verstanden, wieder ein einiges Arabien zu errichten und Mekka und Medina zu den religiösen Sammelpunkten des Islams zu machen. Mit Hilfe der ihm aus den Ölabgaben zufließenden Einnahmen will er den Ausbau der Hafenstädte und der großen Wüstenstraßen finanzieren.

Im Jahre 1936 wurde an der saudi-arabischen Küste des Persischen Golfs, nahe den Bahrein-Inseln, die erste Bohrung der Arabian-American Oil Co. niedergebracht. In kurzer Zeit entwickelten sich in den nahe der Küste gelegenen Gebieten bei Damman und Abu Hadriya ergiebige Felder, denen noch eine bedeutsame Zukunft vorausgesagt wird.

Weitere Ölvorkommen sind noch im Landesinnern und auch nahe dem Roten Meer erschlossen worden, woraufhin amerikanische Geologen erst unlängst die Vermutung aussprachen, daß dieses Land zu dem ergiebigsten Ölgebiet der Welt aufsteigen kann, doch wird die geplante Jahresförderung von 70 bis 80 Millionen Tonnen dem gesteigerten Bedarf allein nicht gewachsen sein.

Die Produktion stieg erst langsam von 2000 Tonnen im Jahre 1936 auf 67 000 in 1938, 536 000 in 1939, 700 000 in 1940 und 800 000 in 1941 an, um dann plötzlich nach dem Anbohren einiger äußerst ergiebiger Felder auf 2,85 Millionen Tonnen in 1945, 8,2 in 1946 und 12,3 im darauffolgenden Jahr anzuwachsen. Aus Transportersparnisgründen soll das Öl demnächst in zwei großen Ölleitungen, die bereits geplant und in Angriff genommen sind, zu den Häfen des Mittelmeers geleitet werden, so daß dann die Kapazität aller zum Mittelmeer führenden Leitungen, so auch der vom Irak kommenden, 1 Million Tonnen täglich beträgt. Die Erschließung bereitet nur in sofern Schwierigkeiten, als das Klima sehr wechselhaft ist. Die Temperatur steigt von unter 0° im Januar/Februar auf 45° C in den Monaten Juli/August an. Zudem mangelt es sehr an den erforderlichen Lebensnotwendigkeiten. Aus diesem Grunde muß auch fast alles, angefangen von den Maschinen und Installationen bis zu den Lebensmitteln, aus den USA. herangeschafft werden. Wenn auch Damman, wohin alles in den heißen Sommermonaten flüchtet, während der die Arbeiten außerhalb der Lager ruhen, diese kleine, neuzeitliche Stadt, mit allen erdenklichen Annehmlichkeiten ausgestattet ist, so fehlt doch jede kulturelle oder geistige Anregung. Einen schwachen Ersatz bietet in dieser Beziehung lediglich die Hauptstadt Bahreins, Manama.

Unter Berücksichtigung der in den USA. für die nächsten 20 bis 25 Jahre befürchteten Erschöpfungserscheinungen kann man das Expansionsbestreben der Amerikaner in die Gebiete von Mittel- und Südamerika und den Vorderen Orient verstehen. Von den in 1947 insgesamt getätigten Auslandsinvestitionen der USA. in Höhe von ¾ Milliarden Dollar, entfielen allein ⅔ auf Ölinvestierungen in hauptsächlich Südamerika und dem Vorderen Orient. Besonders das letztere Gebiet ist in seiner Ergiebigkeit derart reich, daß sich das Interessenzentrum von Mittelamerika und dem Karibischen Raum nach den um den Persischen Golf gelegenen Ländern verlagert hat, die beiden Partnern Möglichkeiten zur Ausbeute bieten. Für die USA., die selbst zu einem Öleinfuhrland geworden sind, handelt es sich neben den Ölvorräten des gesamten amerikanischen Kontinents um die wichtigste Quelle zur Sicherstellung des eigenen Rohstoffbedarfs, und für Großbritannien nicht nur um die Sicherung der Eigenversorgung, sondern auch um eine Hauptquelle für die so benötigten Dollareinnahmen. Die nachgewiesenen Gesamtvorräte im Vorderen Orient betragen 3 und die wahrscheinlichen sollen sich sogar auf 4 bis 5 Milliarden Tonnen belaufen.

Der Persische Golf ist nicht nur wegen seiner Ölvorkommen ein einflußreiches Zentrum, sondern auch der wichtigste Durchgangsweg von den Mittelmeerländern nach Indien und Ostasien; so überqueren die Flugzeuge der Imperial Airways, die, von Basra über Koweit kommend, weiter nach Schardja Gwadar bis Karachi fliegen, alle den Golf und landen auf dem Flugplatz bei Muharrak auf den Bahrein-Inseln. Die holländischen Luftlinien befördern ihre Passagiere von Amsterdam über Istanbul, Bagdad, Basra, Lingah, Bender Abbas nach Karachi und von dort weiter nach Kalkutta, Rangoon und Bangkok und die Air-Orient-Linie Frankreichs schafft die Strecke von Paris-Marseille über Beirut, Bagdad bis nach Saigon in Französisch-Indochina in 8 Tagen. Neben dem Luftverkehr gibt es noch einen Expreßverkehr zu Lande von den Mittelmeerhäfen Beirut und Haifa über Bagdad nach Basra. Der Reisende, der von Brindisi oder Marseille zu Schiff in einem der oben genannten Häfen ankommt, setzt seine Reise durch die syrische Wüste in modernen Autobussen entweder über Damaskus oder Annam fort, und kann schon nach 24 Stunden wieder in Basra einen der Schnelldampfer nach Indien oder in Bender Schahpur die Wagen der transiranischen Bahn nach Teheran und dem Kaspischen Meer besteigen.

Der Palästinakonflikt zwischen Juden und Arabern hat die Stillegung der Ölleitung von Kirkuk nach Haifa erwirkt. So muß ein kleiner Teil des erbohrten Öls mittels Tankschiffen im Persischen Golf übernommen und auf dem langen Wege um die arabische Halbinsel transportiert werden. Weitere Folgen kann dieser Konflikt noch insofern haben, als Ibn Saud auf eine Resolution der USA., die Sanktionen gegen die Partei ankündigte, die den vorgeschlagenen Waffenstillstand nicht annehmen werde, erklärte, er sei in einem solchen Fall bereit, die Ölkonzessionen zu annullieren, denn Öl könne jederzeit wieder gewonnen werden, Palästina aber nicht.

Neben diesen vorderasiatischen Ölgebieten konnte die Standard noch in El Kuweit, Ägypten und, wie wir ausführlich im nächsten Kapitel sehen werden, durch die Nederlandsche Koloniale Petroleum Mij. auch auf Sumatra und ferner in Neuguinea ihren Einflußbereich vergrößern.

DIE VERSORGUNG DER USA.

Die USA. sind der größte Ölproduzent der Welt. Mit über 250 Millionen Tonnen fördern sie allein ⅔ der Weltproduktion. Seit 1859 wurden etwa 1,1 Millionen Bohrungen niedergebracht, von denen ein bedeutender Teil 2000 bis 3000 Meter und in letzter Zeit auch eine beträchtliche Anzahl die 3000- und 4000metergrenze überschritten haben. Die Förderung konnte von 1900 bis 1910 vervierfacht, von 1913 bis 1926 verdreifacht und von 1926 bis 1947 weiterhin mehr als verdoppelt, insgesamt also mehr als verfünfundzwanzigfacht werden. Sie beträgt heute 260 Millionen Jahrestonnen gegen noch 165 Millionen in 1938.

Der Hauptgrund für diese Fördersteigerung ist die ständig wachsende Bedarfsanforderung an Kraftstoff für die nicht ortsfesten Verbrennungsmotoren. Auf die 130 Millionen Einwohner kamen 1935 26 Millionen Kraftwagen, also auf jeden 5. Bewohner ein Kraftfahrzeug. Inzwischen ist der Bestand an Automobilen weiter angestiegen, so daß nunmehr auf noch nicht jeden 4. Amerikaner ein Kraftwagen entfällt. Im Vergleich hierzu seien Frankreich und England angeführt, wo auf jeden 20. bzw. 22. Bewohner ein Kraftwagen kommt.

Der Anteil der Mineralöle an der gesamten Energieversorgung stieg von 7,7% in 1899 auf 40% in 1938 an. Dieses ständige weitere Anwachsen war auch nur möglich, indem man seit etwa 25 bis 30 Jahren von den ursprünglich raubbauartigen Ausbeutesystemen, die die ersten Jahrzehnte vorherrschten, auf eine rationelle Förderweise überging und sich bemühte, die Naturschätze sparsam und wirtschaftlich zu heben, vor allem aber eine unwirtschaftliche Zusammenhäufung von Bohrlöchern auf engem Raum zu vermeiden. Verschiedene Staaten der Union haben aus diesem Grunde Verordnungen erlassen, die das Ansetzen von Bohrlöchern regeln und eine Förderung aus einzelnen Sonden im Notfall beschränken können.

Große Aufmerksamkeit wird auch der Raffinerieindustrie geschenkt. Die Gesamterzeugung vermögen 365 Verarbeitungswerke restlos zu verarbeiten. Derzeit gewinnt man durchschnittlich aus dem geförderten Öl 44% Benzin, 5,5 Leuchtöl, 13 Gasöl, 25 Heizöl, 3 Schmieröl und aus den restlichen 9,5% andere Öle und Fette. Bisher lag die Erzeugung immer über dem Verbrauch und die Überproduktion ging nach Europa und Ostasien. Aus verkehrstechnischen Gründen erfolgte teilweise eine Einfuhr für die im Osten gelegenen Hauptverbrauchsgebiete aus Mittel- und Südamerika. Dafür kam ein größerer Teil des im Westen des Landes geförderten Öls zum Export nach Asien. Zur Zeit liegt der tägliche Verbrauch etwa 15% über der inländischen Erzeugung. Dieser auf 70% des Weltverbrauchs erfolgte gewaltige Anstieg hat zur Folge, daß nunmehr Rohöl in steigendem Maße eingeführt werden muß. Darüber hinaus sollen neue riesige Anlagen gebaut werden, um die Ölschieferlager auszubeuten. Weiterhin werden von der USA.-Regierung Maßnahmen erwogen, die Kohlesynthese in großem Umfange auszubauen, um schon so Vorkehrungen für eine Sicherstellung der Treibstoffversorgung auf weite Sicht zu treffen.

Über 200000 Kilometer Rohrleitungen schaffen das Öl von den Ölgewinnungszentren zu den Raffinerien und von dort zu den Verbrauchsgebieten oder zu den Häfen. Außerdem stehen für den Transport innerhalb der einzelnen Gebiete über 150000 Kesselwagen, und für die Beförderung des Öls von der Golfküste zu den Oststaaten sowie zur Beförderung zwischen den einzelnen sonstigen küstennahen Gebieten Küstentankschiffe zur Verfügung, die fast 1,5 Millionen Faß täglich verschiffen können. Außer diesen internen Beförderungsmöglichkeiten besitzen die USA. heute die größte Überseetankschiffflotte der Welt, allein in den Jahren 1942 bis 1945 wurden 10 Millionen Tonnen Tankschiffraum neu gebaut.

Investiert sind in der Ölindustrie 25 bis 30 Milliarden Dollar. Über 20 000 große, kleine und kleinste Unternehmen sind mit dem Bohren, Gewinnen, Verarbeiten und Transportieren des Öls beschäftigt. Sie alle überragend, die Gesellschaften der Standard Oil Co. of New Jersey, Standard Oil Co. of Indiana, Standard Oil Co. of California, sowie die Soconi Vacuum Oil Co. und die Texas Oil Co., von denen die Standard Oil Co. von California und die Soconi Vacuum selbständig gewordene Glieder der von Rockefeller gegründeten Standard Oil Co. of New Jersey darstellen.

Die Hauptreserve Amerikas, das nach den neuesten Schätzungen sichere Vorräte für nur noch 12 bis 13 Jahre und wahrscheinliche für 45 bis 50 Jahre besitzt, liegt in der intensiveren Aufschließung der bereits bekannten Felder. Die größten und ergiebigsten liegen im Midcontinent. Hier stehen an der Spitze die Gebiete von Texas und Oklahoma, die zusammen annähernd die Hälfte der Gesamtproduktion der Union liefern. Danach folgen Kalifornien mit 17%, Louisiana und Illinois mit je 8% und Kansas mit 5%. In 1943/44 stieß man auf aufsehenerregende Felder, die sich über das gesamte Gebiet des Staates Florida, die Hälfte der Staaten Nord- und Südkarolina und Alabama und weite Teile Georgias und Virginias erstrecken. Die anderen Gebiete stehen weiter zurück. Wenn sich auch die ursprünglich angestellten Berechnungen, nach denen die Öllagerstätten in den nächsten Jahren erschöpft sein sollen, wie bisher immer, als irrig erweisen werden, so ist allerdings ein Teil der Ölindustriellen der festen Überzeugung, daß die amerikanischen Vorkommen in absehbarer Zeit versiegen und sehen in dem verstärkten Ölimperialismus eine unbedingte Notwendigkeit zur Sicherstellung des riesigen Bedarfs der Union.

Aus diesem Grunde erfolgte auch die Gründung der Petroleum Reserves Corporation, deren Aufgabe darin besteht, in befreundeten Ländern Öl zu erwerben, zu verarbeiten und zu verteilen. Diese Institution soll versuchen, die Kontrolle der USA. über die Weltproduktion auf den benötigten Anteil des Weltverbrauchs zu erhöhen und damit im Zusammenhang besonders die Verschiffung von Öl nach Europa aus der westlichen Hemisphäre einzuschränken und auf Zufuhren von dem vorderen Osten umzustellen. Nur von diesem einzigen Gedanken sind all die Ausdehnungsbestrebungen getragen; denn die neue amerikanische Öldiplomatie verfolgt seit einiger Zeit das Ziel, die den ölbesitzenden Ländern zustehenden anteiligen Ölgewinne diesen im Rahmen einer allgemeinen Wirtschaftsentfaltung zugute kommen zu lassen. Besonders sollen die Wüsten des Vorderen Orients mit westlicher Technik wieder zu Kulturländern gemacht werden.

In welchem Maße ist nun für einen solchen Fall die Versorgung der USA. aus anderen Ölgebieten gesichert? Mexiko hat zur Zeit eine Produktion von knapp 6 Millionen Tonnen, die aber wieder auf 7 bis 8 Millionen ansteigen dürfte. Der Eigenverbrauch beläuft sich auf 2,5 Millionen, so daß noch 5 bis 6 Millionen Tonnen für die Ausfuhr zur Verfügung stehen. Hiervon wird der Hauptanteil auf die USA. entfallen.

In Venezuela beherrscht das amerikanische Kapital 65% der Förderung. Ein Fünftel der Produktion, etwa 12 Millionen Tonnen, kommt in der auf Aruba gelegenen Standard-Raffinerie zur Verarbeitung. Wenn hiervon auch bislang ein großer Teil nach Europa, Afrika und anderen Gebieten geht, so ändert sich dieses bestimmt für den Fall eines Versiegens der amerikanischen Quellen. Außerdem kommen jetzt noch jährlich mehrere Millionen Tonnen Rohpetroleum direkt von Venezuela an die USA. zur Verschiffung, die auch weiterhin, wahrscheinlich sodann in größerem Umfange, zur Verfügung stehen werden.

Aber auch Kolumbiens Exportüberschuß von fast 2,5 Millionen Tonnen kommt fast ausschließlich den Nordamerikanern zugute. Hier ist unter Umständen gleichfalls mit einer Steigerung zu rechnen. Ebenso kann der Ausfuhranteil Perus zu ¾ den Amerikanern gutgeschrieben werden, so daß in Krisenzeiten allein aus diesem nahegelegenen Raum 35 bis 40 Millionen Tonnen jährlich zur Verfügung stehen.

Zudem sind die Besitzungen und Beteiligungen im Vorderen Orient zu berücksichtigen. Auf den Bahrein-Inseln ist mit einer Verdoppelung der Erzeugung zu rechnen, wovon den USA. die Hälfte zusteht. Dann die Teilhaberschaft an der Irak Petroleum Co., deren Förderung nach weiterem Anzapfen der äußerst ergiebigen Ölhorizonte leicht auf 6 bis 8 Millionen Tonnen gebracht werden kann, und vor allem die bedeutenden Erschließungen in Saudi-Arabien, Kuweit und dem Iran, wo die USA. an der Anglo-Irania Oil Co. kapitalmäßig beteiligt sind. Mithin kann aus diesen, um den Persischen Golf gelegenen Ländern mit einer jährlich bereitstehenden Menge von 30 bis 35 Millionen Tonnen gerechnet werden.

Außerdem haben die Amerikaner noch Besitzungen in Niederländisch-Indien, Ägypten und anderen kleineren Staaten, die allerdings nicht so ertragreich wie die vorangeführten sind.

Zu berücksichtigen ist jedoch noch die Wahrscheinlichkeit des Auffindens weiterer ergiebiger Ölquellen in bisher noch unerschlossenen Gebieten, vor allem der amerikanischen und eurasischen Antarktis und der Insel- und Meereswelt der Südsee.

Alles in allem stehen jetzt schon außer Landes sichere Reserven von 70 bis 80 Millionen Tonnen Öl jährlich bereit, die sich in der nächsten Zukunft noch vermehren werden.

DETERDING, DIE ROYAL DUTCH-SHELL UND DIE VERSORGUNG ENGLANDS UND SEINES EMPIRE

VOM BANKANGESTELLTEN ZUM CHEF DER ROYAL DUTCH-SHELL

Der große Gegenspieler des amerikanischen Petroleumkönigs war Sir Henry Deterding, ein Holländer, der sich, im Gegensatz zu Rockefeller, zuerst die Unterstützung der holländischen Regierung und dann auf Grund seines Zusammenschlusses mit der „Shell" Lord Bearsteds auch die Englands sicherte, ehe er zu den großen Schlägen ausholte, die er dem zu Beginn weit überlegenen Standard-Konzern beibrachte. Sein Hauptbestreben ging von Anfang an dahin, sich zuerst die Ölfelder zu sichern, das Öl zu erbohren und dann mittels eigener Transportmöglichkeiten zu verfrachten, also von anderen soweit wie möglich unabhängig zu werden.

Die Vorfahren Deterdings waren bekannte Tulpenzüchter in Leyden, die ihr erarbeitetes Vermögen in Übersee wieder verloren hatten. Der Vater fuhr als Kapitän zur See. Sir Henry, der übrigens in dem Einwohnerregister seiner Heimatstadt unter dem Vornamen Spatular eingetragen ist, wurde am 19. April 1866 in Amsterdam als der jüngste von drei Brüdern geboren. Er sollte den Beruf des Vaters ergreifen, doch machte dies dessen früher Tod zunichte.

Infolgedessen besuchte er zuerst die Mittelschule und trat bereits mit 12 Jahren als Lehrling bei einem Reklamemaler ein. Danach war er Laufjunge in einem Wechselbüro des Hafens und kam dann mit 15 Jahren als jüngster Angestellter zur Tweentschen Bank. Trotz der langen Arbeitszeit von 12 Stunden saß er Abend für Abend zu Hause, lernte und bildete sich weiter. Mit 20 Jahren beförderte man ihn zum Vollangestellten. Jetzt verdiente er bereits 150 Gulden im Monat. Doch diese Tätigkeit befriedigte den jungen Deterding nicht. In ihm pulsierte das Blut des Vaters, und die Ferne zog ihn mit Macht in ihren Bann. Als im Jahre 1885 die Nederlandsche Handelsmaatschappij eine Stellung für die

Kolonien ausschreibt, bewirbt sich neben anderen 200 jungen Menschen auch Deterding darum und erhält sie. So kam er als Filialleiter nach Medan.

Gegen Ende der 80er Jahre wurden auf Sumatra mehrere Ölvorkommen entdeckt, doch hatte in Holland zuerst niemand Interesse an der Erschließung dieser Quellen, bis im Jahre 1890 die niederländische Regierung dem Kaufmann August Kessler eine Konzession zur Ausbeute eines Teils des Gebiets erteilte. Kessler schloß sich mit dem Ingenieur Stoop zusammen und gründete die Koninklijke Nederlandsche Maatschappij tot Explotatie van Petroleumbronnen in Nederlandsch Indie. Allerdings hatte er zu Beginn große Mühe, das erforderliche Kapital aufzubringen. Hinzu kam noch, daß die neugegründete Gesellschaft nicht sogleich ergiebige Quellen fand und das verarbeitete Petroleum nur schwer abzusetzen vermochte. Alle Bohrgeräte kamen aus Amerika und mußten sofort bezahlt werden. Aus diesem Grunde reichte das Anfangskapital von 1,3 Millionen Gulden nicht lange aus und es mußten die Angestellten und Arbeiter teilweise wochenlang auf ihre Gehälter warten, zudem konnten sogar verschiedentlich die Frachten nicht sogleich bezahlt werden. An die Zahlung einer Dividende war überhaupt nicht zu denken.

Im Frühjahr des Jahres 1896 trifft Kessler, ein guter Menschenkenner, mit Deterding zusammen, findet, daß er ein sehr fähiger Mensch ist, engagiert ihn und bestellt ihn zum Leiter seiner Verkaufsabteilung. Deterding erkennt bald, daß die Hauptschwierigkeiten in dem unter der Konkurrenz der einzelnen örtlichen Firmen leidenden, beschwerlichen Absatz liegen. Er überzeugte die anderen holländischen Firmen von dem Vorteil eines gemeinsamen Vorgehens auf dem asiatischen Markt und schafft binnen kurzem einen einheitlichen Verteilungs- und Verkaufsapparat, durch den das Geschäft der Koninklijke wesentlich gehoben wurde und, nachdem Kessler neues Kapital aufgetrieben hatte, fortan mit Gewinn arbeiten konnte. In 1894 wird schon eine Dividende von 8% zur Auszahlung gebracht und ein Jahr später das Kapital auf 2,3 Millionen Gulden weiter erhöht, um 1897 schon 5 Millionen Gulden zu betragen. Bereits zu diesem Zeitpunkt erkannte Deterding die Möglichkeiten, die sich aus einer Erweiterung des Absatzes auf dem großen chinesischen Markt ergeben würden, den bisher nur die der Standard gehörende Vertriebsgesellschaft „Mei Fooj" beherrschte.

Im Jahre 1900 starb Kessler, der Mann, der von Deterding gesagt hatte: „Dieser junge Mensch allein ist Milliarden wert." In seinem Testament bestimmt er ihn zum Vermögensverwalter seines noch minderjährigen Sohnes, doch behielt Deterding die Stelle des Kurators auch späterhin bei, nachdem Kessler jr. längst erwachsen war, und vermehrte dem Sohn das Vermögen des Vaters tausendfach. Gleichzeitig ersuchte

Kessler den Aufsichtsrat, Deterding zu seinem Nachfolger zu bestimmen. Diesem Wunsche entsprachen die Mitglieder und ernannten ihn 1901 zum Direktor und ein Jahr später zum Generaldirektor.

Sogleich legte er gesteigerten Wert auf die Erhöhung der Produktion. Mit dem erweiterten Aktienkapital erbohrte er neue Quellen, die sich als die reichsten Ostasiens erweisen sollten. Im gleichen Jahre noch schließen sich die Russen der gemeinsamen Verkaufsorganisation an und er verbindet sich mit der Shell Transport and Trading Co., London. In diese Zeit fällt auch seine Übersiedlung von Niederländisch-Indien nach den Haag und dann nach London, um von dort mangels noch nicht genügender eigener Transportschiffe immer gleich selbst mit den Tankergesellschaften verhandeln zu können.

Wer war nun die „Shell“ damals? Um die 50er Jahre des vorigen Jahrhunderts gab es in London einen Händler namens Samuel. Er hatte mehrere Kinder. Eines von ihnen, der junge Marcus, interessierte sich besonders für die Perlmutterdosen in seines Vaters Geschäft. Diese Vorliebe behielt er bei und so wurde Marcus Samuel, der später in den Adelsstand erhobene und 1924 zum Viscount ernannte Lord Bearsted, Perlmutterhändler. Er hatte in Ostasien mehrere Agenten, die für ihn Perlmutter und außerdem Kopra, das getrocknete und geschnittene Kernfleisch der Kokospalme, aufkauften. Nach kurzer Zeit gründete er eine eigene Transportflotte. Um nun keine leere Rückfracht zu haben, suchte Samuel ein Nebengeschäft und fand dies in dem Transport russischen und rumänischen Öls nach Ostasien. Findig wie immer, erkannte er, daß Öl das große Geschäft für ihn werden könnte. Es dauerte daher nicht lange, und er verfrachtete das Öl schon auf eigene Rechnung, kaufte Blechkanister und ließ auf sie sein Firmenzeichen, die Muschel, die heute noch das Markenzeichen des Shell-Konzerns ist, anbringen. Da diese Transportweise infolge des häufigen Leckwerdens der Kanister und dem dadurch entstehenden Verlust unrentabel war, gab er 1892 sein erstes, eigenes Tankschiff in Auftrag. Doch dies genügte ihm noch nicht. Er erwarb eine kleine Konzession auf Ostborneo und bohrte selbst nach Öl. Aber auch er bekam gar zu bald die große und gefährliche Konkurrenz der Standard zu spüren, die ihn schließlich mit Deterding zusammenführte.

Die ersten Jahre waren wohl beide Gesellschaften eng verbunden, doch hatten sie noch ihre Selbständigkeit, jede ihre eigene Produktion. Erst in 1903 erfolgte der Zusammenschluß in der Asiatic Petroleum Company, London, mit den beiden Tochtergesellschaften, der Nederlandsche Bataafsche Petroleum Mij., mit dem Sitz im Haag, und der Anglo-Saxon Petroleum Co., Ltd., die ihren Verwaltungssitz in London hatte. Der ersteren oblag die gesamte Produktion und Verarbeitung, der zweiten der Transport, die Lagerung und Verteilung. Eine vollkommene

Vereinigung war nicht möglich, da sich der Aufsichtsrat der Koninklijke weigerte, die Satzungen zu ändern, in denen als Sicherungsmaßnahmen gegen die ursprünglichen Aufkaufversuche Rockefellers festgelegt war, daß die Anteile immer in den Niederlanden verbleiben mußten und nicht in das Ausland vergeben werden durften. Von den Aktien der neuen Gesellschaften erhielt die Koninklijke 60 und die Shell 40 Anteile. Dieses Verhältnis blieb auch fernerhin bei den zahlreichen später gegründeten Tochtergesellschaften bestehen.

Infolge des Zusammenschlusses hatte Deterding nicht nur die Unterstützung der Regierung seines eigenen Landes, sondern sich nunmehr auch die des englischen Imperiums gesichert und auf Grund der Beziehungen Lord Bearsteds zum Hause Rothschild war auch eine bedeutende finanzielle Rückendeckung vorhanden.

GEGENMASSNAHMEN

Jetzt konnte eine intensivere Ausbeute erfolgen. Es dauerte nicht lange, und Niederländisch-Indien nahm den vierten Platz in der Weltproduktion ein. Nun konnte Deterding auch, um das mehrgewonnene Öl absetzen zu können, den Kampf von sich aus mit Rockefeller aufnehmen und eine Offensive in China eröffnen. Gar zu richtig hatte er auf diesem Markt den Nachteil des Amerikaners erkannt, der durch den weiten Antransport des Öls, das erst entweder durch weite Gebiete des amerikanischen Kontinents oder um das Kap Horn und dann über den Stillen Ozean herangeschafft werden mußte, bedingt war. Demzufolge blieb er Sieger, wenn er auch 10 Millionen Gulden verlor. Die Verluste der Standard waren erheblich höher. Ohne Lord Bearsteds Flotte hätte er allerdings zu jener Zeit kein Öl transportieren können, da während dieses harten Preiskrieges Rockefeller alle Tankschiffe charterte und sie, sofern er sie nicht für seine eigenen Öltransporte einsetzen konnte, in den Häfen liegenließ. Vermutlich wäre dann auch der Kampf um die chinesischen Absatzgebiete anders ausgegangen. Anschließend zog jedenfalls Deterding hieraus die Folgerungen, baute die eigene Flotte in stärkstem Maße aus und in 1939 gehörte bald die Hälfte aller Tankschiffe der Shell oder befreundeten Unternehmen.

Nunmehr versuchte der holländische Ölmagnat, das Tätigkeitsfeld auch auf andere Gebiete auszudehnen. Im Jahre 1906 erreichte er eine Beteiligung in Rumänien an der dort größten Gesellschaft, der Astra Romana, und faßte 1911 in Ägypten festen Fuß. Doch nicht genug damit.

Als Ausgleich für die in China erlittenen finanziellen Verluste hatte Rockefeller die Preise in den USA. beträchtlich erhöht und verkaufte dort das Öl zum doppelten Satz, den er zuletzt den Chinesen abverlangt hatte. Der Erfolg war, daß die amerikanische Bevölkerung gegen diese Maßnahme Sturm lief. Diesen Moment nutzte Deterding aus. Im stillen baute er eine Verkaufsorganisation auf und sandte Öl von Niederländisch-Indien, Mexiko und Rußland nach Amerika.

Aber er lieferte nicht nur fremdes Öl, sondern erwarb auch Konzessionen. Nach dem „Law of Capture", dem Verfassungsgesetz der USA., hat der Grundbesitzer freies Verfügungsrecht über alles, was in seinem Stück Land vorgefunden wird. So erhielt Deterding zuerst Ausbeutungsrechte in Kalifornien und 1 bis 2 Jahre später, 1915, auch in Oklahoma. Neben der Erschließung der Bohrfelder baute er eigene Rohrleitungen und Raffinerien. Nach der Gründung der California Oilfields Ltd. und der Roxana Petroleum Comp. of Oklahoma in 1914 folgten ein Jahr später die Shell Corporation of California und die Shell Union Company. Besonders seine Unternehmungen in Kalifornien waren von großem Glück begünstigt, trafen sie doch dort die ergiebigsten Felder an.

Alle von ihm gegründeten Firmen sind voneinander unabhängig und nicht, wie die der Standard, zu einem Trust vereinigt. Zum großen Unterschied gegenüber dem amerikanischen Konzern, bei dem ein und dieselbe Gesellschaft das Öl erbohrt, verarbeitet, verfrachtet und auch vertreibt, gibt es bei den holländisch-englischen Gesellschaften keine Doppelarbeit. Für eine jede, in sich abgeschlossene Tätigkeit, wie das Bohren, Aufbereiten und Verteilen, sind besondere Gesellschaften eingesetzt. Weiterhin ist für Deterding von Vorteil, daß er alles nach modernsten Gesichtspunkten ausbaut, so daß der nordamerikanische Kontinent nach dem weiteren Erwerb von Konzessionen in Texas und Louisiana, Wyoming und Colorado, zu einem der wichtigsten Produktionsgebiete der Royal Dutch-Shell wird. Lange Zeit kamen aus diesen Gebieten bis zu 40% der gesamten Konzernausbeute.

Eine eigentliche Gefahr bestand für den Holländer in der Fremdenhetze der Standard, die ihn als ausländischen Eindringling bezeichnete. Doch auch hier hatte er das wirksamste Gegenmittel rechtzeitig erkannt, um sich gegen diese Angriffe zu schützen. Sämtliche von ihm in den USA. gegründeten Gesellschaften kontrolliert er wohl selbst, doch arbeiten sie in der Hauptsache mit amerikanischem Geld. Er beteiligte von Anfang an die Bevölkerung an seinen Unternehmungen, ließ sie durch Zahlung guter Dividenden mitverdienen und sicherte sich so viele Anhänger.

Dieser äußerst schnelle und günstige Erfolg war allerdings nur während der Zeit des Krieges von 1914 bis 1918 möglich, währenddem viel Öl verbraucht wurde und der Kampf abgeflaut war. Kurz darauf sollte er aber von neuem aufflammen.

DER STREIT UM DIE DJAMBIFELDER

Ein erbittertes Ringen führten die beiden Rivalen um die Konzession der Djambifelder auf Sumatra. Bereits im Jahre 1915 hatte die niederländische Regierung dort geologische Untersuchungen vorgenommen, die ein reichhaltiges Vorkommen vermuten ließen. Während des Krieges kamen keine weiteren Untersuchungen zustande. In 1920 stand dann die ungefähre Ausdehnung des neuen Öldistrikts fest und die niederländische Regierung beschloß, die Vorräte zu heben.

Es kam zu einer Aussprache im Parlament, bei der drei Möglichkeiten der Ausbeute zur Diskussion standen. Einmal sollten die Felder von einem reinen Staatsbetrieb, zum anderen von einer gemischten Gesellschaft mit einer Beteiligung des Staates ausgebeutet werden. Außerdem war erwogen worden, das Gebiet einer privaten Gesellschaft in Konzession zu geben. Das Parlament entschied sich für die Förderung des Öls seitens einer gemischten Gesellschaft mit Staatsbeteiligung. Das beste Angebot gab Deterding ab, er schlug vor, ein neues Unternehmen zu gründen und dem niederländischen Staat 50% des Reingewinnes zu überlassen. Auf dieser Basis kam es zu einem vorläufigen Abschluß, der nur noch der Bestätigung seitens des Parlaments bedurfte, als der USA.-Geschäftsträger im Haag um einen Aufschub bat, da ein gutes Angebot amerikanischer Gesellschaften unterwegs sei. Einige Tage darauf trafen zwei Vertreter der Standard in Holland ein, die zu den gleichen Bedingungen wie Deterding die Hälfte des Konzessionsgebietes für die bereits 1912 gegründete Tochtergesellschaft, die Nederlandsche Koloniale Petroleum Mij., verlangten. Einen Einwand, daß sie ihre Ansprüche zu spät stellten und die Felder bereits vergeben seien, ließen sie nicht gelten, sondern wiesen auf die Konzessionen der Royal Dutch-Shell in den USA. hin und verlangten für sich das gleiche Recht in Niederländisch-Indien. Als das niederländische Kolonial-Ministerium den Forderungen der Amerikaner nicht entsprach, faßten diese ihre Bedingungen nochmals in ultimativer Form ab und veröffentlichten sie zugleich in der holländischen Presse. Außerdem brachten zur selben Zeit die amerikanischen Blätter scharfe Angriffe gegen Holland.

Ein Teil der Parlamentsmitglieder wollte nun zwecks Vermeidung politischer Verwicklungen die Ausbeute einem reinen Staatsunternehmen übertragen. Da begann auch Deterding seinerseits einen heftigen Pressefeldzug und weiterhin wechselten scharfe Noten zwischen der amerikanischen Gesandtschaft und dem niederländischen Kolonial-Ministerium. Am 19. April 1921 kam der Streitfall schließlich vor die niederländische Kammer und diese stimmte für die zuerst mit Deterding getroffenen Vereinbarungen. Die Standard-Vertreter gaben sich aber noch nicht zufrieden. Einige Tage danach übermittelte der amerikanische Geschäftsträger eine erneute Protestnote, doch die niederländische Regierung blieb bei ihrer ersten Entscheidung.

Nach einigen Jahren erhielt dann die Nederländische Koloniale Petroleum Mij. als Ersatz eine Konzession in Südsumatra bei Palembang, die sich später als sehr ergiebig erwies. In 1926 baute die Standard in Soengi Gerong eine Raffinerie, die später zu dem bedeutendsten Verarbeitungswerk der niederländischen Inseln ausgebaut wurde. Ein weiteres Ausbeutungsrecht vergab die Regierung schon aus nationalen Gründen wieder an die Royal Dutch-Shell. Es waren dies die Felder bei Boenjoe, einer kleinen, Borneo vorgelagerten Insel. Trotzdem stieg die Produktion in dem Gebiet der Amerikaner schneller an als in dem der Royal Dutch.

VORSTOSS IN MEXIKO

Die USA. sind mit über 65% der Weltförderung der weitaus bedeutendste Produzent, aber gleichzeitig auch der größte Verbraucher. Den übrigen Industrieländern steht nur ein knappes Drittel der Weltförderung zur Verfügung, von dem die Hälfte aus Mittel- und Südamerika stammt. Auch dies erkannte Deterding als erster und sicherte sich zusammen mit anderen englischen Gesellschaften zahlreiche Gebiete.

Nachdem im benachbarten Amerika das Ölfieber entfacht war, entsann man sich auch in Mexiko, daß die Vorfahren längs der atlantischen Küste ölhaltige Tümpel angetroffen hatten. In 1868 begann das Abteufen der ersten Bohrungen, die aber nur einen sehr bescheidenen Ertrag brachten. Erst um 1901 trat die Bohrtätigkeit in ein stärkeres Stadium, nachdem umfassendereAufschlußarbeiten durchgeführt und bei El Ebano in der Nähe der Hafenstadt Tampico reichhaltige Felder gefunden wurden. Weitere Entdeckungen folgten am Panucofluß und bei Tuxpan im Staate Vera Cruz. Diese Sonden waren äußerst ergiebig, doch leider immer nur von kurzer Förderdauer.

In jenen Tagen befand sich der englische Lord Cowdray in Mexiko, er hörte von dem Ölfieber und erteilte sofort mehreren Vermittlern die Anweisung, soviel als möglich an Ausbeutungsrechten zu erwerben. Nachher bohrte und bohrte er, doch immer vergebens. innerhalb von sechs Jahren hatte er eine Million verausgabt, bis er schließlich bei Vera Cruz die Dos-Bocas-Quelle erschloß, der gewaltige Ölmengen entquollen. Das Dampfkesselfeuer an der Bohranlage war aber nicht genügend isoliert und demzufolge fingen die Gase nach einigen Tagen Feuer und die Sonde brannte über 8 Wochen lang. Wahrscheinlich sind in dieser Zeit mehrere Hunderttausend Tonnen Öl in den Flammen aufgegangen. Trotzdem gab Cowdray seine Pläne nicht auf und stieß nach weiterem, jahrelangen Suchen 1910 auf ein ertragreiches Feld am

Flusse Buena Vista. Gegen Ende desselben Jahres erbohrte er eine Quelle, die pro Tag 4000 Tonnen lieferte und während ihrer achtjährigen Eruptivzeit insgesamt über 10 Millionen Tonnen erbrachte. Diese Sonde bildete einen der Hauptpfeiler der 1918 von Deterding aufgekauften Mexican Eagle.

So ergiebig die einzelnen Sonden auch sind, so kurz ist ihre Lebensdauer. Die mexikanische Produktion hatte 1921 ihren Höhepunkt erreicht, als sie mit 28,9 Millionen Tonnen den zweiten Platz in der Weltförderung einnahm. Bis heute ist sie wieder auf den sechsten Platz abgesunken, was teilweise darauf zurückzuführen ist, daß die Felder und insbeondere das 60 Kilometer lange und 1 Kilometer breite „Goldene Band", das sich im Süden des Landes von Cerro Azul bis nach Turbrero an die Küste zu erstreckt, nicht so groß und ergiebig sind, wie dies ursprünglich angenommen wurde. Zum anderen hängt es mit der neuerdings betriebenen rationellen Ausbeutung zusammen, die die mexikanische Regierung nach all den Unruhen, die das Land nahe an den Abgrund brachten, nunmehr anstrebt. Heute stoßen wir zwischen den riesigen Mais- und Baumwollfeldern, den Weinbergen, Zuckerrohr- und Tabakplantagen auf Gegenden mit unzähligen Bohrtürmen. Dazwischen ziehen über die Hochebenen, wo wir Wälder mit den edelsten Hölzern antreffen, und durch die von hohen Bergketten umsäumten Täler die Rohrleitungen ihren Weg.

Wenn das Land jahrzehntelang mangels einer starken Regierung der Spielball für Abenteurer aller Art sein konnte, die hier, wie in allen Ländern mit neu ansteigender Ölproduktion, in großer Zahl auftraten, so scheint es jetzt seit einer Reihe von Jahren wirtschaftlich bergauf zu gehen.

Das Öl ist einer der wichtigsten Faktoren der mexikanischen Wirtschaft. Hunderte von Millionen Dollar sind in den Ölfeldern investiert, woran bis zur Nationalisierung im Jahre 1938 die englischen und amerikanischen Gruppen zu ungefähr gleichen Teilen beteiligt waren. Bis zu diesem Zeitpunkt hatte die Royal Dutch-Shell mit 60% den Hauptteil an der Förderung. Die Produktion der Standard machte etwa 12% aus. Mexikanische Gesellschaften waren zu jener Zeit nur mit 5% an der Förderung beteiligt.

Als Folge der Enteignung, die auf die hohen Benzinpreise in Mexiko, welche fast 35% über denen in den USA. lagen, sowie die schlechten Löhne und die Armut des Landes zurückzuführen ist, schien sich wiederum eine neue Krisis anzubahnen, doch wurde, nachdem sich die mexikanische Regierung verpflichtet hatte, einen hohen Prozentsatz der geforderten Entschädigungssumme zuzüglich der seit 1938 aufgelaufenen Zinsen zu zahlen, diese Gefahr behoben und das Land erhielt zur Überbrückung einen neuen amerikanischen Kredit über 30 Millionen Dollar.

Dieses Darlehen verwendete die Regierung zum Ankauf neuer Bohr- und Fördergeräte, sowie bestimmter Raffinerieausrüstungsteile, außerdem zum Ausbau der Eisenbahnen. Neben der Kreditgewährung haben sich die USA. verpflichtet, monatlich für 6 Millionen mexikanisches Silber zu kaufen, woran die Mexikaner 2 Millionen verdienen und mit denen sie die Entschädigung der ausländischen Ölgesellschaften ratenweise tilgen. Mit Großbritannien wurde eine ähnliche Regelung vereinbart. Als weitere Gegenleistung sagte die mexikanische Regierung eine bevorzugte Belieferung der anglo-amerikanischen Länder mit Rohöl und Destillaten zu.

Nachdem die Förderung Mexikos von 1000 Tonnen in 1901 bis auf 28,978 Millionen in 1921 unaufhörlich angestiegen war, fiel sie anschließend wieder stark ab, betrug 1925 17,626 und 1932 nur noch 4,842 Millionen Tonnen. Anschließend wuchs sie wieder langsam auf 6,896 in 1937 an; um dann in den nächsten Jahren auf etwa 6 Millionen Tonnen stehenzubleiben. Durch die Kriegsereignisse und die damit verbundenen Transportschwierigkeiten trat zuerst ein kleiner Rückgang ein, der aber bald überwunden wurde und dem ein neuer Anstieg auf nunmehr knapp 6 Millionen Tonnen folgte. Da die sicheren Vorräte sich auf 550 Millionen Tonnen belaufen, ist mit einem weiteren erneuten Anstieg zu rechnen.

Verarbeitet wird das Öl fast ausschließlich im eigenen Lande. Hierfür stehen ungefähr 20 Raffinerien zur Verfügung, die durchschnittlich 48% Heizöl, 24% Benzin, 10% Gasöl, 5% Asphalt, 4% Leuchtöl und 2% Schmieröl verarbeiten. Die restlichen 7% sind Rückstände. Von der Gesamterzeugung verbleiben ²/₅ im Lande, für welches das Petroleum die weitaus wichtigste Brennstoff- und Energiequelle bedeutet. Die restlichen ³/₅ werden seit der Beilegung des Streits mit den USA. und England wieder wie früher in vornehmlich diese Staaten verfrachtet. Den Transport führt Mexiko teilweise mit seiner eigenen 100 000 BRT umfassenden Tankerflotte durch.

UND WEITERHIN KONFLIKTE

Die gewaltigen russischen Ölfelder in Baku hatten schon seit längerer Zeit das Interesse beider Konzerne auf sich gezogen. Kurz nach der Jahrhundertwende hatte Deterding einen großen Teil der Konzessionen, so unter anderem die gesamten Bohranteile der Rothschilds, die sich fortab nur noch mit der Verarbeitung beschäftigen wollten, aufgekauft. Dieser Erwerb brachte ihm in den ersten Jahren riesige Gewinne ein. Aber auch die Standard hatte es verstanden, große russische Aktienpakete an sich zu bringen. Als nun die Sowjets die gesamten ausländischen Besitzanteile für ungültig erklärten, war das für beide ein schwerer Schlag.

Deterding traf es besonders, weil er mit Lydia Pawlona, der Tochter des russischen Generals Kondayaroff, verheiratet war. Dies mag auch ein Grund für seinen in der folgenden Zeit erbitterten Kampf gegen die neuen russischen Machthaber gewesen sein. Während Deterding an seinen Grundsätzen lange festhielt, ging die Standard entgegen den Vereinbarungen zuerst zu Verhandlungen mit den Sowjets über und brachte dem Holländer infolge des Absatzes billig gekauften russischen Öls in Ägypten und Indien eine finanzielle Niederlage bei.

Der bereits bei der Neuverteilung der Anteile der Irak Petroleum Co. erwähnte Mister Gulbenkian, der Deterding seinerzeit die russischen Anteile der Rothschilds verschafft hatte, brachte ihn noch einmal in eine äußerst kritische Situation. Gulbenkian, zuerst sein intimster Mitarbeiter, wurde wegen persönlicher Angelegenheiten bald sein erbittertster Feind. In 1931 sah er seine große Chance gekommen. Die Royal Dutch-Shell war infolge der allgemeinen Wirtschaftskrise finanziell ziemlich angespannt. Zu diesem Zeitpunkt warf er riesige, vorher im Laufe mehrerer Jahre aufgekaufte Aktienpakete der Royal Dutch auf den Markt und veröffentlichte zudem kompromittierende Dokumente über den holländischen Ölkönig. Die Folge waren erhebliche Kursstürze. Viele, die ihr Geld in den als vollkommen sicher geltenden Papieren angelegt hatten, verloren ihre gesamten Ersparnisse. Als sich aber die französische Staatsbank mit der Bank von England in Verbindung setzte, sah Gulbenkian, daß er nichts mehr ausrichten konnte und brach die Kampagne ab.

Seine Erfolge hat Deterding im wesentlichen seiner Geschäftspolitik, die geschmeidiger als die Rockefellers war, zu verdanken. Das Unternehmen, das er in 35 Jahren aufbaute, ist das größte Europas und gehört zu den angesehensten der Welt. Deterding, der im Alter von 72 Jahren am 4. Februar 1939 in St. Moritz einem Herzschlag erlag, war die bedeutendste Persönlichkeit der Niederlande und einer der mächtigsten Männer des britischen Imperiums. Er vermochte den Kampf nur auszuhalten, indem er sich zuerst die Rückendeckung der englischen und holländischen Regierung und die Finanzkraft der Rothschilds infolge seiner Verbindung mit Lord Bearsted sicherte. Mit ihm zusammen kontrollierte er über 200 große Gesellschaften, besaß zuletzt über 150 Tankschiffe, hatte überall Raffinerien und Ölbunkerstationen und nannte Ölfelder in der ganzen Welt sein eigen. Wo Öl erbohrt wurde, war er zu finden. Überall, wo der Union Jack weht, stehen auch heute noch die Tanks der Royal Dutch-Shell.

Im Jahre 1937 war Deterding von seinem Posten als Generaldirektor zurückgetreten. Er, der in dem Titanenringen sich behauptete und Rockefeller und mit ihm die Standard auf den neuen Weg wies, sich auch der Erschließung von Neuland und damit der Produktion zu widmen, der immer Angestellter blieb, dessen Privatvermögen noch nicht ein Drittel Prozent des Kapitals der von ihm geleiteten Gesellschaften betrug, hatte die Weltmacht des Öls als erster richtig erkannt und durch seine Tatkraft den Royal Dutch-Shell Konzern zu einem der bedeutendsten Machtfaktoren entwickelt.

DIE SICHERSTELLUNG DER VERSORGUNG ENGLANDS UND SEINES EMPIRE

Das englische Mutterland sebst ist arm an Ölvorkommen. Eine geringe Ausbeute ermöglicht der schottische Ölschiefer, dessen Ölgehalt 8 bis 10% beträgt und aus dem etwa 130000 Tonnen Öl im Jahr gewonnen werden, was allerdings noch nicht 1% des englischen Bedarfs ausmacht.

Zur Ermittlung weiterer Vorkommen in Großbritannien erhielt die d'Arcy Exploration Company, ein Unternehmen der Anglo-Iranian, vor etwas über 10 Jahren eine Schürflizenz, die sich auf weite Gebiete in Yorkshire, Lincolnshire, einige südenglische Grafschaften und Teile Schottlands erstreckte. Nach mehreren Schürfbohrungen blieben auch Tiefbohrungen erfolglos. Weiterhin beschäftigte sich die Anglo-American Oil Company emsig mit der Frage, ob im Nordwesten des Landes abbaufähige Felder anzutreffen seien. Einige Beachtung verdienen aber lediglich die Bohrergebnisse bei Eakring in Nottinghamshire.

Neben den USA. hat aber das britische Weltreich den größten Verbrauch an Petroleum und seinen Destillaten. Allein Großbritannien verbraucht in Friedenszeiten jährlich fast 15 Millionen Tonnen Mineralöle, von denen 20% als Rohpetroleum zur Verarbeitung in den eigenen Raffinerien und 80% als Destillate eingeführt werden. Von den Destillaten entfällt allein die Hälfte auf Benzine, ein Viertel auf Heizöl, 10 bis 12% auf Leucht- oder Gasöl und der Rest auf Schmieröle und Fette.

Die größten englischen Verarbeitungswerke sind die der Shell Refineries Ltd. in Ardrossan, Shell Haven, Stanlow, Ellesmere, Port und Manchester Ship Canal mit einer Kapazität von zusammen 5100 Tagestonnen, ferner die National Oil Refineries Ltd. der Anglo-Iranian in Llandarcy in Südwales mit einer Tageskapazität von 2900 Tonnen und die Agwi Petroleum Corp. Ltd. in Fawley bei Southampton, die ein Tochterunternehmen der Standard Oil of New Jersey ist und eine Verarbeitungsmöglichkeit von 1700 Tonnen pro Tag besitzt. Der schottische Ölschiefer wird in der der Anglo-Iranian gehörenden Scottish Oils Ltd. in Grangemouth aufbereitet.

Die Raffinerien des Mutterlandes sind nur an wenigen Standorten nahe der Hafenstädte konzentriert. Die meisten liegen an oder nahe der Themsemündung, so daß dem Londoner Hafen in dieser Beziehung größte Bedeutung zukommt. Über ihn geht allein ein Drittel der gesamten Öleinfuhr.

Von den gigantischen Ausmaßen der Ölanlagen in und bei London können wir uns eine Vorstellung machen, wenn wir bedenken, daß dort allein ein Unternehmen, die London and Thames Haven Oil Wharves Ltd., über 1¼ Millionen Tonnen Lagerraum verfügt, was knapp einem Zehntel des gesamten englischen Bedarfs oder der Verbrauchsmenge eines Landes wie Schweden entspricht. Auf diesem Gelände sind drei Raffinerien und große Werften errichtet, fast fünf Meilen Anschlußgleise verlegt und eine gleichzeitige Belademöglichkeit für 250 Kesselwagen geschaffen. Weiterhin sind eine Unmenge von Hilfs- und Nebenbetrieben auf diesem fast 2000 Acres großen Geländekomplex.

Neben diesem Unternehmen gibt es noch eine Anzahl anderer größerer Einfuhr- und Industriefirmen. So unterhält beispielsweise die London & Coastal Oil Wharves Ltd. auf der Insel Canvey an der Nordseite des Themseflusses eine Raffinerie und ausgedehnte Werft- und Tankanlagen, betreiben die Bunkerölhändler Corry Brothers & Co. Ltd., ein weiteres in Coryton, im Londoner Hafengebiet, gelegenes Verarbeitungswerk und besitzen Lagertanks mit einem Fassungsvermögen von 200000 Tonnen. Einen anderen nahe London in der Grafschaft Essex gelegenen Riesenkomplex besitzt die Shell Transport and Trading Co. Durch ihre Tochtergesellschaft, die Shell Refineries Ltd., betreibt sie in Shell Haven eine Großraffinerie und hat daselbst unübersehbare Umschlag- und Tankeinrichtungen erbaut.

Von dem Londoner Hafen gehen tagtäglich zahlreiche Kesselwagenzüge zur Versorgung des Hinterlandes in das Landesinnere, deren Transport die Great Western Railway Co. besonders spezialisiert hat.

London ist nicht nur der Mittelpunkt der Kraftstoffversorgung des Mutterlandes, sondern auch der des englischen Überseehandels. Hier haben all die großen und kleinen „oil brokers", „merchants and importers", „shipbrokers and managers", also die Makler mit Bunkeröl und Tankern, die Vermittler und Zwischenhändler, ihren Sitz.

Zudem kommen noch die Tankergesellschaften wie die 1 Million Bruttoregistertonnen besitzende British Tanker Co. Ltd. der Anglo-Iranian und die verschiedenen Unternehmungen der Anglo-Saxon Petroleum Co., sowie noch anderer kleinerer Gesellschaften. Nicht weit von London sind auch die Werften für den Tankerbau gelegen, so die von Swan, Hunter & Wigham Richardson, dann die Firmen Furners Shipbuilding Co., Haverton, R. & W. Howthorn Leslie & Co., auf die fast ein Viertel des Welttankschiffbaues kommt.

Neben dem Londoner Hafen haben für die Öleinfuhr noch die Häfen von Manchester und Southampton größere Bedeutung, über die etwa 3 bzw. 10% der Einfuhr abgewickelt werden. Außerdem sind noch von Bedeutung Bristol, Hull, Liverpool, Grangemouth, Swansea, auf die ungefähr je 4 bis 8% entfällt.

Zu dem Verbrauch der englischen Insel kommt noch der des Weltreichs mit annähernd weiteren 15 Millionen Jahrestonnen für all die weitverzweigten Besitzungen in Übersee hinzu, so daß sich der Gesamtbedarf Englands und seines Empire auf 30 Millionen Tonnen in einem Jahr beläuft.

Die eigene Produktion in den Empireländern betrug 1946 aber nur knapp 6 Millionen Tonnen. Der Verbrauch des Empire ist demnach nur zur Hälfte und der des Mutterlandes mit dem Weltreich nur zu einem Fünftel durch eine Förderung in eigenen Gebieten gedeckt.

England ist also darauf angewiesen, den Hauptteil seines Kraftstoffbedarfs aus anderen Ländern einzuführen. Insbesondere stützt es sich hierbei auf seine beiden Ölriesen, die Anglo-Iranian Oil Co., an der die englische Regierung zu über 50% beteiligt ist, und den Royal Dutch-Shell-Konzern. Dank der Weltstellung beider Unternehmen ist es bisher immer in der Lage gewesen, den Bedarf des Reiches mühelos zu decken.

Die Shellgruppe verfügt über einen bedeutenden Feldbesitz in Übersee und eine großzügige Verteilerorganisation. Tankschiffe mit etwa 1 Million Bruttoregistertonnen, zu denen noch die anderer Länder wie Norwegen, der Niederlande und Panama hinzukommen, sichern die Belieferung des Mutterlandes und der einzelnen Dominien, der an allen wichtigen Punkten errichteten Bunkerstationen und Vorratstanks. Die großen Raffineriezentren können die Öle selbst verarbeiten. Die Hauptgewinnungsgebiete liegen in Niederländisch-Indien, Venezuela und den USA.

Die zweite Hauptstütze ist die Anglo-Iranian, die aus der Birma Oil Co. hervorging. Außerdem besitzt sie noch Beteiligungen im Irak, Saudi-Arabien, Ägypten und Südamerika.

Beide Gruppen, die im vorigen Jahr einen Reingewinn von zusammen 22 Millionen Pfund Sterling hatten, lassen die fast ausschließlich auf dem Wasserwege erfolgende Versorgung des englischen Empire als gesichert erscheinen, wie sich dies auch in den beiden letzten Kriegen am besten erwiesen hat. In den letzten Friedensjahren kamen 60% der Versorgung des Mutterlandes über den Atlantischen Ozean, und zwar aus Niederländisch-Westindien rund ein Drittel des Gesamtbedarfs, ferner aus Britisch-Westindien 6 bis 7%, Venezuela 5%, Mexiko, Peru und Ekuador 3% und den USA. 17%. Die anderen 35% nahmen ihren Weg über das Mittelmeer; sie kamen zu 20% aus dem Iran, zu je 5% aus dem Irak, Rußland und Rumänien, die restlichen 5% aus mehreren kleinen Öldistrikten.

Betrachten wir noch einmal die für die englische Versorgung wichtigsten Produktionszentren, und zwar zunächst die zum Empire gehörenden Gebiete in Trinidad, Kanada und Britisch-Borneo.

Trinidad ist zu einem der Hauptversorgungspunkte des Empire geworden. Seine Förderung stieg von 145000 Tonnen in 1916 auf 436000 in 1923, 1,425 Millionen in 1932 und 2,462 in 1938 an. Im Jahre 1940 betrug sie 2,9 Millionen Tonnen und hat diesen Stand bisher gehalten. Zum Teil wird das Öl in sieben kleinen Anlagen aufbereitet, zum anderen unverarbeitet über den an der Westküste gelegenen Hafen Port of Spain fast ausschließlich nach England exportiert. Berühmt wurde die Insel schon vor etwa 100 Jahren durch den nahe der Küste gelegenen Asphaltsee, der sich über eine Fläche von einem halben Quadratkilometer erstreckt und dessen Asphaltschicht 50 Meter tief ist. Seit der um 1850 begonnenen Ausbeute hat man bis jetzt 4,5 Millionen Tonnen Asphalt gewonnen. Der Vorrat beträgt immer noch 40 Millionen Tonnen. Während des zweiten Weltkrieges wurde die Insel als Flottenstützpunkt an die USA. verpachtet.

Der Bedarf Kanadas übersteigt die eigene Förderung um das 6fache. Die ersten Öllagerstätten entdeckte man bereits 1859 im Staate Ontario. Heute entfallen 95% der Produktion auf das Turner Valley Revier in Alberta, der Rest auf die Felder in Ontario und Neu-Braunschweig. Der Höhepunkt des Turner Valley Gebiets wurde allerdings bereits in 1942 überschritten. In 1943 fiel die Förderleistung auf 1,254 Millionen Tonnen und sinkt seitdem langsam weiter ab. Die Gesamtvorräte werden auf 75 Millionen Tonnen geschätzt, zu dem die Athabaska-Sande in Nordalberta kommen, deren Volumen man mit 100 Millionen Tonnen bezifferte und deren Ölgehalt 4 bis 6% beträgt.

Die zusätzliche Einfuhr kommt zu drei Viertel aus den USA. und zu ein Viertel aus Kolumbien und Peru. Der Hauptbedarf liegt bei Benzin und Heizöl. Kanada besitzt 1,6 Millionen Kraftfahrzeuge, so daß auf jeden 7. Bewohner ein Automobil kommt. Im Heizölverbrauch steht das Land hinter den USA. an zweiter Stelle.

Britisch-Borneo besitzt die Ölgebiete von Brunei und Sarawak, von denen das erstere das ergiebigere ist. Die Förderung Britisch-Borneos beträgt heute mit 2,5 Millionen Jahrestonnen fast dreimal soviel als vor Ausbruch der Kriegswirren und kann noch weiter gesteigert werden, wenn der augenblickliche Mangel an Tankschiffraum und zusätzlichem Bohr- und Fördergerät behoben ist. Von der Gesamtproduktion geht der weitaus größte Teil in die nahe gelegenen Gebiete des Empire.

Wie wir sehen, kann das Mutterland mit dem Empire den Gesamtbedarf nur zu einem Fünftel decken. Der Hauptlieferant ist der Iran. Dieses asiatische Tafelland ist für England gleichzeitig die Brücke nach Indien. Hieraus ersieht man schon, welche Bedeutung dem iranischen Staat zukommt. Während der Irak und die Bahrein-Inseln erst 1934/35 in größerem Umfang erschlossen wurden, begann die Förderung in dem früheren Persien schon 1913 und bereits im Jahre 1918 betrug sie 1,2 Millionen Tonnen, um auf 4,6 in 1924, 6,2 in 1930, 10,4 in 1938 und 10,5 in

1940 anzusteigen. Im Jahre 1946 konnte sie dann nach weiterer Anzapfung neuer Ölhorizonte 19,4 Millionen Tonnen erreichen.

In Gatschsaran, nordöstlich von Bender Schahpur, bohrte die Anglo-Iranian eines der reichsten Öllager der Welt an. Weitere ergiebige Felder liegen bei Masdjid-i-Sulaiman, 250 Kilometer von Abadan, zu dem das Öl in einer Pipe-line transportiert wird. Hier, auf einer Schwemmlandinsel zwischen dem Golf und der Hafenstadt Basra, ist die größte Raffinerie der Welt errichtet, die jährlich 14 Millionen Tonnen bei voller Auslastung verarbeiten kann. Ein weiteres großes Aufbereitungswerk wurde nach dem Abadaner Vorbild nahe dem neu erschlossenen Feld bei Bender Schahpur erbaut.

Der Ausfuhranteil beträgt fast 95% der Förderung. Ein Viertel wird im Rohzustand nach England transportiert, der Rest im Lande verarbeitet. Von der insgesamt exportierten Menge hat bis jetzt England 80% und von dem Rest Frankreich einen großen Anteil erhalten.

Der eigene Verbrauch ist gering. Er beträgt etwa 1,5 Millionen Tonnen im Jahr, wovon annähernd die Hälfte zur Versorgung der die Häfen anlaufenden Schiffe dient. Von dem Inlandsbedarf überwiegt der des Heizöls bei weitem, dann kommt der Leuchtölverbrauch und zu je 10% der von Benzin und Schmieröl.

Die sicheren Vorräte werden mit 900 Millionen und die wahrscheinlichen mit 1,2 Milliarden Tonnen angegeben, reichen also selbst bei einer fernerhin noch ansteigenden Produktion 60 Jahre.

Hauptproduzent ist die englische „Anglo-Iranian Oil Co.“. Daneben sind noch einige kleinere Konzessionsgebiete an englische, amerikanische, holländische und russische Gesellschaften vergeben, die aber bis jetzt keine bedeutenden Ergebnisse erzielen konnten.

Neben der iranischen Produktion erhält England auch einen Anteil von der Förderung der Irak Petrol Co., auf Grund dessen eine Lieferung von 2 bis 3 Millionen Tonnen gesichert erscheint, wenn auch Frankreich den Hauptteil aus diesem Gebiet erhält. Zudem steht von der Gewinnung auf den Bahrein-Inseln die Hälfte zur Befriedigung der englischen Interessen zur Verfügung.

Einen weiteren Großproduzenten für die Versorgung Großbritanniens finden wir in Indonesien. Die dortigen Ölanzeichen sind schon im Altertum bekannt gewesen und die „ewigen Feuer“ auf dem Goenang Api, dem Feuerberg, erloschen erst zu Anfang dieses Jahrhunderts, als die in der Nähe abgebohrten Sonden das Erdgas entzogen.

Die eigentliche Erschließung begann im Jahre 1893. Von großem Vorteil war für diese Gebiete, daß sie jahrzehntelang nur von einer Gesellschaft ausgebeutet wurden, was eine planvolle Arbeit ermöglichte. Von 1897 bis 1903 hatte Niederländisch-Indien den 3. Platz in der Weltförderung inne, dann wurde es von Rumänien und Galizien überflügelt, die aber bald wieder absanken, doch nachher entwickelten sich zuerst die Vorkommen in Mexiko und später die im Iran und in Venezuela schneller. Heute steht Insulinde nach Beseitigung eines Großteils der durch die Kriegswirren hervorgerufenen großen Zerstörungen mit einer voraussichtlichen Jahresproduktion für 1948 mit annähernd 5 Millionen Tonnen wieder im Blickpunkt des Interesses.

Die ersten Aufschlußarbeiten erfolgten in dem östlichen Bezirk Surabaja auf Java, danach bei Atjeh auf Nordsumatra. In 1898 wurde das erste Feld in Südostsumatra bei Palembang und ein Jahr darauf das Gebiet von Koetei auf Südostborneo erschlossen.

Bis um 1930 hatte Borneo die Führung in der Produktion, um sie dann an Sumatra abzugeben, dessen Förderung heute doppelt so groß wie die von Borneo, Java und Ceram zusammen ist. Die Produktionsleistung stieg von 82 000 Tonnen in 1893 auf 426 000 um die Jahrhundertwende, dann unaufhörlich weiter, um 3,064 Millionen Tonnen in 1935, 5,531 in 1930, 6,082 in 1935, 7,398 in 1938 und 7,943 in 1939 zu erreichen. Im nachfolgenden Jahr erlangte sie mit 8,4 Millionen Tonnen ihren Höchststand, fiel dann jedoch infolge der Kriegshandlungen, durch die große Zerstörungen sowohl in den Gewinnungs- als auch in den Verarbeitungsstätten entstanden, ab.

Vor Ausbruch der Kriegswirren verteilte sich die Produktion auf die einzelnen Inseln wie folgt:

Sumatra	4,663	Mill. Tonnen
Borneo, Tarakan, Boenjoe	1,720	„ „
Java und Madoera	0,933	„ „
Ceram	0,082	„ „
	7,398	Mill. Tonnen

Im wesentlichen befand sich die Erzeugung in den Händen der drei großen Gesellschaften Bataafsche Petroleum Mij. der Royal Dutch, die 58% der Produktion auf sich vereinigte, die Nederlandsche Koloniale Petroleum Mij. der Standard Oil Co., die einen Anteil von 27% an der Gewinnung hatte und der Nederlandsch-Indische Aardolie Mij., einer Gemeinschaftsgründung der Royal Dutch und der niederländischen Kolonial-Regierung, an der jeder der beiden zu 50% beteiligt ist und die einen Produktionsanteil von 15% verzeichnen konnte. Wenn sich der Anteil der Bataafschen auch von 97,2% in 1921 auf 58%, zu denen noch 7,5% aus der Beteiligung an der Nederlandsch-Indischen Aardolie Mij. kamen, in 1938 ermäßigte, so war dies auf die gute Entwicklung in den der Standard zugeteilten Feldern und das starke Anwachsen der Gesamtförderung von 2,359 in 1921 auf 7,398 Millionen Tonnen in 1938 zurückzuführen. In dem gleichen Zeitraum stieg die Produktion der Bataafschen allein um über 82% von 2,354 auf 4,293 Millionen Tonnen an.

Bisher wurden insgesamt 120 Tonnen gefördert. Die sicheren Vorräte sollen 220, die wahrscheinlichen 350 Millionen Tonnen betragen. Ein weiteres Ansteigen dieser Vorratszahlen ist nicht zu erwarten, da lediglich der Westteil Neuguineas noch unerschlossen ist. Für die nächsten 30 bis 40 Jahre erscheint die Ausbaute jedoch gesichert.

Das erbohrte Öl kommt, bis auf das in Tarakan gewonnene, das sich für die Raffination weniger eignet und als Heizöl verkauft wird, fast ausschließlich auf den Inseln zur Aufbereitung und wird in großen Rohrleitungen von den Gewinnungszentren durch die dichten Urwaldgebiete zu den Werken geschafft. Für die Verarbeitung stehen moderne, in der Regel an der Küste gelegene Raffinerien auf Sumatra, Borneo und Java zur Verfügung, die zum Teil schon wieder aufgebaut sind, weiterhin große Tankanlagen mit einem Fassungsvermögen von 1,5 Millionen Tonnen zur Aufnahme der Fertigfabrikate.

In Anbetracht der weiten unzugänglichen Urwaldgebiete war bislang der Eigenverbrauch gering. Er belief sich auf 1,5 Millionen Tonnen im Jahr. Der Hauptteil davon entfiel auf Gas- und Heizöl mit 859 000, es folgten dann Leuchtöl mit 256 000, Benzin mit 172 000 und Schmieröl mit 38 000 Tonnen. Der große Heizölverbrauch war durch die Bunkerabgabe für die Schiffe gegeben. Auffallend ist jedoch der geringe Benzinbedarf, der bisher nur ein Neuntel des gesamten Inlandsverbrauchs ausmachte. Maßgebend hierfür war der bislang geringe Grad der Motorisierung.

Über vier Fünftel der Erzeugung standen bisher der Ausfuhr zur Verfügung, die mengenmäßig den 1. und wertmäßig den 2. Platz hinter Kautschuk einnahm. Der überwiegende Teil ging nach Ostasien und den Randländern des Indischen Ozeans. Nur 10 bis 12% gelangten ins Mittelmeer und nach Westeuropa. Von 1921 bis 1930 hat sich die Ausfuhr vervierfacht, 1931 sank die exportierte Menge infolge der allgemeinen Weltwirtschaftskrise ab, um sich dann aber bis 1939 wieder zu verdoppeln. Seit 1921 konnte sich die Gas- und Heizölausfuhr verdreizehnfachen und der Benzinexport die sechsfache Menge erreichen.

Wenn die Förderung auch nur zu 2,6% an der Welterzeugung beteiligt war, so vereinigt sie doch drei Viertel der fernöstlichen Gewinnung auf sich. Nach Beendigung der Kampfhandlungen wurde zuerst mit der Wiederinbetriebnahme der Erdölfelder und Verarbeitungsanlagen auf Borneo begonnen. Nach der holländischen Polizeiaktion folgten dann auch die Distrikte auf Südsumatra. In republikanischem Besitz sind bislang noch die Gebiete von Djambi, Rantau auf Nordsumatra und Tjapoe auf Java. Die Förderung Südsumatras und Borneos erreichte im Jahre 1947 wieder 1 071 000 Tonnen und man hofft in diesem Jahr annähernd 5 Millionen Tonnen Öl zu gewinnen, womit die Produktion wieder auf über die Hälfte vor Kriegsausbruch angestiegen wäre. Während früher der Hauptteil exportiert wurde, wird jetzt das Öl in erster Linie zur Industrialisierung des Landes und dem Ausbau der Wirtschaft benötigt und die darüber hinaus zur Verfügung stehende Menge erst ausgeführt.

Die Produktion in Burma betrug bislang im Durchschnitt eine Million Jahrestonnen. Obwohl das Petroleum das wirtschaftliche Rückgrat Burmas ist, ging die Förderung bisher auf Grund der nach der Loslösung des Landes aus dem britischen Commonwealth entstandenen innerpolitischen Schwierigkeiten und Unruhen beträchtlich zurück und soll heute noch nicht 500000 Tonnen betragen.

Das riesige Indien kann nur eine verschwindend geringe Ölerzeugung im Punjab-Attockgebiet aufweisen. Dieses kleine, im Nordwesten des Landes gelegene Feld produziert jährlich an die 200000 Tonnen. Aber auch der Bedarf ist im Verhältnis zu der Größe des Landes und seiner Einwohnerzahl äußerst minimal, so daß die geringe eigene Förderung den Verbrauch zu knapp 10% decken kann. Von dem Gesamtverbrauch an Ölderivaten kommen jährlich auf den Kopf der Bevölkerung 5,5 Kilogramm gegenüber 134 in der Sowjetunion, 310 im englischen Mutterland und 2150 in den USA. Von dem Bedarf entfallen 940000 Tonnen auf Leuchtöl, 600000 auf Gas- und Heizöl, 320000 auf Benzin, 50000 auf Schmieröl und 290000 auf andere Erzeugnisse.

Neben den im Vorderen Orient und Ostasien gelegenen Hauptversorgungsgebieten verfügt das Empire noch über sichere Quellen in Venezuela, wo es dank seines Kapitaleinflusses ein Drittel der Produktion kontrolliert, die in den auf den Karibischen Inseln gelegenen Raffinerien zum größten Teil zur Verarbeitung kommen und bislang allein zu 35% den Bedarf Englands zu decken vermochten.

Weiterhin ist von Mexiko nach Klärung der durch die Nationalisierung entstandenen Meinungsverschiedenheiten eine jährliche Lieferung von 1 bis 2 Millionen Tonnen zugesagt worden. Zudem kommen die, allerdings in den Kriegsjahren zum Teil aufgegebenen, englischen Besitzungen in den USA. selbst, sowie kleinere Beteiligungen in Rumänien.

Dank der seit Jahrzehnten betriebenen, weitblickenden Wirtschaftspolitik ist die Versorgung des Mutterlandes und all der über den ganzen Erdball verteilten Länder des Empire mithin auf lange Zeit sichergestellt.

DAS RUSSISCHE ÖL

KURZSICHTIGE STAATSMASSNAHMEN IM 19. JAHRHUNDERT

Rußland ist mit seinen 21,4 Millionen Quadratkilometern und 183 Millionen Einwohnern das größte, einheitliche Wirtschaftsgebiet der Erde, das ein Siebtel der Landerdoberfläche umfaßt. Es ist zweieinhalbmal so groß wie die Vereinigten Staaten von Amerika und übertrifft die englische

Insel in seiner Ausdehnung um das 88fache. Allerdings ist etwa die Hälfte dieses riesigen Landes klimatisch und transportmäßig ungünstig gelegen und in den weiten Steppen- und Sumpfgebieten kann eine industrielle Erschließung nur unter den schwierigsten Bedingungen erfolgen.

Als eines der ältesten Ölländer der Welt hat es zu Ende des vorigen Jahrhunderts längere Zeit die führende Stellung in der Weltproduktion innegehabt. Nach stärkeren Abfällen, bedingt durch die Unruhen in 1904 und die Wirren in den Jahre 1918 bis 1920, ist die Förderung zwischenzeitlich immer wieder allmählich angestiegen und nimmt heute hinter den USA. und Venezuela den 3. Platz in der Weltrangliste ein.

Die eigentliche Geschichte der russischen Ölindustrie beginnt zu Anfang des 19. Jahrhunderts, als die Russen unter Zar Alexander in den Kriegen von 1804 bis 1824 das seinerzeit unter Peter dem Großen bereits besetzt gewesene Gebiet westlich des Kaspischen Meeres endgültig in ihren Besitz nahmen.

Von diesem Zeitpunkt ab erklärte das zaristische Rußland die Ausbeute der Ölvorkommen, soweit überhaupt schon davon die Rede sein konnte, zum Staatsmonopol und gab die Bohrfelder immer nur für einen Zeitraum von 4 Jahren ab. Dieses wirkte sich jedoch äußerst nachteilig auf die Erschließung aus, da das Niederbringen der Bohrungen mittels der sehr primitiven Bohrverfahren mindestens 2 Jahre in Anspruch nahm und demzufolge die Förderung sich nur auf eine kurze Zeit beschränkte. Durch diese Methode wurde jeder Unternehmergeist unterdrückt und das Öl nur im Auftrage russischer oder tatarischer Kaufleute in geringem Ausmaße gewonnen. Eine Beteiligung ausländischer Interessenten war hierdurch ganz unmöglich gemacht.

Im Jahre 1872 erfolgte die Aufhebung des Staatsmonopols und an seine Stelle trat ein neues Gesetz, das eine Übernahme der Felder in eigenen Besitz ermöglichte. Infolge der nur auf eine möglichst große Staatseinnahme abgestellten Bodenveräußerungen führte aber auch diese neue Maßnahme keine gesunden Verhältnisse herbei.

Ein großer Teil des Landes befand sich im Privatbesitz einiger russischer oder tatarischer Großgrundbesitzer und war für den Staat unantastbar. Die restlichen, dem Staate gehörenden Gebiete teilte die zaristische Regierung in kleine Teile von 1 bis höchstens 4 Hektar auf und versteigerte sie meistbietend. Hierdurch erzielte sie zu Beginn eine Einnahme von 1000 Rubel je Hektar. Später stieg der Preis bis auf 1700 Rubel an.

Dieses System der Konzessionsverteilung bildete den Grundstock für einen Raubbau sondergleichen, denn in Anbetracht der äußerst kleinen vergebenen Gebiete von 100 mal 100 oder höchstens 200 mal 200 Meter versuchte jeder Besitzer, so schnell und soviel wie möglich an Öl zu fördern, damit ihm der Nachbar nicht zuvorkomme. Späterhin trat noch eine Erweiterung dieses kurzsichtigen Veräußerungssystems ein, indem nicht nur ein einmaliger Erlös für den Erwerb des Grund und Bodens und der in ihm ruhenden Schätze verlangt wurde, sondern nur der das Gebiet zugespochen erhielt, der neben dem höchsten Preis für das versteigerte Stück Land auch noch den größten anteilmäßigen Gewinn von der Produktion zusagte. So kam es vor, daß Felder nur gegen eine Ausbeutebeteiligung des Staates mit 30 bis 40 oder noch mehr Prozent zu erwerben waren. Dieses neuersonnene Verfahren hatte weitere Nachteile zur Folge. Nunmehr waren die Feldeseigentümer größtenteils darauf bedacht, ihre Sonden am Rande der Konzession so niederzubringen, daß sie das Öl aus dem Nachbarfelde mit abschöpften, um dadurch einen etwas höheren Gewinn zu erzielen.

Technische Belange, insbesondere Absperrungen wasserhaltiger Schichten, blieben in vielen Fällen unberücksichtigt, da man nie wußte, ob die Schicht nicht von dem Nachbarn zerstört und sich demzufolge die Investitionen nicht lohnen würden. Diese kurzsichtigen Staatsmaßnahmen hatten eine skrupellose und ohne jede Rücksicht auf die Öllagerstätte vorgenommene Ausbeute zur Folge. Neben dem schnellen und schlechten Niederbringen der Bohrungen versuchten einige Unternehmer sogar, die Nachbarfelder zu zerstören und deren Besitzer zu ruinieren, um sich sodann leichter in den Besitz frei gewordener Gebiete setzen zu können. Ähnliche Verhältnisse konnten wir zu jener Zeit auch in vielen anderen Ländern feststellen.

Außer den Einnahmen durch die Versteigerungen der Konzessionsgebiete und der Gewinnbeteiligung an der Förderung erhob das zaristische Rußland in der ersten Zeit noch eine Steuer von 40 Kopeken auf jedes im Lande verbrauchte Pud (16,38 kg) Öl. Die von den Unternehmern und Händlern zu zahlenden Abgaben hatten einen überaus hohen Verkaufspreis für die Destillate zur Folge, so daß sich die Direktion der Transkaukasischen Eisenbahnen im Jahre 1913 entschloß, das billigere mexikanische Öl zu importieren. Dies war aber auch nur infolge der sehr günstigen Lage dieser Gesellschaft, die das Öl in dem Hafen Batum übernehmen konnte, möglich, denn auch auf den Eisenbahnen erhob die Regierung eine Transportsteuer für das Öl, so daß die Frachtkosten ungefähr das 8fache von denen in den USA. betrugen. Auf diese Weise war eine Einfuhr von Öl für die im Landesinnern gelegenen Gebiete so gut wie ausgeschlossen und mithin keine Konkurrenz für die teueren Derivate vorhanden.

Die ältesten Überlieferungen der russischen Ölvorkommen sind uns von den nach Aserbeidschan eingewanderten persischen Feueranbetern erhalten geblieben, die hier ihren Kult bis vor 70 Jahren ausübten. Heute ist um die alten, verwaisten und verfallenen Tempelgebäude eine neue

Welt der Bohrtürme erstanden, wo statt der einstmals heiligen Flammen aus hunderten von Brunnen das grüne Gold quillt.

Aber außer diesen Aufzeichnungen finden wir noch in dem Geschichtswerk der nordkaukasischen Stadt Derbend, dem Derbend-Namé, Angaben darüber, daß auf Befehl des Kalifen Mohammed den Nachkommen der diese Stadt im 8. Jahrhundert eroberten Araber Ölabgaben zu leisten waren, woraus zu schließen ist, daß bereits um das Jahr 700 Öl, wenn auch sicherlich nur in kleinerem Ausmaße, gewonnen wurde.

DER EINFLUSS DER GEBRÜDER NOBEL

Die vier Brüder Albert, Emil, Robert und Ludwig Nobel waren mit ihrem Vater Emanuel von Schweden nach Rußland eingewandert. Der Vater ging nach mehreren Jahren mit den ältesten Söhnen Albert und Emil wieder nach Schweden zurück. Die beiden jüngeren Brüder blieben in Rußland. Robert leitete eine Lampenfabrik bei St. Petersburg und machte Versuche zur Verwendung von Kerosen in den von ihm konstruierten Lampen. Zu diesem Zweck führte er bisher Öl aus dem Ausland ein, hörte dann von der Erschließung Bakus und interessierte sich dafür. Sein Bruder Ludwig besaß, ebenfalls in der Nähe von Petersburg, eine Gewehrfabrik. Als dieser einmal besseres Holz zur Verkleidung der neuen Hinterladergewehre benötigte, fuhr Robert für ihn in den Kaukasus, um dort das gute Nußholz einzukaufen und besichtigte bei dieser Gelegenheit die sich im ersten Entwicklungsstadium befindlichen Ölfelder. Nach seiner Rückkehr interessierte er seinen Bruder dafür und erwarb dann im Jahre 1875 das Feld Balachani, das wegen seiner angeblichen Ölarmut und seiner ungünstigen Lage bisher keine Interessenten gefunden hatte. Robert, der viel technisches Verständnis und immer Sinn für Neuerungen besaß, führte bald mehrere Verbesserungen in der zu jener Zeit sehr primitiven Bohrtechnik ein, verlegte nach amerikanischem Muster eine Ölleitung nach dem 10 Kilometer entfernten Baku und beförderte 5 Jahre danach mittels dieser Leitung 580000 Tonnen Öl von seinen Feldern in die eigenen, in einem Vorort der Stadt gelegenen Raffinerien. Zudem erwarb er neue Felder und konnte so seinen Betrieb stetig entwickeln.

Im Jahre 1885 verfügten die beiden Brüder bereits über eine eigene kleine Tankerflotte von über 20 Schiffen, die fast sämtlich auf schwedischen Werften erbaut und dann über Petersburg, den Marinski-Kanal und die Wolga nach Baku gekommen waren. Diese Schiffe beförderten das Öl über das Kaspische Meer nach Astrachan und von dort auf der Wolga in das Landesinnere. Bislang war Baku während des langen russischen Winters monatelang von der Welt abgeschnitten, da die Wolga zufror und vorerst noch keine andere Transportmöglichkeit bestand. Folglich mußten im Sommer große Mengen verfrachtet, in den einzelnen, an der Wolga gelegenen Städten, wie Saratow, Bamara, Kasan, Nishni-Nowgorod, Jaroslaw, Rybinsk und anderen mehr gelagert und dann weiter in die Landesteile tranportiert werden, wofür in erster Linie die am meisten benötigten Produkte Heiz- und Leuchtöl in Frage kamen. Erst nach der Verlegung der eingleisigen transkaukasischen Bahnlinie von Baku nach Batum wurde ein großer Teil des Öls über das Schwarze Meer und weiter über die Flüsse Don und Dnjepr verfrachtet.

Schon über 400 Nobelsche Tankwagen liefen zu dieser Zeit auf den russischen Eisenbahnen und die Brüder hatten über 5000 Arbeiter und Angestellte, für die sie in vorbildlicher Weise sorgten. Sie bauten für sie nahe Baku eigene Wohnhäuser, legten einen Park darum an und nannten diese Siedlung „Villa Petrolia".

Robert war der technische Verbesserer und Entwickler, aber der Schöpfer und soziale Fürsorger blieb Ludwig. Beide hatten die Bohrfelder und Raffinerien nach den modernsten Methoden ausgebaut und hierin lag einer der Hauptgründe für ihren Erfolg. Der Betrieb ging nachher auf den Sohn Ludwig Nobels, Emanuel, über, der sich bis Ende 1918 in Baku aufhielt, dann floh und seinen Lebensabend in Berlin und Paris verbrachte.

BAKU

Wenn man von dem Öl Rußlands spricht, meint man den Landstrich bei Baku, der die eigentliche Wiege der russischen Ölindustrie ist. Vor vielen Jahrtausenden war das Kaspische Meer mit dem Schwarzen Meer unmittelbar verbunden und erstreckte sich auch weiter östlich über das Gebiet der turkestanischen Wüsten und Salzsteppen bis zum Aralsee. Durch mehrfache Bodenerhebungen und Verwerfungen der Erdoberfläche wurde das Kaspische Meer zum Binnensee, der heute 28 Meter unter dem Meeresspiegel liegt.

An seiner Westseite ist die Stadt Baku, nach der die Ölfelder auf der Halbinsel Apscheron benannt sind, gelegen. Es gibt nur wenige mit dem Öl so eng verbundene Orte wie diesen. Im Jahre 1880, also knapp 10 Jahre nach Beginn der eigentlichen industriellen Erschließung, betrug die Einwohnerzahl 20 000, 1926 waren es bereits 400 000 und in den folgenden 20 Jahren hat sich diese Zahl nochmals verdoppelt, so daß sie heute über 800 000 Menschen verschiedenster Rassen beherbergt. Nach Moskau und Leningrad ist sie zur drittgrößten Stadt der Sowjetunion aufgestiegen. In diesen Zahlen spiegelt sich am deutlichsten der wirtschaftliche Aufschwung des Ölgebiets wieder.

In ihr treffen wir nicht nur sämtliche kaukasischen Völkertypen, sondern auch Perser, Turkmenen und Vertreter vieler anderer orientalischer Völker in großer Zahl an.

Diese Ölstadt ist, wie ihre Umgebung, ein Zentrum der größten Gegensätze. In ihr, die lange Zeit auch die „Schwarze Stadt“ genannt wurde, finden wir moderne, großstädtische, den westeuropäischen Erfordernissen entsprechende Stadtteile, ferner Straßenzüge und Viertel osteuropäischen oder rein orientalischen Charakters und im Osten, im krassen Gegensatz zum Westen, die Arbeiterviertel der eigentlichen „Schwarzen Stadt“, die jedoch in den letzten drei Jahrzehnten ein besseres Aussehen angenommen haben. Bis dahin genoß Baku nicht zu Unrecht den Ruf einer Industriehölle. Diese wohnlichen Verbesserungen in den Arbeitersiedlungen sind namentlich auf amerikanischen Einfluß zurückzuführen, der sich in den zwanziger Jahren stark geltend machte.

In Baku riecht es nicht nur nach Öl, sondern ein jeder Stein, auf den man stößt, zeugt von der unzertrennbaren Verbundenheit mit dem der Erde entquillenden Urstoff. Wie petroleumgetränkt das Land ist, erkennt derjenige, der auf den das Industriegebiet durchziehenden Straßen fährt, am besten. Den nachhaltigsten Eindruck von Baku erhält der Neuankommende, wenn er sich der Stadt bei einbrechender Nacht mit dem Schiff nähert und ringsum die aus dem Wasser ragenden 7000 bis 8000 Bohrtürme in ein einziges Meer von strahlenden Lichtern getaucht sind. Fährt man aber weiter aus Baku heraus, erblickt das Auge neue, überraschende Gegensätze. So beispielsweise ein Bild, das nirgends in derartig krassem Gegensatz wiederzufinden ist, die unmittelbare Nachbarschaft von gelber, in dem heißen, fast tropischen Sommer ausgedörrter Sandwüste und dem tiefblauen Wasser des Meeres.

DIE ENTWICKLUNG BIS 1918 UND DIE AUSLÄNDISCHEN BETEILIGUNGEN

Nachdem die erste Bohrung im Jahre 1866 im nordwestlichen Teil des Kaukasus niedergebracht worden war, begannen die Bohrarbeiten bei Baku in 1869. Das Abteufen der ersten Bohrung dauerte über 2 Jahre. Zur Anwendung kam zu jener Zeit das Seilschlagverfahren, mit dem für 300 bis 400 Meter Tiefe ungefähr 2 Jahre benötigt wurden. Dieses Bohrverfahren blieb lange Zeit neben dem Ausgraben von Handschächten bestehen, bis 1910 das Rotarysystem Einführung fand. Wenn auch mit diesem weitaus besseren Verfahren die gleichen Tiefen in nur 3 Monaten abgeteuft werden konnten, so dauerte es doch lange, bis es sich in größerem Ausmaße durchsetzte. In 1918 standen erst ungefähr 20 solcher Anlagen in Betrieb.

Zum Fördern gab es zwei Methoden. Die älteste bestand in dem Schöpfen des Öls mittels Eimern oder langen Kellen, deren Fassungsvermögen 200 bis 300 Liter betrug. Das Fördern des Öls mit Tiefpumpen erfolgte damals selten.

Das ganze Gebiet auf der Halbinsel Apscheron ist stark gashaltig, so daß die Sonden zu Anfang fast nur frei ausliefen. Auch traten in der ersten Zeit viele Springer auf. Der berühmteste war der von Bibi Eibat, der im Jahre 1882 in einem Monat 480 000 Tonnen Öl brachte. In den Jahren 1883 und 1895 wurden weitere mächtige eruptive Quellen angebohrt, die pro Tag 8000 bzw. 16 000 Tonnen Öl lieferten. Während 1895 noch 42 Springer auftraten, ging diese Zahl bis 1911 auf 11 zurück.

Diese Erscheinungen hatten wiederum große Bodenspekulationen um den Erwerb neuer, in der Nähe solcher eruptiven Sonden gelegenen Felder zur Folge. Einige wenige wurden hierbei Millionäre, viele veranschlagten aber die Förderung zu hoch und machten infolge der übermäßig gebotenen Abgaben bankerott, da in zahlreichen Fällen die Förderung dann doch nicht den Erwartungen entsprach.

Trotz des Raubbaues in den ersten Jahrzehnten stieg die Produktion langsam an, bis sie in 1904 plötzlich um fast ein Drittel der Vorjahresproduktion absank. Dieser Rückgang war auf die Unruhen zurückzuführen, die im Anschluß an den unglücklich ausgegangenen russisch-japanischen Krieg ausbrachen und während der ein Teil der Maschinen und Einrichtungen zerstört wurde. Hernach stieg die Förderung wieder langsam weiter an. In 1914 gab es etwa 4500 Bohrungen und 1916 waren es schon 5100 mit einer Produktion von 9,9 Millionen Tonnen, um dann wieder auf 3450 Millionen in 1918 abzusinken. Während in 1900 noch eine jede Bohrung im Durchschnitt 3000 Tonnen im Jahre förderte, ging diese Leistung bis 1914 auf 1500 und bis 1918 auf 700 Tonnen pro Jahr zurück.

Im Vergleich mit den USA. ist der Förderanstieg äußerst gering. Während 1901 die Produktion Rußlands mit 11,3 Millionen Tonnen und einem Anteil von 50,7% an der Weltförderung noch über der der USA. lag, die im gleichen Jahre mit 9,1 Millionen Tonnen zu 41,2% an der Weltproduktion beteiligt war, betrug die Förderung der USA. ein Jahr später schon 12,7 und die Rußlands nur 10,7 Millionen Tonnen. Seitdem stieg die Produktion der USA. unaufhörlich weiter an. Heute beträgt sie annähernd das Zehnfache von der Rußlands, das mit etwa 27 Millionen den 3. Platz in der Weltrangliste einnimmt.

Nach der Erschließung der Felder von Baku im Jahre 1869, die bis heute immer noch die ergiebigsten geblieben sind, erfolgte in 1893 die der Vorkommen von Grosny und zu Beginn des 20. Jahrhunderts die der Gebiete bei Maikop, im Ferganei-Tal und auf der im Südosten des Kaspischen Meeres gelegenen Insel Tscheleken. Von der Gesamtförderung in 1908 über 8,5 Millionen Tonnen entfielen auf Baku 7,57 Millionen, Grosny 850 000 und Maikop 1500 Tonnen. Die Förderung der Insel Tscheleken wuchs von 49 000 Tonnen in 1909 auf 218 000 im Jahre 1911 an, um dann wieder stark abzufallen. Neben den Kaukasusgebieten

Baku, Grosny und Maikop entwickelte sich lediglich das 1912 in Angriff genommene Gebiet bei Emba aufwärts, das von 16 000 auf 265 000 Tonnen in 1916 anstieg.

Ungefähr vier Fünftel der Produktion kamen zur Aufbereitung in die Raffinerien. Der Rest fand in den Ölfeldern bzw. den Raffinerien zu Heizzwecken Verwendung oder es verfeuerten ihn die Eisenbahngesellschaften. Die Hauptverarbeitungsprodukte waren lange Zeit Heiz- und Leuchtöl. Die Benzinausbeute betrug nur etwa ¼ bis ⅛ des insgesamt aufbereiteten Öls. Die über 100 in Betrieb befindlichen Verarbeitungswerke lagen fast sämtlich in dem Vorort Citta Nera. Infolge von Stillegungen, die durch den Förderrückgang bis 1918 bedingt waren, ermäßigte sich ihre Zahl beständig. Die bedeutendste mit einer Tageskapazität von 5000 Tonnen besaßen die Gebrüder Nobel. Sie vermochte auch als einzigste Wachs, Paraffin und Toluol herzustellen.

Neben den kleineren Leitungen innerhalb des Ölgebiets war seit Mitte der 80er Jahre der Bau einer großen Ölfernleitung von Baku nach dem Verschiffungshafen Batum geplant. Nur ergaben sich ungeheuere Schwierigkeiten, die die Verwirklichung dieser Pläne lange hinauszögerten, bis schließlich eine Einigung zwischen den Unternehmern, der Eisenbahn und dem Staat erzielt werden konnte. Neben dieser Leitung, die jährlich zuerst 1 Million Tonnen und nach ihrem Ausbau zur Doppelleitung 2,7 Millionen Tonnen befördern konnte, standen in 1914 über 5000 Tankwagen mit einem durchschnittlichen Fassungsvermögen von 10 Tonnen zur Verfügung. Einige wenige waren schon zu dieser Zeit nach amerikanischem Muster gebaut und konnten 30 Tonnen befördern. Infolge der Kriegsereignisse ging ihre Zahl zurück, da die Tankwagen viel zur Versorgung der Truppe mit Wasser herangezogen wurden. Demzufolge waren in 1918 nur noch 1800 Wagen vorhanden. Ein weiteres, bedeutendes Transportmittel stellten die Tankschiffe dar, die den Verkehr auf dem Kaspischen Meer und über die Wolga versahen.

In der Vorkriegszeit diente ein Fünftel dem Eigenverbrauch auf den Feldern zum Antrieb der Motore und Pumpanlagen sowie dem in den Raffinerien. Die verbleibenden vier Fünftel gingen zu etwa der Hälfte über Astrachan in das Landesinnere oder weiter nach den nordischen Ländern. Der Rest von etwa 1 Million Tonnen nahm den Weg über Batum und von dort zum größten Teil über das Mittelmeer in die anliegenden Länder oder nach dem fernen Osten.

Vor Ausbruch der Wirren in den Jahren 1918 bis 1920 gab es in Rußland 320 in- und ausländische Gesellschaften mit einem Investitionsvermögen von 400 Millionen Rubel. Das größte Unternehmen war das der Gebrüder Nobel mit einem Kapital von 40 Millionen Rubel und einer Produktion von 1,3 Millionen Jahrestonnen. Die 1876 gegründete Nobelgruppe organisierte 1891 das Syndikat für den Export von Ölprodukten in Baku, fusionierte 1912 mit dem im gleichen Jahre gegründeten englisch-französischen Trust, der Russian General Oil Concessions, und hatte bereits 1914 eine Produktion von über 1¼ Million Tonnen. Diese Gruppe nahm lange Zeit die beherrschende Stellung in der kaukasischen Ölindustrie ein. Sie umfaßte alle Zweige von der Gewinnung bis zum Vertrieb, besaß große Konzessionsgebiete, förderte das Öl, nannte Rohrleitungen und Raffinerien ihr eigen und hatte eine größere Tankerflotte sowie Kesselwagen und Vorratslager in allen größeren russischen Städten. Infolge der über die Produktion der Familie Zubaloff und der „Runo" ausgeübten Kontrolle hatte sie auf eine weitere Förderung von 600 000 Tonnen Einfluß, so daß sich die gesamte kontrollierte Produktion auf annähernd 2 Millionen belief.

Die zweitstärkste Gruppe bildete die Lianoseff-Gesellschaft, in der sechs Firmen zusammengeschlossen waren, die den Besitz und das Vermögen der großen einheimischen, vorwiegend armenischen Familien verwalteten. Auch hier gelang es den Gebrüdern Nobel 1914 ungefähr die Hälfte der Aktien zu erwerben, so daß sie einen beträchtlichen Einfluß auch auf diese Gruppe, die nicht über genügend Raffinerien verfügte und somit gezwungen war, einen Teil des geförderten Öls in den Nobel-Raffinerien mitverarbeiten zu lassen, ausübten. Sonst arbeitete diese Gruppe ebenfalls in allen Ölzweigen. Das Kapital betrug 74,4 Millionen Rubel und die Förderung annähernd 1,1 Millionen Tonnen im Jahr.

Die dritte Gruppe war die der Royal Dutch mit einem Kapital von 32 Millionen Rubel und einer eigenen Produktion von 1,3 Millionen Tonnen. Sie besaß durch die erworbenen Bohranteile der Rothschilds große Landgebiete. Ebenso gehörten ihr noch verschiedene andere Unternehmen, wie die Mazut mit einem Kapital von 12 Millionen Rubel, die Caspio Mar Nero, die über ein Kapital von 10 Millionen verfügte, sowie neben anderen noch die Kaukas- und Schibaieff-Gesellschaft. Mazut stellte eine der bedeutendsten russischen Handelsgesellschaften vor, die eine große Anzahl Tankschiffe und Kesselwagen besaß. Schibaieff hatte mehrere Raffinerien, die denen der Gebrüder Nobel nicht viel nachstanden. In dieser Gruppe waren auch alle Zweige der Gewinnung, Verarbeitung und des Vertriebs vereinigt.

An vierter Stelle kam die Gruppe Neft, die französischem Einfluß unterstand. Sie wurde von der Pariser Bank Léon Dreyfuß finanziert. Ihr unterstanden vier Gesellschaften, deren größte die Neft selbst war, die über ein Kapital von 33 Millionen Rubel verfügte. Das insgesamt investierte Kapital betrug 49 Millionen Rubel und die Produktion erreichte 1,2 Millionen Tonnen.

Neben diesen Hauptgruppen gab es noch mehrere englische Gesellschaften, wie die Baku-Russian und die European Corporation, die aber nur das Öl erbohrten und es an die Royal Dutch verkauften. Außerdem traten einige tatarische Firmen hervor, wie die Shamsi Assadulaieff und die Musa Naghieff. Außer diesen fungierten hunderte kleinerer Unternehmungen, die sich alle in der seit 1883 bestehenden Soviet-Siezda, dem Ausschuß der Vereinigung der Ölindustriellen, zusammengeschlossen hatten.

Von den 320 in dieser Vereinigung organisierten Firmen waren nicht alle Ölgesellschaften. Manche beschäftigten sich nur mit dem Kauf und Verkauf von Konzessionen, andere wieder mit dem Handel des Öls und seiner Destillate oder mit der Herstellung der erforderlichen Maschinen und Geräte. In den Händen von noch nicht einem Zehntel der zusammengeschlossenen Unternehmen befanden sich aber 85% des russischen Öls.

Das in der Ölindustrie investierte Kapital belief sich im Jahre 1918 auf 399,7 Millionen Rubel und verteilte sich auf die einzelnen Erzeugungsstätten wie folgt: Baku 272,7, Grosny 49, Maikop 37,6, Ural 27, Tscheleken 8,4 und andere Gebiete 5 Millionen Rubel. Hieran hatte mit 253 Millionen Rubel das ausländische Kapital den größten Anteil. Dieses verteilte sich folgendermaßen auf die einzelnen Länder: England 171,4, Frankreich 51,1, Deutschland 13,7, Holland 10 und Belgien 6,8 Millionen Rubel.

Diese Lage änderte sich infolge der Kriegsereignisse in 1918 und der russischen Revolution von Grund auf.

DER INNERE UMSTURZ UND SEINE FOLGEN

Nach dem Zusammenbruch des zaristischen Rußlands in 1917 legten die Sowjets im März 1918 die Hand auf Baku und begannen die Ölindustrie zu nationalisieren.

Der russische Zusammenbruch und der Friedensvertrag von Brest-Litowsk war aber zu gleicher Zeit das Zeichen für die Türkei zu einer Offensive gegen den Kaukasus. Im April 1918 besetzten türkische Truppen bereits Batum. Hierdurch ermutigt, entstand unter den kaukasischen Bergvölkern eine Bewegung gegen die neuen Machthaber. Im Frühsommer 1918 riefen Armenien und Aserbeidschan die Türken um Hilfe an. Georgien, der einzige christlich orientalische Staat, wurde von den später vorrückenden Deutschen besetzt. Die Sowjets, die noch zu sehr mit der Aufrechterhaltung ihrer Macht im Innern des Landes zu tun hatten, konnten sich auf keine Kämpfe einlassen und räumten vorher die Gebiete. So war es den Türken möglich, ungehindert vorzurücken und Baku zu besetzen. Nach der Unabhängigkeitserklärung der Kaukasusstaaten zog die Türkei dann ihre Truppen wieder zurück.

Zwischenzeitlich tauchte aber ein neuer Interessent auf: England, das eine kleinere Truppe über Persien entsandt hatte. Als jedoch der türkische Befehlshaber Halil Pascha hiervon Nachricht erhielt, rückte er sofort mit der Hauptmasse seiner Kaukasus-Armee erneut gegen das Ölgebiet vor und stellte es, nachdem sich die weit unterlegene englische Truppe vorher zurückgezogen hatte, wieder unter seinen Schutz.

Doch auch die Türken sollten sich ihres Besitzes nicht lange erfreuen. Nach der Waffenstreckung im Oktober 1918 mußten sie das Gebiet freigeben. Baku und Batum kamen unter den Schutz der Ententemächte. Englische Truppen zogen kurz darauf wiederum in beide Städte ein und erklärten Georgien und Aserbeidschan zu selbständigen Republiken, die dem alliierten Schutz unterstanden. Zu Beginn des Jahres 1920 verließen die Engländer in der Annahme, daß die Sowjets auf dieses Stück Land verzichtet hätten, wieder den Kaukasus.

Doch diese Vermutungen erwiesen sich gar zu bald als ein großer Irrtum. Noch im gleichen Jahre rückten die Sowjets nach erfolgter innerer Erstarkung von neuem gegen den Süden vor. Zuerst stellte sich die Republik Aserbeidschan offen auf die Seite der neuen Machthaber, Georgien folgte, nachdem seine bisherigen Politiker angesichts der aussichtslosen Lage nach Westeuropa geflüchtet waren, kurz darauf diesem Beispiel und am 28. April 1920 nahm Moskau endgültig Baku in seinen Besitz. Im gleichen Jahre führten die Russen die Nationalisierung der Ölgesellschaften durch, die einer Enteignung des ausländischen Kapitals, gleichgültig, ob es sich um Privatpersonen oder Gesellschaften handelte, gleichkam.

Von den ausländischen Unternehmen hatte die Royal Dutch-Shell bei Ausbruch der Revolution den bedeutendsten Besitz. Mit den großen Investitionen in Baku, dem Erwerb von 80% der Aktien der Mazut und einer starken Beteiligung an der Kaspischen-und-Schwarzen-Meer-Öl-Handelsgesellschaft hatte der englisch-holländische Konzern die Kontrolle über die angesehensten Unternehmen erlangt, die auch große Beteiligungen in dem Gebiet von Grosny besaßen, so daß ihm dort ebenfalls nahezu 50% der Produktion zukam. Weiterhin erreichte er zufolge der Übernahme der Ural-Kaspischen-Meer-Ölgesellschaft ab 1915 auch im Embagebiet einen großen Anteil an der dortigen Förderung.

Als dann im Zuge der innerpolitischen Umwälzung die geflohenen zaristischen Eigentümer ihre Ölaktien auf den Markt warfen, war jeder der beiden großen anglo-amerikanischen Konzerne bestrebt, soviel als möglich aufzukaufen. Im Frühjahr 1920 gelang es der Standard, die Hälfte des Aktienbesitzes der Nobelgesellschaft an sich zu bringen. Andere Nobelaktien erwarb die Anglo-Persian. Auch die Royal Dutch-Shell verstand es, sich zusätzliche Aktienpakete anzueignen.

Wenn nach der Nationalisierung der russischen Ölfelder anzunehmen war, daß es sich um fragwürdige Besitzanteile handelte, so wurden die früheren Unternehmen aber noch nicht als verloren betrachtet, sondern weiter an den Weltbörsen notiert und mit den Papieren viel spekuliert; denn immer noch rechneten die Gesellschaften mit einem baldigen Sturz des neuen Regimes.

Als jedoch die Sowjets ihre Macht im Laufe der Zeit weiter festigten, meldeten neben der Standard und Royal Dutch-Shell noch 160 größere und kleinere Firmen und Privatpersonen ihre Ansprüche auf Wiederherstellung ihres Eigentums in den Distrikten Baku, Grosny, Maikop und Emba an.

Nachdem die Geschädigten einzeln keine Erfolge erzielen konnten, schlossen sie sich zu einer Interessengemeinschaft zusammen und es kam im April 1920 in San Remo sowie 1922 in Genua und dem Haag zu Verhandlungen mit den Sowjets. Aber alle drei Konferenzen scheiterten. Die Ansprüche der Enteigneten beliefen sich auf 2½ Milliarden Pfund Sterling, gegen die die Russen eine Rechnung über die doppelte Summe aufsetzten. In dieser Höhe sollten dem russischen Staat Schäden durch die alliierten Truppen in Südrußland und die Heere der Generale Denekin, Koltschak und Wrangel, die mit Unterstützung der Alliierten versucht hätten, das sowjetische Regime zu stürzen, entstanden sein.

In Genua gipfelten die russischen Entschädigungsvorschläge zum Schluß in der Zusage, drei Viertel des Gebiets von Baku den ausländischen Kapitalskreisen zurückzugeben, die sich aber zu einer einzigen Gesellschaft zusammenschließen sollten. Ein Viertel des Gesellschaftskapitals bliebe dann in Händen der russischen Regierung und der Rest sei in 3 oder 4 gleiche Teile unter den englischen, amerikanischen, französischen und sonstigen Interessenten aufzuteilen. Dieser russische Vorschlag stieß aber, da die großen Konzerne eine Mehrheit für sich forderten, was jedoch die Sowjets ablehnten, auf die entschiedene Ablehnung der Gegenseite.

Bei der neuen Konferenz im Haag zeigten die Russen weiteres Entgegenkommen. Sie erklärten sich bereit, mehreren Gesellschaften Konzessionen zu erteilen, die zu diesem Zweck entsprechende Anträge in Moskau stellen müßten. Allerdings behielt sich die sowjetische Regierung freies Recht bezüglich der Zuteilungen ohne Anerkennung der früheren Anteile vor. Hiermit wollten die neuen Machthaber, da sie dringend Kredite gebrauchten, die neuen Konzessionen, wie dies seinerzeit die zaristische Regierung auch getan hatte, an die Meistbietenden veräußern. Doch auch diesmal scheiterten die Verhandlungen an der Uneinigkeit der Verhandlungspartner, die sich dann im September 1922 zu einem Komitee aller Enteigneten zusammenschlossen. Es wurden Vereinbarungen getroffen, wonach sich jeder Teilnehmer verpflichtete, das russische Öl so lange zu boykottieren, bis die Sowjetunion allen Beteiligten ihre Rechte und Besitzungen unter gerechten Bedingungen zurückerstattet hätte, außerdem sollte keiner der Beteiligten einzeln mit den Sowjets verhandeln.

Doch diese Vereinbarungen bestanden nur auf dem Papier und wurden nicht lange eingehalten. Bereits im Jahre 1923 zog der Amerikaner Sinclair die Folgerungen aus den letzten Verhandlungen und versuchte einen Vertragsabschluß zustande zu bringen. Da dies scheiterte, ging kurz darauf die Standard zu Verhandlungen mit den Sowjets über, dem bald auch andere Gesellschaften folgten.

Dieser plötzlichen Wiederbeteiligung an dem Weltmarkt verdanken die Russen den Aufschwung ihrer Ölindustrie. Der Exportwert des Öls überflügelte binnen kurzem den des Holzes, der Pelzwaren und landwirtschaftlichen Erzeugnisse und nahm den ersten Platz ein. Zur Erreichung dieser Steigerung hatten die Sowjets die Ausfuhrpreise zu Anfang weitmöglichst gesenkt, um sie dann in den folgenden Jahren nach und nach wieder ansteigen zu lassen. Auf diese Weise hatten sie sogleich überall Käufer für ihre Heiz-, Leucht- und Schmieröle gefunden, die Devisen brachten, mit denen die eingeführten Maschinen und Installationen bezahlt werden konnten. Schon oft wurde die Frage aufgeworfen, wie sich die innerrussischen Verhältnisse weiterentwickelt haben würden, wenn England das Bakuer Ölgebiet besetzt gehalten und somit den Sowjets diese starke außenpolitische und finanzielle Macht vorenthalten hätte.

PLANMÄSSIGER AUSBAU

Nach Beendigung der Wirren begann 1921 der planmäßige Wiederaufbau der vollkommen verfallenen Ölfelder vorerst aus eigener Kraft. Wenn die Produktion sich schon im gleichen Jahre auf 4 Millionen Tonnen belief, was 43% der Vorkriegsausbeute entspricht, so war dies mit den zur Verfügung stehenden, unzureichenden Mitteln nur unter großen Kostenaufwendungen möglich gewesen. Gleichfalls die weitere Fördersteigerung bis auf 7,1 Millionen Tonnen in 1925.

Außer den zahlreichen Maschinen und Geräten modernster Bauart kamen ab Mitte der zwanziger Jahre auch amerikanische Geologen, Ingenieure und sonstige Fachkräfte in das Land, die den Neuaufbau leiteten. Dies ermöglichte den im Jahre 1921 begonnenen Ausbau der Ölgebiete wesentlich zu forcieren, was sich in dem Anwachsen der Produktion um 220% auf 22,8 Millionen Tonnen während der Jahre 1925 bis 1930 bemerkbar machte. Gleichzeitig konnte auf Grund des nunmehr beginnenden rationellen Arbeitens in 1930 auch der Inlandsölpreis eine Senkung um 21% erfahren.

Der weitgehende amerikanische Einfluß, der sich vor allem auf die Erforschung neuer geologischer Voraussetzungen und die Steigerung der Bohrleistungen konzentrierte, wirkte sich in der Erschließung einer Reihe neuer Felder aus. Trotz dieser immensen ausländischen Unterstützungen litt der geplante Ausbau doch sehr unter der damals noch schlechten Qualität der eigens erzeugten Bohrmaschinen und dem unzulänglichen technischen Können der inländischen Arbeiter und Ingenieure, welches besonders kraß beim Gebrauch der eingeführten modernen Geräte zutage trat.

Aber die Sowjets verließen sich nicht nur auf die Hilfe einiger Auslandsgesellschaften, sie wollten sich frei und unabhängig machen und schufen aus diesem Grunde die Fünfjahrespläne, die den industriellen Ausbau des Landes in kurzer Zeit ermöglichen sollten.

Während des ersten Planes von 1928 bis 1932 investierten sie in der Ölindustrie 1,6 Milliarden Rubel. Vor allem wurde während dieser fünf Jahre auf eine Verbesserung der technischen Einrichtungen in den Bohrfeldern, die Erweiterung des Rohrleitungsnetzes und eine Steigerung des Ölexports hingearbeitet. Den Erfolg der Bemühungen konnte man in dem Förderanstieg um etwa 80% auf 21,6 Millionen Tonnen feststellen.

Der nachfolgende Fünfjahresplan von 1933 bis 1937 sah den vollkommenen Ausbau der neuen Felder in dem Wolga/Uralgebiet, dem sogenannten zweiten Baku, vor. Dieser kam aber mangels ausreichender maschineller Anlagen nicht voll zur Durchführung. Dementsprechend konnte auch die Jahresproduktion in 1937 mit 28,3 Millionen Tonnen nicht die vorgesehene Höhe erreichen. Obgleich in dieser Zeit neue Raffinerien und Crackanlagen erbaut wurden, reichten diese Neubauten zur Verarbeitung des mehr anfallenden Öls nicht aus. Die Investitionen in der Ölindustrie betrugen in diesem Planabschnitt 2½ Milliarden Rubel. Die Förderung stieg erneut um 30% an.

In dem 3. Planjahrfünft legten die Russen gesteigerten Wert auf den weiteren Aufschluß mit modernen Anlagen. Eine besondere Förderung fand das Turbinenbohrsystem des russischen Ingenieurs Kapelljuschnikoff. Ebenso erfuhr das Ölleitungsnetz einen starken Ausbau und es wurden neue Raffinerien mit einer zusätzlichen Kapazität von 10 bis 12 Millionen Tonnen in Angriff genommen. Daneben sollte noch der Ausbau der Ölschiefergewinnung bei Geranowo erfolgen. Diese Ausbeute blieb aber nur gering. Sie betrug jährlich 400 000 Tonnen Schieferöl aus 10 bis 15 Millionen Tonnen Gestein. Der Aufwand war 10mal so groß wie bei normaler Förderung. Außerdem faßte das Volkskommissariat für die Ölindustrie, um die erforderlichen Bohr- und Fördergeräte in ausreichendem Maße bereitzustellen, die Bohrgerätefabriken in der „Glawneftmasch" zusammen, deren Aufgabe darin bestand, die Steigerung der Produktion an Maschinen und Installationen zu gewährleisten. Infolge des nunmehr stark ansteigenden Inlandsbedarfs ging in diesem Zeitabschnitt der Ausfuhranteil fortlaufend zurück. Die Förderung belief sich 1938 auf 30,1 und erreichte 1941 32,2 Millionen Tonnen, um dann als Auswirkung der entstandenen Kriegsschäden in der Maschinenindustrie bis 1946 auf 22,5 Millionen Tonnen zurückzugehen.

Das Hauptziel der russischen Planwirtschaft für die Ölindustrie bestand in der Errichtung neuer Ölbasen im Landesinnern. Dies in der Hauptsache aus verkehrstechnischen Gründen, da die Industrie seit einer Reihe von Jahren vornehmlich in dem Raum westlich und östlich des Uralgebirges zentralisiert wurde und die langen, im Winter erschwerten Antransporte aus dem Kaukasus sich sehr kostspielig stellten. Zudem war auch das Mutterland von dem Wolga/Uralgebiet aus leichter zu versorgen. Ferner spielten für diese Überlegungen strategische Gründe eine nicht untergeordnete Rolle, da das bisherige Hauptproduktionsgebiet, der Kaukasus, zu nahe der Landesgrenzen liegt.

Die technische Ausrüstung der Felder entspricht jetzt den neuzeitlichen Anforderungen, die aber mengenmäßig hinter dem tatsächlichen Bedarf des Plansolls zurückbleibt. Trotz der Einführung zusätzlicher ausländischer Apparate haben die einzelnen Trusts nie über das Material verfügt, das zur Durchführung der Pläne erforderlich gewesen wäre.

Heute, wo wir wissen, welche Arbeit in den letzten zwei Jahrzehnten geleistet wurde, können wir, trotz der verschiedenen Rückschläge, nur von einer gewaltigen Aufbauarbeit sprechen, deren Ziel die Selbstversorgung des Landes ist. Die Planung erfolgte stets in hoch angesetzten Erzeugungsmengen, deren Erreichung die Sowjets, ohne Rücksicht auf Kosten, mit allen Mitteln anstrebten.

Der Gedanke zu den Plänen entstand, als das Ausland Anfang der 20er Jahre versuchte, das neue bolschewistische Regime wirtschaftlich zu isolieren. Daraufhin nahm die Regierung zu den radikalsten Mitteln Zuflucht. Ließ, um eine eigene, vom Ausland in jeder Beziehung unabhängige Industrie zu errichten, die Bevölkerung Entbehrungen auf sich nehmen und beschränkte die Existenzmittel auf ein Minimum. Sie wollte in Jahrzehnten das nachholen, was vorher jahrhundertelang versäumt worden war. Die Durchführung dieser Aufbaupläne ist aber in der Hauptsache das Werk amerikanischer Technik.

In der Produktion steht die Gegend des Kaukasus mit Baku, Grosny und Maikop nach wie vor an der Spitze. Baku leistet heute allein noch über 55% der Gesamtförderung. Mit Grosny und Maikop beträgt die Ausbeute dieses Bereichs drei Viertel der Gesamtförderung. Vor dem Ausbau der neuen Felder im Wolga/Uralgebiet betrug der Anteil der nichtkaukasischen Ölgebiete an der Landesförderung nur 10 gegenüber jetzt 25% und soll im Rahmen des neuen Nachkriegsfünfjahresplanes auf über 35% gesteigert werden.

Die durchschnittliche Bohrtiefe liegt im Kaukasus bei 1000 bis 2000 Meter. Neuerdings konnten bei Baku auch ergiebige Ölhorizonte in fast 4000 Meter Tiefe angebohrt werden. Die Felder auf der Halbinsel

Apscheron zeigen, trotz des zuerst betriebenen jahrzehntelangen Raubbaues, bis jetzt noch keinerlei Zeichen einer Erschöpfung und werden auf absehbare Zeit hinaus immer noch die leistungsfähigsten dieses ausgedehnten Landes bleiben. Es ist dies eine in der Welt äußerst seltene Erscheinung, die nur darauf zurückzuführen ist, daß hier bis zu 20 Ölschichten übereinander gelagert sind, von denen, sobald eine erschöpft ist, nur die nächste angebohrt zu werden braucht. Als das reichste Ölvorkommen Bakus und gleichzeitig der Welt gilt das 2 bis 3 Kilometer südlich der Ölstadt an der Küste gelegene Feld Bibi Eibat. Auf jeden Quadratmeter Bodenfläche entfallen 115 Tonnen Öl. Annähernd gleiche Verhältnisse können die Ölgebiete Saudi-Arabiens, überhaupt des Vorderen Orients aufweisen, danach kommen die Ölregionen in Ost-Texas (USA.), die nur 40 Tonnen pro Quadratmeter Bodenfläche förderten. Dieses ergiebigste Ölfeld wurde 1882 in Betrieb genommen und leistet heute noch jährlich 4 Millionen Tonnen. Neben dem 1901 erschlossenen Surachani ist es gleichzeitig das größte Feld des Bakuer Gebiets. Nach ihm kommen das 1872 von den Gebrüdern Nobel aufgeschlossene Balachani und die 1932/33 entdeckten Felder von Kala und Lok Batan.

Die anderen Kaukasusgebiete stehen hiergegen weit zurück. Grosny, das 1931 seinen Höhepunkt mit 8,064 Millionen Tonnen erzielte, ist seitdem beträchtlich abgesunken. Seine Produktion beläuft sich zur Zeit auf etwa 4 Millionen Tonnen. Maikop konnte in letzter Zeit wieder etwas ansteigen. Wenn es auch die Fördermenge von Grosny nicht erreichte, so steht es jedoch mit 3 Millionen Tonnen nicht viel nach.

In weitem Abstand folgen dann erst die Vorkommen auf der Krim, im Kubangebiet und die infolge der Besetzung der Westukraine neu zu Rußland gekommenen, um Lemberg gelegenen ostgalizischen Felder von Boryslaw, Drohobycz und Stanislaus.

Ursprünglich setzten die russischen Geologen große Hoffnungen auf das sich zwischen den Südausläufern des Ural und dem Kaspischen Meer befindliche Emba-Gebiet. Jahrelang zog dieses Stück Erde das Interesse der Fachleute auf sich, doch wurden die erwarteten Ergebnisse nicht erzielt. Teilweise ist dies auch auf die in der kleinkirgisischen Steppe allzu ungünstigen Klima- und Verkehrsverhältnisse zurückzuführen, die die Arbeiten bisher sehr erschwerten und verteuerten. Das gleiche trifft auch für die weiter östlich in der Gegend von Taschkent vermuteten Vorkommen bei Furghana zu.

Während sich die auf das Emba-Gebiet gesetzten Erwartungen nicht erfüllten, führten die in der weiter nördlich zwischen den Westausläufern des Uralgebirges und der Wolga gelegenen Gegend vorgenommenen Prospektionen zum Erfolg. Schon in den Jahren 1900 bis 1910 hatte dieses Gebiet die Aufmerksamkeit einiger Fachkundiger auf sich gezogen. Zu jener Zeit waren die das Gelände untersuchenden geologischen

Trupps allerdings nicht bis zu den ölführenden Schichten vorgedrungen, hatten somit die Gebiete als nicht ölführend bezeichnet und die Arbeiten eingestellt. Erst im Jahre 1929 begann man die Aufschlußarbeiten unter sachkundiger Leitung und mit modernen geophysikalischen Apparaten von neuem. Das entdeckte Gebiet erstreckt sich in dem Dreieck Kasan—Molotow—Sterlitamak mit den Schwerpunkten bei Molotow, Ufa und Sterlitamak.

Die Zahl der festgestellten Ölhorizonte beträgt bis jetzt nur 2 gegen 18 bis 20 in Baku, dafür hat es aber eine weitaus größere Raumausdehnung. Während sich das Bakuer Gebiet über eine Fläche von 20 bis 30 Quadratkilometer erstreckt, dehnen sich diese neu entdeckten Ölfelder über eine Fläche von einer Million Quadratkilometer aus. Zudem kommt die gerade für russische Verhältnisse nicht zu unterschätzende Nähe des neuerstandenen Industriegebiets.

Das erste Bohrloch wurde bei Molotow fündig. Danach folgten im Jahre 1932 zwei Quellen bei Sterlitamak, die 4600 Tonnen ergaben und den eigentlichen Grundpfeiler zur Erschließung des Feldes bildeten. Innerhalb von 3 Jahren hatte sich die Förderung verzehnfacht und nach weiteren 3 Jahren, in 1938, betrug sie bereits 1,3 Millionen Tonnen, was 4,3% der Gesamtförderung entspricht. Ein weiteres Jahr später waren schon 15 ergiebige Lager entdeckt, die, in 7 Reviere aufgeteilt, ausgebeutet wurden und eine Jahresmenge von 2 Millionen Tonnen ergaben. Sodann folgte ein weiterer Anstieg auf 4 Millionen Tonnen im Jahre 1944. Wie die Untersuchungen ergaben, sind die ölführenden Schichten äußerst reichhaltig und lassen eine weitere Steigerung der Produktion ohne weiteres zu.

Es hat den Anschein, daß sich neben diesem Gebiet noch weitere Vorkommen in einer riesigen Ausdehnung vom Eismeer bis zu den Südausläufern des Uralgebirges und von dort an der Grenze Turkmenistans entlang bis zur iranischen Grenze erstrecken. Besonders große Hoffnungen setzt man auf den Südteil in der Nähe des Amurflusses. Diese ausgedehnten und teilweise zentral gelegenen Vorkommen dürften für die Zukunft die Versorgung des russischen Mutterlandes übernehmen, wogegen Baku mehr der Belieferung Weißrußlands, der Ukraine und dem Export dienen wird.

Die ursprünglich vorgesehene Förderziffer von 48,5 Millionen Tonnen für 1942 konnte bei weitem nicht erreicht werden. Die Förderung schwankte in den Jahren 1937 bis 1941 zwischen 30,5 und 32,2 Millionen Tonnen, um dann auf 22,5 in 1946 abzufallen. Nach dem Neuausbau stieg sie in 1947 wieder auf 27,2 Millionen Tonnen an und soll auf Grund des letzthin neu aufgestellten Wiederaufbauplanes bis 1950 auf über 35 Millionen Tonnen gesteigert werden und dann bis zum Jahre 1960 die Rekordziffer von 60 Millionen Jahrestonnen erreichen. Bei einem systematischen Ausbau und einer Bereitstellung neuzeitlicher Bohr- und Förderanlagen in genügender Anzahl dürften diese Planziffern zu erreichen sein.

Die Raffinationsanlagen entsprechen, da sie zum größten Teil im 2. und 3. Fünfjahresplan neu aufgebaut wurden, den jetzigen Ansprüchen und es kann nach Beendigung des dritten Planjahrfünfts die gesamte Petroleumförderung im eigenen Lande aufbereitet werden. Zuerst hatte sich die Verarbeitung nur auf die Herstellung von Leuchtöl konzentriert, der Rest diente Heizzwecken. Im Zuge der fortschreitenden Motorisierung stiegen dann die Anforderungen an die leichteren Treibstoffe laufend an.

Zu Beginn des 2. Planes hatte allein Baku 77% der Raffinerien auf sich vereint, Grosny 12% und Maikop 5%. Der Rest verteilte sich auf den Raum südlich des Urals und Mittelrußland. Entsprechend den Bedürfnissen des Inlandmarktes waren zu diesem Zeitpunkt Heiz- und Gasöl für den Schiffs-, Lokomotiv- und Motorenantrieb mit mehr als 50, sowie Leuchtöl mit über 30% die gefragtesten Produkte. Anschließend folgten Benzin mit 15 und die wegen ihrer vorzüglichen Qualität sehr gefragten Schmieröle mit 5% an 4. Stelle.

Die errichteten Anlagen sind fast durchweg vom Ausland oder wenigstens nach ausländischen, vorwiegend amerikanischen und teilweise auch deutschen Patenten erbaut worden. In den letzten 10 Jahren legten die Russen viel Wert auf die Errichtung von Spaltanlagen mit hoher Benzinausbeute. Allein im 2. Fünfjahresplan war der Bau von 14 Raffinerien mit 7,7 Millionen Tonnen Kapazität und 26 Spaltanlagen mit 4,2 Millionen Tonnen Verarbeitungsvermögen vorgesehen, die aber zum Teil erst später in Betrieb genommen werden konnten.

Während 1934 20,4 Millionen Tonnen aus den Verarbeitungsstätten kamen, stieg die aufbereitete Menge in den 1937 in Betrieb befindlichen 144 Raffinerien und Spaltanlagen auf 25,7 Millionen Tonnen an.

Heute verfügt die Sowjetunion über 170 Verarbeitungswerke. Davon befinden sich 67 mit einer Kapazität von 23 Millionen Tonnen in Baku und weitere 43, die 18,6 Millionen Tonnen Petroleum veredeln können, in Grosny. Ferner sind 12 in Batum und 5 in Tuapse mit einer Kapazität von 4,8 bzw. 2,6 Millionen Tonnen Öl sowie weitere 10 Anlagen in Saratow, die 1,9 Millionen Tonnen Öl verraffinieren können, errichtet, sodann noch weitere große Verarbeitungsstätten in Krasnodar, Gorki, Orsk, Moskau, Odessa und anderen Orten.

Die Gesamtkapazität aller Werke beträgt heute über 50 Millionen Tonnen, so daß sie bei der derzeitigen, hinter dem Plansoll zurückgebliebenen Ölproduktion, nur zum Teil ausgenutzt ist.

Der Verarbeitungsanteil Bakus ging von 77% in 1933 auf 52,6 in 1940 zurück. Hieraus ersehen wir gleichfalls die starke Verlagerung nach dem Landesinnern.

STEIGENDER EIGENVERBRAUCH

Der Eigenverbrauch des Landes betrug zu Ende des 2. Planes 9,5 Millionen Tonnen Diesel- und Heizöl, 6 Millionen Tonnen Leuchtöl, 5 Millionen Tonnen Benzin, 1,5 Millionen Tonnen Schmieröl und 700 000 Tonnen Rückstände und sonstige Öle. Der hohe Verbrauch an Heiz- und Leuchtöl ist durch die Verhältnisse des Landes bedingt. In weiten Gebieten gibt es kein elektrisches Licht und demzufolge ist die Bevölkerung auf die Petroleumlampe angewiesen. Dazu kommt, daß die Gasversorgung sehr spärlich ist und somit größere Mengen Öl in den Küchen zu Heizzwecken Verwendung finden.

Nach russischen Angaben gab es 1938 720 000 Kraftwagen, von denen ein großer Teil mit Dieselöl angetrieben wird. Es entfällt also auf 254 Einwohner ein Kraftfahrzeug. Die jährliche Produktion soll sich nach dem Plansoll auf 200 000 Automobile belaufen. Hiernach zu urteilen ist der Kraftstoffbedarf im Jahr sehr hoch. Während in den USA. pro Kraftwagen und Jahr 2 und in England 3 Tonnen verbraucht werden, beträgt der durchschnittliche Verbrauch in Rußland 9 bis 10 Tonnen. Dies ist auf die Überlastung der Wagen, den großen Fahrteneinsatz, den geringen Verdichtungsgrad der Motoren und die schlechten Straßen zurückzuführen. Eine Änderung wäre lediglich durch Einführung besserer Motortypen möglich.

Es war beabsichtigt, im Laufe des 3. Planjahrfünfts die Benzinproduktion um das 2½fache und die Leuchtölherstellung um das 1½fache zu steigern, so daß künftig 15 Millionen Tonnen Benzin, von denen ein großer Teil auf Flugbenzin aufbereitet werden sollte, und 10 bis 11 Millionen Tonnen Leuchtöl produziert werden müßten. Zugleich sollte die Herstellung von Dieselkraftstoff und Schmieröl eine wesentliche Steigerung erfahren. Diese geforderten Destillatmengen hätten eine Verarbeitung von über 40 Millionen Tonnen Petroleum vorausgesetzt, die aber bis jetzt in keinem Jahr gefördert wurden.

Der steigende Inlandsverbrauch bremste ab 1935 den Exportanteil merklich ab. Während 1932 von einer Förderung von 21,4 Millionen Tonnen noch 6,1 = 30 % ausgeführt wurden, sank der Exportanteil bis 1935 auf 14 % ab und betrug 1938 nur noch $^1/_{20}$ der Förderung. Die Hauptabnehmer waren England, Italien, Frankreich, Deutschland und Spanien.

Dagegen führten die Russen in den letzten Jahren eine kleinere Menge von etwa 150 000 Tonnen Benzin aus Kalifornien zur Deckung des Bedarfs der Fernostarmee ein. Dies allerdings nur, weil der Antransport aus Kalifornien sich leichter als über die transsibirischen Bahnen bewerkstelligen läßt. Durch die jetzige, alleinige Ausbeute der Sachalinfelder ist die fernöstliche Versorgung nunmehr aus eigenen Beständen möglich. Die in den besetzten Ländern Rumänien, Ungarn und Österreich auf

Reparationskonto zu liefernden großen Ölmengen sollen zur Vorratshaltung verwandt werden.

Da sich die Ölgewinnung auf außerordentlich weite Gebiete erstreckt und zwischen ihnen hunderte von Kilometern liegen, mußte von Anfang an für einen rationellen Transport des Petroleums von der Gewinnungsstätte zu den Verarbeitungszentren und von dort zu den Verbrauchsgebieten und den Exporthäfen gesorgt werden.

Im Jahre 1917 betrug die Länge der wichtigsten Ölleitungen 1321 Kilometer. Weitere 4586 Kilometer sind in den Jahren 1926 bis 1936 verlegt worden. Die jährliche Transportleistung betrug hiernach 15,8 Millionen Tonnen. Die Hauptleitungen erstrecken sich von Baku nach Batum, von Grosny nach Tuapse und in der Ukraine, von Gurjew nach Orsk und von Sterlitamak nach Ufa. Das Embagebiet ist mit dem Raffineriezentrum in Orsk verbunden, eine zweite Leitung sollte noch nach Samara über 800 Kilometer verlegt werden. Weitere große Leitungsnetze waren für die letzten Jahre in Aussicht genommen, und zwar im Kaukasusgebiet über eine Entfernung von 3000 Kilometer, im Ural und in Sibirien über 4400, in Zentralasien über 1700 sowie in der Ukraine und anderen Gebieten über 1000 Kilometer. Wie weit die Pläne Verwirklichung gefunden haben, war bis jetzt noch nicht zu ermitteln. Sofern sie zur Durchführung kamen, verfügt Rußland über ein Leitungsnetz von 16 000 Kilometer, $^1/_{12}$ von dem der USA. Der Kesselwagenpark soll sich auf 15 000 Zisternenwagen belaufen. Anderen, nicht nachkontrollierbaren Meldungen zufolge, beträgt er sogar 50 000 Stück, die auf dem 96 000 Kilometer langen Schienennetz ihren Dienst versehen. Die breitspurigen Eisenbahnlinien verleihen den Kesselwagen ein erhöhtes Fassungsvermögen und eine Unterteilung für mehrere Produkte.

Eines der wichtigsten internen Transportmittel ist die Tankerflotte, die 1940 aus 33 Seetankschiffen mit 200 000 Tonnen Fassungsvermögen und einer größeren Anzahl von Flußkähnen mit 150 000 Tonnen Laderaum bestand. Die Tankschiffe verkehren in der Hauptsache auf dem Kaspischen Meer zwischen Baku und Astrachan, ferner auf der Wolga und dem gesamten russischen Kanalsystem.

Ein beträchtlicher Teil des Bakuer Öls wird auch mittels der Rohrdoppelleitung oder in Kesselwagen über die transkaukasische Bahn nach Batum geschafft, dort verladen und dann per Schiff über das Schwarze Meer und das westliche Fluß- und Kanalsystem nach Weißrußland und in die Ukraine befördert.

Nicht umsonst schaffen die Russen ein riesiges Wasserstraßennetz, das alle Gebiete des ausgedehnten Reiches miteinander verbindet. Moskau wird der zentrale Hafen von 5 Seegebieten. Breite Kanäle verbinden die Hauptstadt zukünftig mit dem Kaspischen, Schwarzen, Asowschen und Weißen Meer, sowie dem Finnischen Meerbusen. Der Stalinkanal, der von Leningrad durch den Ladoga- und Onegasee nach Murmansk führt, wurde als eine der ersten großen Verbindungslinien fertiggestellt. Riesige Dämme sollen das Wasser der benachbarten Flüsse stauen und so den Moskausee schaffen, der der Hafen der Haupstadt wird. Neben einer Linie von Moskau zum Kaspischen Meer über den 5 Meter tiefen, 55 Meter breiten und 127 Kilometer langen Moskau-Wolga-Verbindungskanal schafft eine andere Wasserlinie die direkte Verbindung zum Schwarzen Meer, die von der Oka, einem Nebenfluß der Wolga, aus in die Desna, einem Nebenarm des Dnjepr, führt. Sobald all die Pläne in die Wirklichkeit umgesetzt sind, wird das Öl aus dem Wolga-Uralgebiet genau so wie das von Baku, ohne Umladung in alle Gegenden Rußlands verschifft werden können. Moskau, das bislang in einer unermeßlich weiten Steppe lag, steigt zum größten Binnenhafen Europas auf. Wenn die Produktion in 1938 noch zu 41,5% mittels der Eisenbahn, zu 35% durch die Schiffahrt und 23,5% in Rohrleitungen befördert wurde, so wird der Anteil der Schiffahrt in der Zukunft den ersten Platz einnehmen.

In einer führenden russischen Fachzeitschrift war vor einigen Jahren zu lesen, daß die Sowjetunion in 10 bis 15 Jahren, also spätestens in 1955, die USA. in der Ölproduktion nicht nur ein-, sondern auch überholt haben könnte. Dies ist sehr stark übertrieben, denn augenblicklich ist das Verhältnis noch 260 zu 27,2 Millionen Tonnen, also 10 : 1 zugunsten der USA. Verbunden wurde diese Möglichkeit der Fördersteigerung mit dem weiteren industriellen Ausbau, wonach eine zukünftige jährliche Produktion von über 150 Millionen Tonnen erforderlich sein soll. Im Vergleich zu den USA. ist diese Verbrauchsmenge bei weitem nicht zu hoch gegriffen. Lassen wir nur die nackten Zahlen sprechen:

derzeitige Produktion	USA. 260 Mill. Tonnen,	Rußland 27,2 Mill. Tonnen,
derzeitiger Verbrauch	USA. 280 Mill. Tonnen,	Rußland 28,5 Mill. Tonnen,
Bevölkerungszahl	USA. 130 Mill. Menschen,	Rußland 183 Mill. Menschen,
Verbrauchsanteil pro Kopf der Bevölkerung	USA. 2150 Kilogramm,	Rußland 155 Kilogramm.

Wollte also Rußland die Industrie in dem gleichen Maße wie die USA. ausbauen, so wäre eine Produktion von nicht nur 150, sondern sogar 380 Millionen Tonnen erforderlich. Nun müssen wir allerdings berücksichtigen, daß, bedingt durch die immensen Steppen- und Sumpfgebiete, eine Industrialisierung Rußlands nicht in der gleichen Weise wie in den USA. oder auch dem westlichen Teil Europas möglich ist.

Gubkin, der verstorbene sowjetische Chefgeologe, hat die Vorräte Rußlands auf 8,7 Milliarden Tonnen geschätzt, wovon 11,4% als nachgewiesen, 42,3 als wahrscheinlich und 46,3 als geologisch möglich gelten. Diese 8,7 Milliarden Tonnen teilen sich nach Gebieten wie folgt auf: Kaukasus 3,6; Wolga-Ural 2,7; Emba 1,2; andere 1,2 Milliarden Tonnen.

Diese hohen Zahlen werden jedoch selbst von russischer Seite angezweifelt. Eine andere russische Quelle beziffert die Reserven auf 6,377 Milliarden Tonnen. Dagegen gab vor einiger Zeit die amerikanische Fachzeitschrift „Oil and gas journal" die sicheren Vorräte der Sowjetunion mit 1,5 Milliarden Tonnen an, wovon die des Wolga-Uralgebiets 156 Millionen Tonnen betragen sollen. Interessant ist, daß hiernach die Vorräte der Insel Tscheleken, deren Produktion vor 1914 kurz anstieg und dann wieder rasch abfiel, als sehr optimistisch beurteilt werden. Diese letzte Angabe stimmt auch mit mehreren anderen nichtrussischen Prognosen überein.

In jedem Fall können die sicheren Vorräte bei einer selbst erheblichen Produktionssteigerung eine längere Förderdauer gewährleisten, als dies von vielen anderen Ländern gesagt werden kann, und es erscheint daher für die Zukunft nicht ausgeschlossen, daß die Sowjetunion, sofern das als zweites Baku angesehene Wolga-Uralgebiet die Erwartungen bezüglich der Versorgung der innerrussischen Gegenden erfüllt, mit dem ausfuhrgünstig gelegenen Kaukasusgebiet wieder eine wichtige Rolle auf dem Weltmarkt spielen wird. Bislang deckt die Förderung nur knapp den Eigenbedarf, aber das russische Reich kann, wenn ein Großteil der Ölfelder unserer Weltkugel nach den jetzigen geologischen Berechnungen erschöpft sein sollte, dann auf Grund der geplanten Produktionssteigerung wiederum als Lieferant auf dem Weltmarkt in Erscheinung treten.

DIE VERSORGUNG EUROPAS

Der europäische Kontinent ist nicht reich mit Ölschätzen gesegnet. Die jährliche Gewinnung in den einzelnen Ländern belief sich in 1946, die Sowjetunion ausgenommen, auf 6,8 Millionen Tonnen. Der Bedarf beträgt dagegen 36 Millionen Tonnen und muß mithin zu vier Fünftel aus dem Vorderen Orient, Übersee oder Rußland gedeckt werden.

In

Rumänien,

dem Land mit der besten europäischen Produktion, wird seit Anfang des vorigen Jahrhunderts das Öl mittels Handschächten gewonnen. Nachdem in den Jahren 1825 bis 1850 schon das Petroleum in Fässern nach der Türkei, Rußland und Polen geliefert worden war, hatte ein rumänischer Händler namens H. Choss die erste Destillationsanlage, wenn man die damalige Verabeitungsstätte überhaupt so nennen kann, bei Lucacesti im Bacau-Distrikt errichtet. Er trennte nach rudimentärer Methode die leichten Bestandteile ab und erzeugte auf diese Weise ein brennbares Leuchtpètroleum. Die Rückstände fanden als Wagenschmiere Verwendung. Nach diesem Vorbild erstanden kurz darauf weitere solcher Anlagen in den Gebieten von Moinesti und Solont. Die erste eigentliche

Raffinerie wurde, wenn auch in bescheidenem Ausmaße, so aber doch schon nach verbesserten Gesichtspunkten, um 1890 von der Vorgängerin der heutigen Steaua Romana in Campina errichtet und nach dem weiteren Ansteigen der Produktion 1896 vergrößert.

Seit Beginn der industriellen Erschließung stieg die Förderung von 275 Tonnen in 1857 auf 11,649 in 1870, 250 000 um 1900 und 1,673 Millionen in 1916 an. In Anbetracht der Kriegsereignisse fiel sie in den nachfolgenden Jahren vorübergehend ab, um anschließend bis 1936 unaufhörlich anzuwachsen und mit 8,7 Millionen Tonnen die höchste Jahresmenge sowie die 4. Stelle in der Weltrangliste zu erreichen. Seitdem läßt die Förderleistung jedoch wieder ständig nach. Sie belief sich 1940 noch auf 5,8 und beträgt heute nur noch etwas über 4 Millionen Tonnen.

Die Gründe für dieses Abfallen sind in einer Erschöpfung der erschlossenen Quellen in den bisher zentral gelegenen und leicht erreichbaren Gebieten von Campina, Moreni, Ploești und anderen zu suchen. Da die Vorkommen dieses Donaulandes ursprünglich als unerschöpflich angesehen wurden, hatte man es unterlassen, vorerst auch die schwerer zugänglichen Gegenden aufzuschließen und aus Gründen der Rentabilität lediglich die ergiebigen Sonden ausgebeutet. Wenn auch in den letzten Jahren eine immer stärkere Annäherung an die wirtschaftlichen Interessen des Landes angestrebt wurde, so begann sich doch der jahrelang betriebene Raubbau ab Mitte der 30er Jahre zu rächen. Mitbestimmend für das ständige Nachlassen der Förderleistung war ferner der Rückgang der Bohrleistungen. Während im Jahre 1936 noch 329 000 Bohrmeter abgeteuft wurden, gingen die Bohrarbeiten, statt anzusteigen und sich auf die rechtzeitige Erschließung neuer Vorkommen zu konzentrieren, auf 288 000 Meter in 1938 und 255 000 in 1939 zurück. Seitdem ist ein weiterer Rückgang zu verzeichnen.

Von den als ölhöffig bekannten 45 000 Hektar sind bislang 6000 bis 7000 ausgebeutet worden, während in diesen Gebieten noch Vorräte von 20 Millionen Tonnen vorhanden sein sollen. Weitere 15 Millionen Tonnen werden in den Bezirken von Dambovitza, Prahova, Buzau und Bacau vermutet. Außerdem lagern noch ausgiebige Ölvorkommen in der Walachei, dem Moldaugebiet und der Bukowina, aus denen nach Angaben rumänischer Geologen weitere 200 Millionen Tonnen zu fördern sein dürften.

Von der gewonnenen Menge kommen über 90 Prozent in eigenen Raffinerien zur Verarbeitung. Angesichts der bis 1936 ständig angestiegenen Fördermenge waren bedeutende moderne Raffinationsanlagen mit einer Gesamtkapazität von 11 Millionen Tonnen errichtet worden, die, bedingt durch den eingetretenen Förderabfall, zum Teil wieder stillgelegt werden mußten. Die größten Werke besitzen die der Royal Dutch-Shell gehörende Astra Romana und die starkem englischen und französischen Einfluß unterliegende Steaua Romana, ferner die Concordia, in der französisches und belgisches Kapital vorherrscht und die Romano Americana der Standard Oil Co.

Die Produktion Rumäniens war trotz des von den Rumänen geführten passiven Widerstandes, besonders nach dem Fehlschlag der Kaukasus-Offensive in 1942, für die weitere deutsche Kriegsführung von ausschlaggebender Bedeutung.

Nach dem bei Kriegsende eingetretenen politischen Kurswechsel wurden die denWestmächten gehörenden Gesellschaften verstaatlicht und von Staatskommissaren übernommen, die dafür Sorge zu tragen haben, daß die Sowjets den Hauptanteil der Förderung als Reparationszahlungen erhalten. Über die Form einer Entschädigung herrscht noch völlige Uneinigkeit.

Bis dahin standen der Ausfuhr drei Viertel der Erzeugung zur Verfügung. Die Hauptproduktion waren Benzin mit 1,6, Heiz- und Leuchtöl mit je 0,8 und Gasöl mit 0,6 Millionen Tonnen, die bis 1939 in der Hauptsache nach England und Frankreich, sowie nach Italien, Deutschland, Ungarn, der Tschechoslowakei und anderen Ländern zur Verschiffung kamen und heute hauptsächlich Rußland zur Verfügung stehen.

Es ist anzunehmen, daß die Aufschlußtätigkeit weiter gefördert wird und die Produktion daraufhin eine erneute Steigerung erfährt.

Den zweiten Platz unter den europäischen Produktionsländern nimmt heute

Österreich

ein. Schon im Jahre 1891 stieß man bei Wels anläßlich der Niederbringung von Wasserbohrungen auf Erdgas, welches die Grundbesitzer zu Heiz- und Beleuchtungszwecken ausnutzten. Außerdem fand man bei Taufkirchen im Innviertel in nur geringer Tiefe ein recht dickes, zähflüssiges Öl, schon mehr einen Erdteer. Das damals beschlossene Abteufen eines Schachtes machten Wassereinbrüche zunichte. Neue Versuche zur Ausbeutung der auf 200 000 Tonnen geschätzten Ölvorkommen sollen jetzt wieder unternommen werden.

Nachdem bei Gbely und Göding, im südlichen Teil der Tschechoslowakei, Ölvorkommen entdeckt worden waren, glaubte man auch in einigen Teilen des Wiener Beckens Öl finden zu können. Mehrere in den Jahren 1914 bis 1918 angesetzte Bohrungen blieben aber erfolglos. Erst die 1929 zur Durchführung gebrachten Steuererleichterungen regten von neuem eine lebhaftere Bohrtätigkeit an. In 1930 erbohrte die Gewerkschaft Raky-Danubia mit der Bohrung „Windisch-Baumgarten" einige kleinere Ölanzeichen und wies damit die Ölhöffigkeit des Gebiets nach. Als die Bohrung später weiter abgeteuft wurde, stieß man dabei in einer Tiefe von 849 Meter auf ein ergiebiges Ölvorkommen. Nach diesem guten Ergebnis erfolgte die Niederbringung weiterer Bohrungen, an denen sich auch andere österreichische Gesellschaften beteiligten.

Bis zum Jahre 1938 war die Bohrtätigkeit im wesentlichen auf Vermutungen angewiesen, da eingehende Bodenuntersuchungen und größere Aufschlußarbeiten wegen der zu hohen Kosten von seiten der österreichischen Unternehmer nicht durchgeführt werden konnten und sich daher auf ein eng begrenztes Gebiet beschränken mußten. In dieser Zeit stiegen daher die Bohrleistungen nur langsam an und waren laufenden Schwankungen unterworfen. Abgebohrt wurden 13 Meter in 1928, 740 in 1930 und 759 in 1933. Erst in 1935 konnten, nach der Erschließung des Steinberg-Feldes bei Zistersdorf, größere Bohrleistungen erreicht werden. Demzufolge wuchsen auch die Bohrmeterzahlen auf 4954 in 1936 und 8000 in 1937 an.

Die Ölproduktion stieg von 80 Tonnen in 1933 auf 7473 in 1936 und 33 006 in 1937. In den Januartagen des Jahres 1938 wurde die Bohrung Gösting IX bei 1410 Meter fündig. Sie warf am ersten Tage 60 Tonnen aus und lieferte nach starker Drosselung täglich 40 Tonnen. Diese Bohrung gab dann die Veranlassung zum weiteren großzügigeren Ausbau des dortigen Feldes.

Wenn die ab 1938 von Deutschland getätigten umfangreichen Investitionen zu einer stark ansteigenden Produktion führten, so ging dies besonders in den letzten Jahren auf Kosten des Ölfeldes. Im Laufe dieser Zeit stieg die Förderung rapide an und erreichte schließlich in 1944 die Rekordfördermenge von 1,3 Millionen Tonnen.

Wer den nördlichen Teil des Wiener Beckens aus früheren Zeiten kennt, als noch die Weinberge und Getreidefelder der Landschaft das Gepräge gaben, findet heute ein völlig verändertes Bild vor. In die reizvolle Landschaft haben sich die Bohr- und Fördertürme in nicht gerade verschönender Weise eingeschoben.

In den letzten 1½ Jahren nahmen sowjetische Geologen eingehende Bodenuntersuchungen in ganz Österreich vor, und nach ihren Angaben sollen in tieferen Regionen erhebliche Ölvorkommen lagern, die eine Produktionssteigerung auf 6 bis 8 Millionen Jahrestonnen ergeben könnten. Die hauptsächlichsten Lagerstätten sollen sich nördlich der Donau bei Schwechat und im Wiener Prater befinden, weitere dann noch im Grazer Becken bei Burgau und Mooskirchen, sowie in den Vorläufern der steirischen Berge bei Gaming. Angesichts der Bohrerfolge auf der ungarischen Seite ist eine diesbezügliche Annahme berechtigt. Sofern diese Voraussagen zutreffen, würde Österreich dann an die Spitze der europäischen Ölländer treten.

Von dem Zistersdorfer Gebiet kommt das Öl teilweise mittels Kesselwagen oder in der nach Wien verlegten doppelstrangigen Rohrleitung zu den nahe der Stadt gelegenen Raffinerien. Während die ölgewinnende

Industrie ihre Arbeiten erst seit den 30er Jahren entfaltet hat, kann die ölverarbeitende Industrie schon auf eine Tätigkeit seit etwa 1910 zurückblicken. Die größten Verarbeitungsstätten waren vor dem Anschluß die Shell-Floridsdorfer Mineralölfabrik, die Werke des Panto-Gallia-Konzern, die Korneuburger Mineralölraffinerie, die Vacuum Oil Co. Raffinerie in Kagran und die Raffinerie der Austria Petroleum AG. in Vösendorf. Zum Teil wechselten die Werke während der Anschlußzeit ihre Besitzer. In 1945 wurden dann die alten Eigentümer wieder eingesetzt, sofern nicht die Sowjets die Werke für eigene Zwecke mit Beschlag belegten.

Die österreichischen Öle gehören zu den schweren, benzinarmen Sorten. Der Benzingehalt beträgt durchschnittlich nur 8 bis 12%. Sonst besitzt das Öl gute Qualitäten und bildet in der Hauptsache den Ausgangsstoff für die vorzüglichen Schmieröle, ferner für Diesel-, Gas-, Leucht- und Heizöle, Paraffine, Asphalt und andere Produkte.

In 1936 mußte das Land noch 294 000 und 1937 230 000 Tonnen Öle und Derivate im Werte von jährlich 30 bis 35 Millionen Schilling einführen. Das Rohpetroleum und das Benzin nahmen anteilmäßig den ersten Platz mit etwa je einem Drittel der Gesamteinfuhrmenge ein, dann folgten Leucht- und Gasöl. Unter den Einfuhrländern stand Rumänien an der Spitze.

Die Produktion wird 1948 voraussichtlich annähernd 800 000 Tonnen betragen. Vorerst betrachten die Russen nicht nur die Ölgewinnungsanlagen, sondern auch die sämtlichen in der Ostzone gelegenen Verarbeitungsstätten als deutsches Eigentum, das ihnen nach der Potsdamer Deklaration zusteht. Trotz der guten Förderleistung hat das Land heute mit großen Schwierigkeiten in der Treibstoffversorgung zu kämpfen. Die von den Sowjets freigegebene Menge wird an die 1946 gegründete russische „OROP Handels AG.“, die die Verteilung vornimmt, abgegeben. Von hier erhält erst die Bundesregierung einen sehr gering bemessenen Anteil des in ihrem Lande gewonnenen Öls. Sofern eine Eigenverwaltung der Ölfelder später doch noch einmal zustande kommen sollte, ist Österreich in der Lage, seinen eigenen Bedarf unter Schonung der Lagerstätten zu decken und darüber hinaus die überschüssige Menge an die angrenzenden Staaten auszuführen.

Ungarn

kann ebenfalls seit den letzten Jahren eine kleine Überproduktion aufweisen. Nachdem es im Friedensvertrag von Trianon sowohl die ölhaltigen Gebiete in Galizien als auch die jetzigen jugoslawischen Quellen an die Nachbarstaaten hat abtreten müssen, begann zu Anfang der 20er Jahre die Untersuchung der verbliebenen Bodenflächen von neuem.

Schließlich fand man nach langen Forschungsarbeiten in 1937 je ein Ölvorkommen bei Bükkszek, nördlich des Matragebirges und bei Lispe in der Nähe von Nagy-Kanizsa, von denen letzteres das ergiebigere ist und von der Ungarisch-Amerikanischen Ölindustrie AG., einem Unternehmen der Standard Oil Co., ausgebeutet wurde. In 1939 betrug die Förderung 160 000 Tonnen und konnte nach der Aufschließung der Felder, an der auch die mit deutschem Kapital arbeitende „Manat" stark beteiligt war, auf 840 000 Tonnen in 1943 ansteigen. Diese Leistungssteigerung war vor allem auf das sehr günstige Gelände und zum anderen auf die mit allen modernen technischen Hilfsmitteln ausgestatteten Bohr- und Förderbetriebe zurückzuführen, wodurch die Bohrlöcher in Rekordzeit abgeteuft und in Betrieb genommen werden konnten. In 1948 wird die Produktion auf über 450 000 Tonnen geschätzt, von denen die Hälfte zur Verfügung der Sowjets bereitsteht.

Der Inlandsbedarf stellt sich auf knapp 300 000 Tonnen jährlich und setzt sich zu 35% aus Gas- und Heizölen, 28% Benzin, 24% Leuchtöl, 7% Schmieröl und zu 6% aus anderen Ölen und Fetten zusammen.

Während die „Manat" sofort von den Russen übernommen und in eine Ungarisch-Russische Ölgesellschaft umgewandelt wurde, haben die Russen nunmehr auch die Kontrolle über die Ungarisch-Amerikanische Ölgesellschaft unter der Beschuldigung, die leitenden Ingenieure hätten Sabotage getrieben, übernommen.

Die Versorgungslage **Frankreichs** wird im allgemeinen durch folgende Tatsachen gekennzeichnet: Das Land hat einen Mineralölverbrauch von rund 8 Millionen Tonnen und steht mit 2% des Weltbedarfs an 4. Stelle hinter den USA., England und Rußland.

Nur 1% seines Verbrauchs deckt es einschließlich einer kleinen Schieferölerzeugung aus inländischem Öl. Aussichten, diesen Anteil wesentlich zu steigern, bestehen nicht. Aus anderen inländischen Ersatzquellen, wie der Steinkohlenverkokung, der Gewinnung von Kraftsprit aus Weintrauben, Bananenstauden, Mais sowie der Kohleverflüssigung werden weitere 3% des Bedarfs gedeckt. Die verbleibenden 96% sind auf den Import angewiesen.

Bisher hat es nicht an Versuchen gefehlt, die französische Treibstoffversorgung in etwas größerem Umfange vom Ausland unabhängig zu machen, doch blieben ausgedehnte Schürfarbeiten so gut wie erfolglos. Die Eigenerzeugung erfolgt hauptsächlich in dem kleinen elsässischen Revier von Pechelbronn, wo von 1913 bis 1920 jährlich 50 000 und ab 1922 fast gleichmäßig 70 000 Tonnen, und zwar zu 60% im Pump- und der Rest mittels Schachtbetrieb gewonnen wurden. Ursprünglich hatte man auf dieses Gebiet starke Hoffnungen gesetzt und der Universität

Straßburg ein Petroleuminstitut angegliedert, das mit den Pechelbronner Werken in enger Verbindung stand. Im eben vergangenen Krieg wurde das Ölgebiet zweimal heimgesucht und besonders die Schachtanlagen jedesmal ziemlich weitgehend zerstört.

Kleine weitere Mengen liefert das an und für sich unbedeutende Revier von Gabian im Departement Herault, das übrigens schon den Römern bekannt war, und die mit ganz minimaler Ausbeute arbeitenden Ölschieferwerke nahe Autun in Mittelfrankreich, die im letzten Jahr vor dem Kriege 8400 Tonnen Öl aus 126 000 Tonnen Ölschiefergestein erzeugten. Die südfranzösischen Vorkommen enttäuschten. In den Westpyrenäen entdeckte man um 1920 größere Spuren, die auf Öl hinwiesen, doch erbrachten die bis zu 1500 Meter abgeteuften Bohrungen lediglich starke Gasausbrüche und nur wenig Öl. Die Erdgaserzeugung erreichte 1946 110 Millionen Kubikmeter und soll auf 350 Millionen gesteigert werden, deren industriemäßige Verwertung durch eine Ferngasleitung nach Toulouse und anderen Städten gesichert ist. Weitere Möglichkeiten gibt es noch im Rhonetal und längs des Juragebirges, wo in der Nähe von Genf Gas und etwas Öl vorkommt.

Ebenfalls konnten in Nordafrika sowie in den Kolonien keine größeren Lagerstätten angetroffen werden, obgleich man auf Marokko Hoffnungen gesetzt hatte, nachdem dort eine eruptive Quelle erbohrt worden war, die aber in Brand geriet. Das Feuer war nur durch eine Erdverschiebung zu löschen, die wohl die Flamme erstickte, damit aber gleichzeitig auch die Quelle begrub. Alle weiteren Sucharbeiten blieben erfolglos.

Der französische Import war in den letzten 10 Jahren wesentlichen Wandlungen unterworfen. Einmal erhöhte er sich stark, zudem wechselten die Lieferländer und die mengenmäßige Zusammensetzung unterlag merklichen Veränderungen. Die eingeführten Öle und Derivate stiegen in den Jahren 1928 bis 1938 von 2,6 auf 7,9 Millionen Tonnen an. Während 1934 noch die USA. das wichtigste Einfuhrland waren, nahm infolge der Beteiligung an der Irak Petrol Co. 1938 diese Stelle der Irak ein, woher zuletzt drei Fünftel kamen. Während des Krieges nahmen begreiflicherweise die Lieferungen aus den amerikanischen Ländern zu, doch hat sich dieses inzwischen wieder dem alten Verhältnis zugewandt.

Die Rohöleinfuhr belief sich im Jahre 1939 auf 6,989 Millionen Tonnen und entspricht 86% der Gesamteinfuhr. Nach ihr kommt Benzin mit 530 000, Heizöl mit 499 000 und Schmieröl mit 70 000 Tonnen. Diese Steigerung der Rohöleinfuhr, 1931 betrug der Anteil nur 13%, ist darauf zurückzuführen, daß Frankreich nach der Stillegung seiner Raffinerien im Jahre 1914 und deren Umwandlung in Speicher- und Lagerräume seit der Erschließung der Irak-Quellen eine neue Wirtschaftspolitik betreibt und aus devisen- und wehrwirtschaftlichen Gründen wieder dazu überging, den Rohölimport zollmäßig stark zu begünstigen und somit der Verarbeitungsindustrie einen neuen Auftrieb zu geben. Vorerst vergingen aber Jahre mit der Begutachtung von Plänen und Entwürfen, bis die Compagnie Française de Raffinage, eine Gesellschaft der an der Irak Petrol Co. beteiligten Compagnie Française des Petroles, die ersten großen Werke bei Gonfreville und Le Havre baute. Kurz darauf begannen auch ausländische Gesellschaften mit der Errichtung von Raffinerien, so die Standard Oil Co. in Port Jérome und die Gulf Refining Comp., sowie die Atlantic Refining Company.

Heute führt Frankreich, da der Wiederaufbau der während der letzten Kriegsjahre größtenteils zerstörten Raffinerien noch betrieben wird, vorerst zur Sicherstellung seines Treibstoffbedarfs wieder mehr Fertigprodukte ein.

Zufolge der großen Einfuhrmengen muß auch den Transportfragen besondere Beachtung geschenkt werden. Der Import von jährlich 7 bis 8 Millionen Tonnen erfolgt zum Teil auf Tankschiffen fremder Nationalität. Gemäß dem Handelsregister hatte Frankreich 1939 eine Tankerflotte von 50 Schiffen mit 317 000 BRT, die heute annähernd 230 000 BRT betragen soll. Von den syrischen zu den südfranzösischen Häfen kann man 12 bis 14 Fahrten im Jahre rechnen, dagegen für die das Öl aus Nordamerika und dem Karibischen Raum heranschaffende Flotte nur etwa 8 Touren.

Die Haupteinfuhrhäfen sind im Süden Marseille, Cette und Nizza, im Westen Bordeaux, St-Nazaire und Brest, im Nordwesten Rouen, Le Havre und Paris sowie im Norden Dünkirchen und Lille.

Dank seiner Beteiligung an der Irak Petroleum Co., sowie dem starken Kapitaleinfluß an zahlreichen kleineren ausländischen Gesellschaften ist Frankreich bis jetzt immer in der Lage gewesen, seinen Bedarf vollauf zu decken.

Italien

In der Eigenversorgung ist Italien genau so schlecht gestellt wie Frankreich. Es hat keine Vorkommen von Bedeutung. Ja, es kann noch nicht einmal im Ernstfall auf die Kohle zurückgreifen. Der Bedarf an flüssigen Brennstoffen betrug in den letzten Friedensjahren 2,8 Millionen Tonnen, von denen im eigenen Lande durch Alkoholgewinnung aus Weintrester, Getreide und Zuckerrüben, sowie mittels Kohleverflüssigung 250 000 Tonnen erzeugt werden konnten. Gleichzeitig betrug bei einem Kohleverbrauch von 14 Millionen Tonnen die Förderung aus eigenen Gruben lediglich 3 Millionen. Neben dem Erwerb von Aktien der Mosul Oilfields Ltd. seitens der halbstaatlichen Azienda Generale Italiana Petroli (AGIP), deren Rechte später in ein Bezugsrecht auf das Irak-Öl umgewandelt wurden, war das Ziel der Ölpolitik, die Eigenversorgung soweit als möglich zu steigern. Dies sollte durch folgende Maßnahmen erzielt werden: Fortsetzung der Suche nach Öllagerstätten im eigenen Lande und in den Kolonien, Erschließung der bekannten Erdgasvorkommen, Abbau der Ölschiefer- und Asphaltlagerstätten, Alkoholgewinnung aus landwirtschaftlichen Erzeugnissen und der Errichtung von Kohleverflüssigungsanlagen.

Die Suche nach neuen Öllagerstätten blieb bisher erfolglos. Die bereits erschlossenen kleinen Vorkommen bei Piacenza, Parma und in der Poebene hatten 1932 mit 27 000 Tonnen die Höchstproduktion erreicht und sanken dann langsam wieder. Die Verarbeitung dieser Öle erfolgt in nahe den Feldern gelegenen Raffinerien. Die einzige annehmbare Ölausbeute sicherten sich die Italiener bis 1943 in Albanien, wo sie eine Förderung von 300 000 Tonnen erreichten. Neuerdings haben amerikanische Gesellschaften die Suche nach neuen Ölquellen wieder aufgenommen, bislang aber keine nennenswerten Erfolge erzielt. Dagegen konnten die seit langem bekannten Erdgasvorkommen der Gebiete Parma und Piacenza nutzbarer Verwendung zugeführt werden, die fast ausschließlich von den umliegenden Werken verbraucht werden. Zudem findet das Gas zum Antrieb von Fahrzeugen und zur Stadtbeleuchtung Verwendung.

Von größerer Bedeutung ist auch der Abbau der Ölschiefer- und Asphaltlagerstätten. Während aus den Schiefervorkommen bei Piacenza, Pescare und Valle Latina ungefähr 100 000 Tonnen Kraftstoff gewonnen werden, wertet man die in den Abruzzen und in Südsizilien vorgefundenen Asphaltgesteine vornehmlich zur Herstellung von Straßenasphalt aus.

Den Bedarf aber deckt trotz aller Bemühungen in der Hauptsache nach wie vor die Einfuhr. Nachdem hier bis 1937 die Derivate vorherrschten, änderte sich dies fortab grundlegend. Das Rohpetroleum nahm anteilmäßig immer mehr zu.

Heute verarbeiten 14 große und mittlere Werke, deren Kapazität bei 2,2 Millionen Tonnen liegt, die eingeführten Rohprodukte. Mit Unterstützung amerikanischen und englischen Kapitals soll in Italien ein bedeutender Umschlagplatz für das nahöstliche Öl geschaffen und zu diesem Zweck die Verarbeitungskapazität derart weiter ausgebaut werden, daß über den für 1949/50 vorgesehenen Eigenbedarf von 5 Millionen Tonnen weitere 2 bis 3 Millionen Tonnen verarbeiteter Destillate wieder ausgeführt werden können. Die entsprechenden Neubauten sind bei Mailand, Vercelli, Mantua und an anderen Orten in Angriff genommen.

Die zur Versorgung des Landes mächtig ausgebaute italienische Tankerflotte verfügte 1939 über 480 000 BRT, von denen ein Teil den Kriegsereignissen zum Opfer gefallen war.

Polen

ist eines der ältestenÖlländer. Die Gewinnung wurde bereits im Jahre 1850 aufgenommen. Schon in 1909 erreichte es die Höchstproduktion mit 2,053 Millionen Tonnen, sodann folgte ein ständiger Abfall auf 1,071 in 1913, 722 000 in 1927, 514 000 in 1935 und 506 000 Tonnen in 1938. Dieses Absinken ist in dem natürlichen Nachlassen der ausgebeuteten Felder zu suchen, das durch die Vielzahl der zu dicht nebeneinander stehenden Sonden beschleunigt wurde und trotz erweiterter Aufschlußarbeiten nicht aufgehalten werden konnte.

Infolge der Abtrennung der ostgalizischen Felder von Boryslaw, Drohobycz und Stanislaus an Rußland hat Polen seine Hauptproduktionsgebiete, die von der Gesamtförderung drei Viertel auf sich vereinigen konnten, verloren. Verblieben ist lediglich das Feld von Jaslo mit einer Förderung von annähernd 120 000 Tonnen jährlich. Diese Menge dürfte bei gesteigerter Bohrtätigkeit noch eine Zeitlang zu halten sein. Ölhöffig sind daneben noch die Gegenden westlich Kielce und Sandomierz, die nach systematischer Erschließung eventuell sogar ein nochmaliges, wenn auch geringes Ansteigen der Förderung ermöglichen können. Der Eigenbedarf muß zu zwei Drittel durch Einfuhr gedeckt werden.

Die so kleinen

Niederlande

haben mit ihrem Kolonialreich, das sich über eine Fläche von 2 Millionen Quadratkilometer erstreckt, einen der wichtigsten Schwerpunkte der Ölgewinnung und -verarbeitung in der Hand.

In den ostindischen Besitzungen wird das Öl gefördert. Dieses Gebiet stand bis 1914 hinter den USA., Rußland, Venezuela und dem Iran an 5. Stelle. Inzwischen war es, bedingt durch die während der Kämpfe erlittenen Schäden, vorübergehend weit zurückgefallen. Die dortige Produktion stieg von 426 000 Tonnen in 1900 auf 8,4 Millionen in 1940 an, um durch die Kriegsereignisse auf 300 000 Tonnen in 1946 abzusinken, und nimmt heute schon wieder mit etwa 5 Millionen Tonnen im Jahr den 7. Platz in der Rangliste der Ölländer ein. Da die Wiederaufbauarbeiten gut voranschreiten, ist mit einem weiteren Anwachsen der Produktion zu rechnen.

Die Raffineriezentren befinden sich im wesentlichen auf den westindischen Inseln Aruba und Curaçao, wo die von den großen Konzernen errichteten Werke fast 30 Millionen Tonnen verarbeiten. Im Rahmen der europäischen Kraftstoffversorgung sollen in dem Mutterland selbst große Raffinerien mit einer Kapazität von über 3 Millionen Tonnen gebaut werden, so daß mit Inselindien zusammen in dem gesamten niederländischen Reich über 40 Millionen Tonnen zur Verarbeitung kommen, was einem Anteil von 10% an der derzeitigen Weltproduktion entspricht. Da der Eigenverbrauch des Mutterlandes und der Inseln einschließlich der für die Versorgung der Schiffahrt bereitgestellten Heizöle 8 Millionen Tonnen beträgt, stehen über 30 Millionen Tonnen für die Wiederausfuhr in die Zuschußgebiete zur Verfügung.

Obwohl in

Deutschland

die Produktion von 6000 Tonnen in 1873 auf 1,056 Millionen in 1940 anstieg und im nordwestdeutschen Raum jetzt wieder 650 000 Tonnen pro Jahr beträgt, reicht dies zur Deckung des eigenen Bedarfs bei weitem nicht aus.

Nachdem bereits um das Jahr 1400 das Öl am Tegernsee von den Mönchen des dortigen Klosters ausgenutzt worden war, wurde ab 1670 an mehreren Stellen Nordwestdeutschlands mit Öl getränkter Sand ausgewaschen und verwertet. Außerdem waren speziell in dem hannoverschen Gebiet zahlreiche Teerkulen bekannt, aus denen das Öl geschöpft und als Wagenschmiere zur Verwendung kam. Diese Ausbeute erfolgte jedoch immer nur in äußerst geringem Umfange und blieb jeweils auf die örtlichen Gegenden beschränkt. Die ersten, in den Jahren 1858/59 bei Wietze für die hannoversche Regierung bis zu 35 Meter niedergebrachten Bohrungen sind wohl, wie die 1862 bei Peine abgeteuften, historisch interessant, doch noch nicht als beginnende industrielle Erschließung zu werten, die erst um 1870, und auch dann noch in sehr bescheidenen Grenzen, begann.

Die in der Zeit von 1863 bis 1873 gegründeten Bohrgesellschaften erreichten eine durchschnittliche Produktion von 40 Tonnen im Jahr. Den ersten wirtschaftlichen Erfolg konnte 1877 das Feld von Ölheim mit einer Förderung von 6000 Tonnen aufweisen, aber auch dort wurde das Öl erst zu Anfang der 80er Jahre in größerem Umfang angetroffen, nachdem der Unternehmer Adolf Mohr bei 69 Meter Tiefe einen Springer erbohrte, der zu Beginn 65 Tonnen täglich, eine für damalige Verhältnisse gewaltige Menge, auswarf. Hieraufhin ergriff ganz Deutschland das Ölfieber. Im Laufe eines Jahres bildeten sich über 300 Ölgesellschaften und um die erste Bohrung wurden in geringem Abstand viele andere niedergebracht, doch kam es zu keinem weiteren selbsttätigen Ausbruch. Daraufhin legte sich die Ölkrankheit wieder und die an der Börse rapid angestiegenen Papiere der Ölheimer Petroleum-Gesellschaft und anderer Unternehmen notierten bis auf weiteres wieder zu normalen Kursen. Als dann die Produktion zu Ende des gleichen Jahres stark nachließ, zog die an der Börse eintretende Baisse den Ölheimer Krach nach sich. Im folgenden Jahr kam aus dem zuerst so vielversprechenden Bohrloch schon mehr Wasser als Öl. An den Unternehmer Adolf Mohr erinnert heute noch die Ortschaft Adolfmoor.

Die weitere Bohrtätigkeit entwickelte sich sehr langsam und von einer deutschen Ölindustrie kann vor der Jahrhundertwende noch nicht groß die Rede sein. Erst danach begann auch in Deutschland eine Blütezeit des Öls und in den Jahren 1908 bis 1910 entfielen von einer Gesamtproduktion von 114 000 Tonnen auf das zu jener Zeit ergiebigste Feld von Wietze allein 110 000 Tonnen jährlich.

Damals war die Ölindustrie übel beleumdet. Wie in allen anderen Ländern, so befaßten sich auch hier zunächst allerlei kleine „wilde" Unternehmer mit der Ausbeute und es versuchte ein jeder dem anderen den Rang streitig zu machen. Erst ab Mitte der 20er Jahre verschwanden nach und nach diese kleinen Gesellschaften und traten ihren Platz an die großen Unternehmen ab, die dank ihrer guten und planmäßigen Arbeiten den alten, „üblen Beigeschmack" zu bannen verstanden.

Anschließend an die Blütejahre von 1908 bis 1910 ging die Förderung bis 1920 langsam zurück. Dies war teilweise die Folge davon, daß viele Geologen und Ingenieure während der Kriegsjahre in Rumänien und Galizien wegen der dort bedeutenderen Gewinnung eingesetzt wurden. Ab 1921 begann dann von neuem ein stetiger Wiederanstieg, der in der Hauptsache auf die fortschreitende Entwicklung des bereits um 1900 erschlossenen Nienhagener Reviers zurückzuführen ist, das sich seit der Erschließung des Nordfeldes in 1928 zum damals bedeutendsten Gebiet Deutschlands entwickelte. Im Jahre 1926 überflügelte es produktionsmäßig Wietze, überschritt 1932 die 100 000-Tonnen-Grenze, erreichte zwei Jahre darauf bereits 200 000 und schon ein weiteres Jahr später eine Jahresförderung von 300 000 Tonnen. An der Fördersteigerung auf 552 000 Tonnen in 1938 sind neben Nienhagen in starkem Maße die Felder von Wietze und Oberg beteiligt. Daneben kamen neuerschlossene, bisher unbekannte Reviere zur Geltung, nachdem sich die Aufschlußarbeiten auf die Badener Gegend bei Forst, Bruchsal und Weingarten, das Alpenvorland nahe München, sowie die Hamburger und Schleswig-Holsteiner Gebiete erstreckt hatten.

Die bei Wietze und Heide in Holstein abgeteuften Ölschächte sind neben denen in Pechelbronn die einzigen ergiebigen in Europa. Der Fördererertrag ist allerdings nicht übermäßig und die Gestehungskosten sind weit höher als bei normaler Förderung. Trotz dieser Nachteile dürfte bei eintretender späterer Erschöpfung der Ölquellen auch in anderen Ländern auf diese Gewinnungsmethode zurückgegriffen werden, da auf diese Weise eine fast restlose Ölausbeute möglich ist.

Infolge einer gesteigerten Aufschlußtätigkeit und ständig verbesserter Bohr- und Fördermethoden ließ sich die Förderung von 230 000 Tonnen in 1932, auf 315 000 in 1934, 445 000 in 1936, 552 000 Tonnen in 1938 und 1,056 Millionen in 1940 steigern. Nach der Rekordförderung in 1940 trat ein starker Rückgang ein. In 1941 belief sich die geförderte Menge nur noch auf 957 000 Tonnen, um dann weiter auf 776 000 in 1943 und 721 000 in 1944 abzusinken. Im darauffolgenden Jahre waren die Arbeiten eine Zeitlang durch die Kriegsereignisse unterbrochen. Heute beträgt die Produktion annähernd 650 000 Tonnen, von denen 60% auf das hannoversche Gebiet, 15% auf die Gegend Schleswig-Holstein und Hamburg und 25% auf das erst seit einigen Jahren erschlossene emsländische Ölfeld entfallen. Sollte dieses Gebiet, das ¾ der auf 15 Millionen Tonnen geschätzten deutschen Ölvorkommen enthalten soll, auf Grund der Forderungen der niederländischen Regierung abgetreten werden müssen, so wäre dies ein empfindlicher Schlag für die deutsche Mineralölselbstversorgung.

Der deutsche Bedarf ist aber wesentlich größer als die Eigengewinnung. In 1932 wurden 3½ Millionen Tonnen Ölprodukte gegenüber einer Förderung von 230 000 Tonnen verbraucht, der Bedarf war also nur zu knapp 7% gedeckt. Bis 1938 wuchs der Verbrauch dann auf 6,440 Millionen Tonnen an, dem aber lediglich eine eigene Ölerzeugung von 552 000 Tonnen gegenüberstand.

Da eine entsprechende inländische Fördersteigerung an natürlichen Ölprodukten nicht erreicht werden konnte und nach dem Vorbild Rußlands, das sich industriemäßig auf Grund seiner Fünf-Jahrespläne von dem Ausland fast vollkommen unabhängig zu machen beabsichtigte, eine weitgehende Selbstversorgung geschaffen werden sollte, ging man zu der Gewinnung von Treibstoffen aus der Kohle über. Anfang 1934 war die Eigenerzeugung für die nächsten Jahre wie folgt vorgesehen: Die Ölgewinnung mußte vorerst eine Steigerung auf 400 000 Tonnen erfahren, weiterhin sollten durch die Hydrierung der Braunkohle 1,3 Millionen, die Steinkohlensynthese 525 000, aus Pech- und Abfallstoffen 750 000 und mittels Alkoholgewinnung aus Kartoffeln 200 000 Tonnen Kraftstoffe erzeugt werden, so daß sich daraufhin die Eigenerzeugung auf 3,175 Millionen Tonnen belaufen würde. Doch dies reichte nicht aus. Gleichzeitig mit dem weiteren Ankurbeln der Automobil- und Flugzeugindustrie mußte zur Deckung des immerfort steigenden Bedarfs die Eigenerzeugung von leichten und schweren Treibstoffen eine weitere Steigerung erfahren. Dies ließ sich allerdings nur noch auf dem Wege der Kohleverflüssigung erzielen. Außer der Braunkohlenhydrierung stützte man sich dabei auf die Steinkohlensynthese. Zudem verdichtete man die bei beiden Verfahren anfallenden Gase im Wege der Polymerisation zu Benzinen.

Die zu Beginn für die Versorgung mit flüssigen Brennstoffen verarbeiteten 3,4 Millionen Tonnen Braunkohle wurden bald bei weitem übertroffen. Neben dem riesigen Leunawerk mußten neue Werke entstehen, die zusätzliche 7,5 Millionen Tonnen jährlich zu verarbeiten in der Lage waren. Den Braunkohlenproduzenten wurde einfach von Regierungsseite die Verpflichtung auferlegt, ein Unternehmen, die spätere Braunkohle-Benzin AG. zu gründen, das drei Fabriken nach dem Muster der Leunawerke zu errichten hatte. Doch auch dies genügte noch nicht, neue riesige Braun- und Steinkohlenverflüssigungsanlagen erstanden in großer Zahl, so daß bei Kriegsende 18 Kohlehydrier- und 9 Synthesewerke mit einer Verarbeitungskapazität von 5 Millionen Jahrestonnen in Betrieb waren.

Bis 1939 konnte die Inlandproduktion den gewaltig angestiegenen Bedarf, der sich seit 1933 innerhalb von 5 Jahren fast verdoppelt hatte, nicht befriedigen. Entgegen allen Berechnungen und Planungen belief sich die Eigenerzeugung 1938 nur auf 2,575 Millionen Tonnen, den Rest mußte der Import decken, der 4,690 Millionen Tonnen = 65% betrug, wovon allerdings 825 000 Tonnen als Reserve vorgesehen waren. Die Verbrauchszahlen einschließlich der Reserve von 825 000 Tonnen setzen sich wie folgt zusammen: Benzin 3,178; Benzol 0,185; Leuchtöl 0,110; Gasöl 1,664; Schmieröl 0,570; Heizöl 0,325; Bunkeröl 0,647 und Bitumen 0,586; insgesamt 7,265 Millionen Tonnen. Dem standen als Eigenerzeugung gegenüber: 1,710 Millionen Tonnen Benzin; 0,140 Benzol; 0,065 Leuchtöl; 0,117 Gasöl; 0,180 Schmieröl; 0,325 Heizöl und 0,038 Bitumen; zusammen 2,575 Millionen Tonnen.

Die eingeführten Mengen kamen zu 45% aus Venezuela, 24 den USA., 9 aus Rumänien, 8,8 Mexiko, 3,8 Iran, 3,2 Niederl.-Indien, 2,6 Peru, 1,6 Rußland und 2% aus anderen Ländern. Mengenmäßig unterteilten sich die eingeführten Destillate wie folgt: Gasöl 29, Benzin 27, Rohöl 26, Heiz- und Schmieröl je 8, Leuchtöl und Bitumen je 1%. Der Wert der Einfuhr belief sich auf 280 Millionen Mark. Aber auch während des letzten Krieges reichte die Treibstoffversorgung trotz der Ausbeute der Ölfelder in Österreich, Ungarn, Polen, der Slowakei, Jugoslawien und Rumänien nicht aus.

Ein großer Teil der früher über Hamburg eingeführten Öle kam in den Raffinerien zur Verarbeitung, die nahe dem am linken Elbufer gegenüber Altona gelegenen einst so imposanten Ölhafen errichtet sind. Weitere bedeutende Werke liegen in den Vororten Harburg und Wilhelmsburg sowie in der Gegend von Hannover. Da die Kohleverflüssigung nur in beschränktem Umfang gestattet ist und eine Mineralöleinfuhr vorerst nur in kleinem Rahmen stattfindet, sind dem deutschen Markt noch große Beschränkungen auferlegt. Der Bedarf beträgt für die drei Westzonen berechnet etwa die Hälfte des von 1938. Es ist aber anzunehmen, daß sich die Einfuhr von Rohöl und deren inländische Verarbeitung bald wieder in normalen Grenzen bewegen wird. Die derzeitige inländische Ölgewinnung beläuft sich auf ungefähr 650 000 Tonnen, mithin müßten zur Deckung eines der Industrie der Westzonen angepaßten Mineralölverbrauches 2 bis 3 Millionen Tonnen eingeführt werden und hiervon vor allem aus devisentechnischen Gründen Rohöle, die in den vorhandenen, inzwischen wieder instand gesetzten Raffinerien, und, soweit Mineralölrückstände zur Verarbeitung gelangen, auch in den umgestellten Werken der Kohleverflüssigung zur Aufbereitung kommen können.

Zu diesen Mengen kommt dann noch der Verbauch der Ostzone, der heute zum Teil durch Einfuhren aus dem Osten und durch die Erzeugung von synthetischen Treibstoffen aus den Leunawerken und anderen Kohleverflüssigungsanlagen gedeckt wird.

Um jedoch die einzuführenden Öle auf ein Mindestmaß zu beschränken, ist die eigene Produktion weitmöglichst zu fördern. Vorhandene Gebiete sind weiterauszubauen und neue zu erschließen. Nicht uninteressant dürfte gerade jetzt die schon öfters aufgeworfene Frage sein, ob nicht doch am Rande der Nordsee, ähnlich wie an den Küsten Venezuelas, Argentiniens oder dem Kaspischen Meer Ölvorkommen ruhen. Da die nordwestdeutschen Vorkommen fast ausschließlich in Richtung von Südosten nach Nordwesten verlaufen, kämen somit in erster Linie hierfür die Gebiete um die nord- und ostfriesichen Inseln in Frage. In Anbetracht der geringen Wassertiefe von 60 bis 80 Meter würde das Problem bohrtechnisch gesehen keine Schwierigkeiten bebeiten.

Die Gesamtlage Europas

Im letzten Friedensjahr hatte Europa einen Mineralölverbrauch von 38,9 Millionen Tonnen. Dieser verteilte sich auf die einzelnen Staaten folgendermaßen: Großbritannien und Irland 12,360 Millionen Tonnen, Frankreich 6,960, Deutschland 6,440, Italien 2,820, Rumänien 1,950, Niederlande 1,430, Schweden 1,180, ferner Belgien mit 870 000, Dänemark 850 000, Norwegen 640 000, Spanien 510 000, Schweiz 450 000, Polen 440 000, Österreich 370 000, Tschechoslowakei 345 000, Griechenland 320 000, Ungarn 290 000, Portugal 180 000, Türkei 125 000, Jugoslawien 110 000, Bulgarien 85 000, Albanien 60 000 und Luxemburg, Andorra, Liechtenstein, Monako und San Marino 115 000 Tonnen.

Die Eigenerzeugung des europäischen Kontinents belief sich auf 7,9 Millionen Tonnen Petroleum, zu denen noch ungefähr 3,5 Millionen aus der Kohleverflüssigung, Alkoholgewinnung usw. hinzukamen. Mithin blieb ein Bedarf von 27,5 Millionen Tonnen, der auf dem Wege der Einfuhr gedeckt werden mußte. Hieran waren beteiligt Südamerika und Niederl.-Westindien zu 39, die USA. mit 28, der Irak zu 13, Iran 11, Mexiko 4, Rußland 2, Niederl.-Indien 1 und andere Länder mit 2%.

Diese 38,9 Millionen Tonnen Öle und Derivate verteilten sich auf die, ohne Sowjet-Rußland, in 28 Staaten lebenden 380 Millionen Menschen, so daß durchschnittlich auf einen jeden Bewohner 103 Kilogramm gegenüber 1131 zu dem gleichen Zeitpunkt in den USA. kamen. Stiege der anteilmäßige Verbrauch der europäischen Bevölkerung auf den derzeitigen Stand wie in den USA. an, so ergäbe das einen Jahresbedarf von 820 Millionen Tonnen! Das wäre das Doppelte der augenblicklichen Welterzeugung.

Die erhöhten Verbrauchszahlen der Kriegsjahre haben sich infolge des gesteigerten Industrieverbrauchs nur ganz unmerklich ermäßigt, was schon aus dem derzeitigen Verbrauch von über 400 Millionen Tonnen Ölderivate ersichtlich ist. Allerdings deuten viele Anzeichen darauf hin, daß der Bedarf in mehrfacher Hinsicht eine Änderung erfährt. Einmal schrumpft der Leuchtölbedarf, der 1938 beispielsweise in den Niederlanden 30, Norwegen 22 und Schweden 13 gegen Frankreich 6 und Belgien 5 Kilogramm pro Kopf und Jahr betrug, infolge der Verbreitung der Elektrizität in vielen Ländern zusammen. Zum anderen wird aber als Folge der Ausdehnung des Verkehrs und dem damit verbundenen Anwachsen der Motorisierung der Verbrauch an leichten Treibstoffen stark anwachsen. Außerdem bringt die Industrialisierung eine Steigerung des Verbrauchs an Heiz-, Treib- und Schmierölen mit sich, ferner die Motorisierung der Landwirtschaft einen Mehrbedarf an Traktorenölen und die Belebung der Schiffahrt und des Bahnverkehrs einen zunehmenden Diesel-, Heiz- und Schwerölverbrauch.

Aus diesem Grunde ist für die Sicherstellung des erhöhten Bedarfs eine planvolle Arbeit in allen Ländern erforderlich.

UND MORGEN?

Die Ölerzeugung stieg, von einigen kleineren Rückschlägen abgesehen, seit der industriellen Erschließung im Jahre 1859 ununterbrochen an und beläuft sich heute auf über 400 Millionen Jahrestonnen. Das bedeutet eine Steigerung innerhalb der letzten 25 Jahre um 375 und gegenüber dem letzten Friedensjahr, 1938, um 40%. Wollten wir die derzeitige Produktion in Kesselwagen verladen, so ergäbe dies, wenn man für den Zisternenwagen ein Fassungsvermögen von 15 Tonnen und eine Länge von 8 Meter rechnet, einen Zug, der ungefähr fünfmal um den Äquator reicht.

Während die Produktion von Jahr zu Jahr zunahm und immer neue, ergiebige Felder erbohrt wurden, begannen viele über die Vorratsprognosen aus den 20er Jahren zu spotten, welche ein Versiegen der Quellen für die jetzige Zeit angekündigt hatten. Wenn auch bisher laufend neue Gebiete erschlossen wurden und wahrscheinlich noch weiterhin aufgefunden werden, so nehmen wir doch ununterbrochen von den nur einmal vorhandenen, sich in Jahresmillionen gebildeten und nicht so rasch zu ergänzenden Beständen. Es ist dies genau wie mit dem Anzapfen eines Weinfasses, Stechen wir es nur an einer Stelle an, so hält der Vorrat länger, als wenn wir an mehreren Punkten Löcher anbringen und den Inhalt auslaufen lassen. Was verbraucht ist, läßt sich nicht mehr ersetzen.

Der Zeitpunkt, wo die Ölproduktion größer war, als die in dem gleichen Zeitraum erschlossenen, neuen Vorräte haben wir bereits überschritten. Aus diesem Grunde muß eine weitgehende, rationelle Bohr- und Förderplanung immer mehr Raum gewinnen, und es sind die sekundären Gewinnungsmethoden in verstärktem Maße zu Hilfe zu nehmen, um 70, 80 oder noch mehr Prozent des Lagerstättenvolumens zu fördern. Sodann ist neben der Ölschieferausbeute der bergmännische Untertagebau zur restlosen Entölung der Lagerstätte anzustreben. Weiterhin sollten sich die großen Gesellschaften verpflichten, für die Zukunft die Ausbeute nur den Erfordernissen entsprechend vorzunehmen. Dies gilt vor allem für die Länder mit einer Überproduktion, wie Venezuela, Niederl.-Indien, den Iran, Irak, Saudi-Arabien und Mexiko.

Das Öl hat wegen seines flüssigen Charakters und des geringeren Raumbedarfs große Vorteile gegenüber der Kohle. Beide, Öl und Kohle, sind aufgespeicherte Sonnenenergien, bilden ein Kapital, das vor Jahrtausenden oder gar Jahrmillionen entstanden ist. Während die Vorräte des Öls noch für Jahrzehnte oder vielleicht Jahrhunderte ausreichen, langen die der Kohle für Jahrtausende.

Das Gesicht der modernen Energiewirtschaft bestimmen zur Zeit neben dem Öl in der Hauptsache noch das Erdgas, die Kohle, die Wasserkraft und das Holz. Außerdem ist die Welt aber noch überreich an anderen Kraftquellen, die sich bislang wegen zu hoher Gestehungskosten nicht durchzusetzen vermochten. Neben dem weiteren Ausbau der Atomenergie, der Nutzbarmachung der Erdwärme oder der Auswertung des Temperaturgefälles der Meerwasser steht uns die täglich auf unsere Erde herniederstrahlende Sonnenenergie zur Verfügung, die so groß ist, daß bei voller Ausnutzung alle anderen Sorgen überflüssig erscheinen. Auf einen jeden Quadratmeter strahlt die Sonne eine Energie von 1,36 Kilowattstunden oder 1,85 Pferdestärken aus. Das ergibt für den ganzen Erdball eine ständig zur Verfügung stehende Energiemenge von 174 Millionen Kilowattstunden oder 236 Millionen Pferdestärken. Diese Strahlung erzeugt die Wolken und Winde, ermöglicht das Wachstum der Natur. Darüber hinaus ist eine jede bisher von uns ausgebaute Energiequelle indirekt von der Sonne abhängig. Es gilt mithin fortan nur zu lernen, diese immense Kraftquelle in einem wirtschaftlich tragbaren Maße auszunutzen.

Wenn wir heute am Beginn eines neuen Zeitalters, und zwar dem der Entwicklung der Atomenergie, stehen, so wird das Petroleum auch fernerhin seine Bedeutung als Ausgangsstoff für hochwertige, energiewirtschaftliche Spezialerzeugnisse, sowie als Beleuchtungs- und Schmiermittel beibehalten. Dieses Zeitalter bringt uns Menschen aber entweder die völlige Vernichtung oder es stellt uns neue Energiequellen zur Verfügung, welche die Arbeit erleichtern und den Lebensstandard der ganzen Menschheit heben.

LITERATURVERZEICHNIS

Engler-Höfer: Das Erdöl, Verlag S. Hirzel, Leipzig 1932.

Dr. Karl Krejci-Graf: Erdöl, Julius Springer Verlag, Berlin 1935.

Prof. Dr. Karl Krüger: Kraftstoffversorgung der Großwirtschaftsräume, Union Deutsche Verlags-Ges. Roth & Co., Berlin 1944.

Dr. A. Mayer-Gürr: Grundfragen der Erdölförderung, Industrieverlag von Hernhausen KG., Berlin 1944.

L. Nauwelaerts: Petroleum, Paul List Verlag, Leipzig 1937.

Erich Schneider: Schatzkammer Erde, Buchmeister Verlag, Berlin 1940.

Dr. Juri Semjonow: Die Güter der Erde, Deutscher Verlag, Berlin 1936.

L. Steiner: Tiefbohrwesen, Förderverfahren und Elektrotechnik in der Erdölindustrie, Julius Springer Verlag, Berlin 1926.

Erkelenzer Bohrhilfsbuch der Maschinenfabrik Wirth & Co., Erkelenz 1922.

The Petroleum engineering handbook.

Zeitschriften:

Bohrtechniker-Zeitung Berlin.

Öl und Kohle, Berlin.

Moniterul Petrolului Român, Bukarest.

Oil and gas journal, Tulsa.

The Oil weekly, Houston.

Zeitfracht Medien GmbH
Ferdinand-Jühlke-Straße 7
99095 Erfurt, Deutschland
produktsicherheit@kolibri360.de